商管全華圖書
叢書 BUSINESS MANAGEMENT

人力資源管理

智慧時代的新挑戰

第6版

Human Resource Management

周瑛琪・顏炘怡 編著

再版序

內政部於 2018 年 3 月指出，臺灣的人口結構型態改變，老年人口已經超過 7% 門檻，占總人口 14%，正式進入高齡社會，臺灣的企業在高齡少子的情況下，面對勞動力短缺的挑戰，因此在第六版中特別針對高齡人力運用及提升女性勞動力之議題進行討論。由於年長者可以利用豐富的經驗和職場多年的訓練累積之優勢，面對複雜的工作，而女性參與勞動市場將可抒解勞動市場人力不足的壓力，因此透過延後退休、更有彈性的就業模式與提升女性勞動參與率等方式，將可減緩因高齡化帶來的社會效應。

第六版的另一個重點提到，全球化的壓力帶動人們生活方式的改變，也連帶改變工作的性質及勞資雙方的關係。高知識密集的產業成為全球化時代的重要趨勢，因此企業主力在於生產高單價的產品，並依靠高科技優勢，提供全球市場更優質的產品及服務，此時需要富有競爭力的人才，特別是訓練有術的人才及領導人。而人才的布局及經理人員的養成也將是決定企業未來成功與否的關鍵，因此本書在第五章教育訓練中特別強調美國奇異公司的育成計畫，引進各國的世界級領導力課程，逐步完成接班計畫並帶給企業優秀的領導人才，成就了奇異集團經營 120 年的宏圖大業。

第七章績效評估新增現代全球性企業的績效制度設計模式，以個人成長帶動績效成長的概念取代照表操課的正式行政體系，由於傳統的績效評估模式著重於過程中的關鍵績效指標達成率，而忽視目的的重要性，因此以 Google 的個案說明績效評估制度以目標設定為起點，並指出「關鍵成果」的重要性。同時釐清績效考核與員工發展之關係，應該清楚分開，績效考核的結果可作為加薪及分紅等企業資源分配的依據，但是員工發展應致力於使每一位成員持續學習及成長。

有鑑於《勞動基準法》新法在 2018 年 3 月 1 日施行，主要修正「一例一休」的政策。該政策旨在維護勞方權益，但也意味著在資方身上有更大的限制及規範，因此對企業人力資源管理務必更加妥善規劃每日的加班上限，並尊重員工休假的權利。因此在第二章特別補充「一例一休」的概念及人力資源管理小視窗。

本書得以完稿付梓，首先感謝全華圖書的耐心支持、編輯的幫忙以及我的助理們在資料蒐集與整理上的協助。筆者才疏學淺，書中若有疏漏或是偏誤之處，還請各位先進前輩不吝指教。期待我們共同關注當下的人力資源管理問題，探尋最適的解決方案。

周瑛琪 顏炘怡 謹識

2018 年 12 月

目次

1 人力資源管理介紹

人力資源管理環境分析 2

3 工作分析與工作設計

contents

7 績效評估

薪資管理 8

contents

9 員工福利與獎勵制度

勞資關係與勞工安全衛生 10

11 國際人力資源管理

人力派遣產業的發展與未來 12

13 高齡社會的挑戰

附錄

Chapter 1

人力資源管理介紹

本章大綱

名人名句

- 在任何組織內，最稀有的當然是第一流的人才。 *Peter F. Drucker*
- 我的企業成功，歸功於我具有洞察力及選擇人力接掌重要職位。 麥當勞創辦人 *Ray Kroc*
- 一家企業最重要的東西：第一是人才，第二是人才，第三還是人才。 王永慶本章主要在於了解人力資源管理的意義及其重要性，並討論傳統人事管理與人力資源管理的差異。藉以了解人力資源的範疇，使得讀者能夠對於本書的章節架構有所了解。且由於外部環境的改變，故將針對人力資源未來的角色及衍生出的策略性人力資源觀點等問題，做一詳盡的介紹。

人力資源管理模型

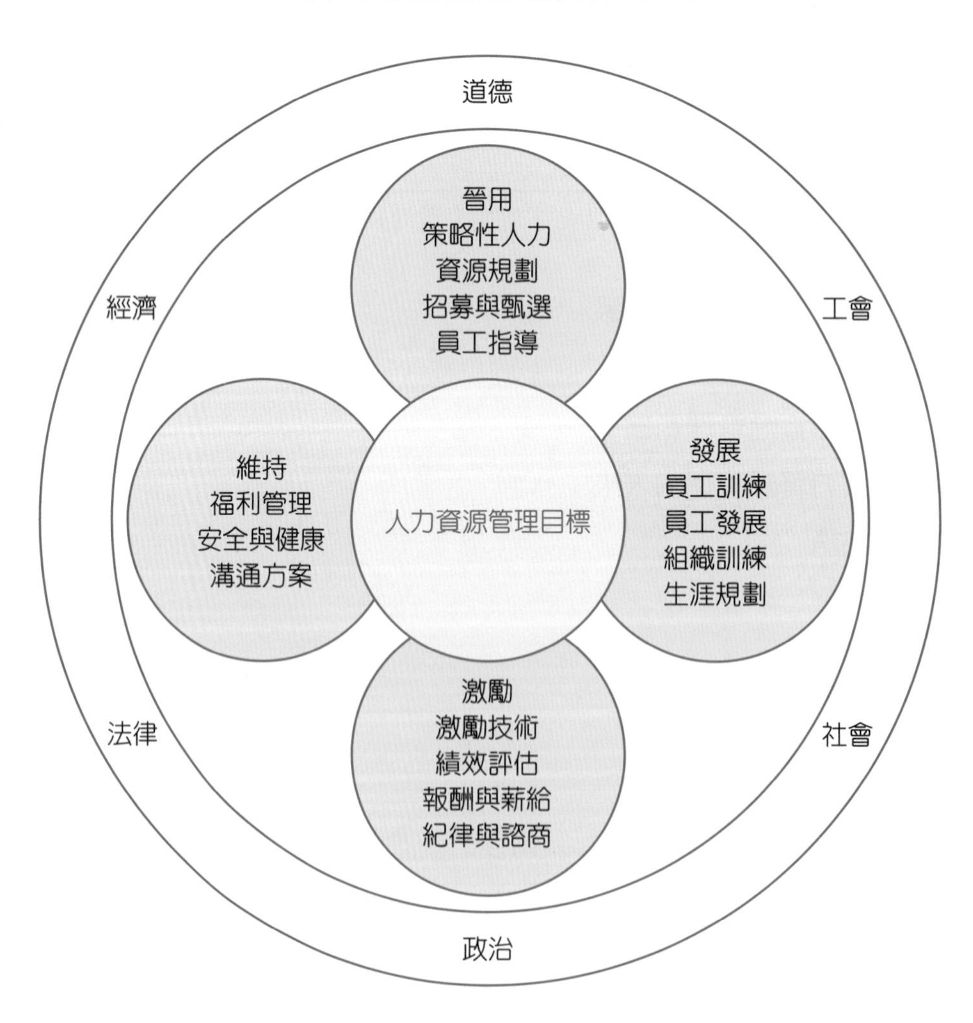

前言

人力資源管理（Human Resource Management，HRM）是組織中與「人」有密切關係的部分（De Cenzo& Robbins, 1993）。從一般性管理的定義來看，管理即是「集合一群人的力量以進行某些活動達成組織目標。」然而這個簡單的定義中，我們便可輕易地發現，管理即是管理眾人之事。因此如何將「人」管理得當、管理得好，那可說就是一門大學問了。

早期，人力資源管理並不受重視。1930 年「管理學之父」——泰勒（Taylor）提出科學管理理論時，該理論的基本想法即是追求工作效率的提升，當時「人」的角色雖然已經出現了，但並不受到尊重。「人力資源管理」該名詞，在早期並不是如此稱呼，而是被稱爲「人事管理」，因爲當時組織中的人事部門只是被視爲專門負責管理員工「健康與福利」的一群人，而該部門的主要工作僅是舉辦郊遊、安排輪休、辦理員工健康保險及處理退休等相關事宜。

隨著時代演進以及科技發展，全球化反應出多變、複雜的工作環境與工作性質，員工需求的同質性早已不復存在。相對於環境的快速變遷與多變，人的角色也日漸受到重視。

1-1 管理的基本概念

1980 年代之前，企業最大的競爭力來源是生產成本的降低與資源及市場的壟斷。在生產成本上，爲了提升競爭力，廠商致力於產品以及生產程序的標準化，並藉由大量生產來降低單位成本；對於設備的更新與添購，均以能否提高員工的生產力、達到降低生產成本爲目的。

學者 Kast 與 Rosenzweig（1973）與 Robbins（1999）將管理思想的演進劃分爲三階段：

1. 第一階段——傳統理論（1900 ～ 1940）亦稱古典學派。
2. 第二階段——修正理論時期（1940 ～ 1960）。
3. 第三階段——新近理論時期（1960 ～ 1980）。

此三階段整理於表 1-1。故從管理思想史的演進來看，古典學派的大師，也就是科學管理之父——泰勒（Taylor）、動作研究之父——吉爾布理斯（Gilbreth），由他們所提的觀點及理論來看，員工的智慧並不重要，只要能不斷地設計出好的生產方式、工作程序以及有效率的生產設備即可。在進入修正理論時期，行爲學派學者巴納德（ChesterBarnard）即提出經理人有必要了解組織的溝通程序，並應該重視群體行爲。其後，管理方法開始注意員工的心理反應，包含非正式組織的影響以及管理者對部屬的關懷等，藉以提升員工的工作滿意度，進而提高生產力，故該時期的學者梅歐（EltonMayo）亦被稱爲——人群關係學派之父。

表 1-1　管理思想演進

名稱	傳統理論時期	修正理論時期	新近理論時期
時間	1900 ～ 1940 年	1940 ～ 1960 年	1960 ～ 1980 年
管理學派	科學管理學派 管理程序學派	行為學派 管理科學學派	系統學派 權變學派
重點	機械模式，本質上都把組織看成是一部機器，經理人則是這部機器的工程師，員工的產品有任何的瑕疵，都應視為工程問題。	重視人際面，工作現場應加入人性面以提高生產力，改善員工對於工作的滿足程度。	理論整合，強調管理方式應視不同情境而有所不同。

資料整理：本書資料整理

管理的理論發展軌跡告訴我們，現代企業經營管理與古典管理理論的不同之處在於：前者是以人爲主的軟性管理，且此管理方式日益受到重視。而由舒勒（Schuler）及傑克森（Jackson）於 1996 年將美國人力資源管理於百年間的發展資料，做一整理與劃分，並將其所重視之課題、運用的管理技術整理於表 1-2。

表 1-2　人力資源管理發展歷程

時期	主要考量	雇主的認知	所需技術
1900 以前	生產技術	員工需求並不重要	紀律制度
1900 ～ 1910	員工福祉	員工需要工作安全	安全方案、英語課程、激勵方案
1910 ～ 1920	工作效率	高生產力、高收入	時間動作研究
1920 ～ 1930	個別差異	員工個別差異應予以考量	心理測驗、員工諮商

時期	主要考量	雇主的認知	所需技術
1930～1940	工會化、生產力	員工與雇主對立、團體績效影響生產力	員工溝通方案、反工會技巧、改善團體的條件
1940～1950	經濟安全	員工需要經濟保障	員工年金計畫
1950～1960	人際關係	員工需要經濟保障	員工年金計畫、健康計畫、福利
1960～1970	參與勞動法令	員工參與任務決策、不同群體員工應公平對待	參與管理技巧、肯定行動、公平就業機會
1970～1980	任務挑戰、工作生活品質	員工需要與能力相符、具挑戰性的工作	工作豐富化、整合的工作團隊
1980～1990	員工解職	國際競爭、技術變遷及經濟衰退使員工喪失工作、員工需要就業	外部安插就業、再訓練、全面品質、顧客導向
1990～2000	生產力、品質、調適能力	員工需要工作與不工作之間的平衡，並對企業有所貢獻	結合企業的需求訓練、全球倫理多元化、工作場所的調適

資料來源：Schuler, R. S. & Jackson, S. E,（1996）.

「人力資源管理」一詞約自1920年開始出現，並且慢慢地取代了「人事管理」。從表1-2可看出，一些較具制度的人事管理活動已於1920年左右開始發展，到了1950及1960年代，這些管理架構已發展相當完整了，例如：正式績效評估、員工遴選測驗、集中式的招募僱用、工作規則手冊等。由此可知，新的名詞已經反映了一個較廣泛的觀點。在修正理論時期因爲相關學科的進步，諸如：心理學、社會學、政治學、計算機科學等，故在傳統人事管理工作之外，亦將安全衛生、壓力管理、員工滿意度以及勞資關係等議題納入此學科範疇。

全球化及智慧科技的發展將開創人力資源管理的新紀元，人工智慧賦予人類承擔更高價值的工作，因此企業需要新的人力資源管理模式，以發展新的競爭優勢。但是如何管理國際人才，以及如何整合人工智慧於工作中，才能打造全新的產品、服務與市場，帶給顧客新的體驗？必須突破現狀，重新定義員工的角色，調整工作團隊以適應新的全球佈局及產業發展，擴展員工的國際移動性，並培訓其充分應用人工智慧的技術於提升工作效率，強化專案管理及團隊工作。因此，新的人力資源管理變革將透過全球人力佈局或整合智能技術與人類智慧的工作團隊，提高工作及生產效率，從而創造新的價值以支持企業創新及獲得競爭優勢。

1-2 人力資源管理的意義

在了解人力資源管理之前，首先需要知道管理者平日的工作是什麼？管理者行使五大基本功能：規劃、組織、任用、領導和控制，這五大功能我們稱之爲管理程序（management process）。而每項功能所涉及的活動包含：

1. 規劃：建立目標和標準、制定規章與程序、擬訂計畫與發展預測，亦即預測未來可能發生的各種可能。
2. 組織：分配工作、設立部門、授權部屬、建立職權與溝通的管道、協調部屬之間的工作職掌。
3. 任用：決定適當人選、招募具有潛力的員工、遴選員工、設定工作績效標準、建立員工報酬制度、績效評核、輔導員工以及員工的訓練和發展。
4. 領導：聚集群力完成工作、提振士氣以及激勵部屬。
5. 控制：設定各項標準，例如：銷售配額、品質標準或產品水準、檢驗產品是否合乎標準，必要時採取補救的行動。

人力資源管理所涵蓋的的範疇，包括了組織經營所需的人力取得與協調，但因此範圍相當廣泛且模糊，並不容易給予一個明確的定義。學者馬奇斯與傑克森（Mahtis & Jackson）認爲人力資源管理是一系列的活動，著重於組織中人力資源的持續性管理，故其重點在於持續及例行性的工作，因此，人力資源管理與策略規劃的發展有密切關係。

崔斯勒（Dessler）認爲，人力資源管理是指執行管理工作中，與員工或人事相關的部分，所須具備的觀念和技術。崔斯勒針對人力資源管理的定義，我們可以更清楚地看出，現今所談論的人力資源管理內容和人事管理所從事的活動仍有相當多的交集。但若仔細區分，我們仍可從這兩者所參與的人員爲其分水嶺，了解其不同有：

1. 人事管理與人力資源管理，都著重於人事政策及組織目標與環境的外部協調，以及各項人力資源活動內部的一致性整合。但人力資源管理通常是由組織中的高階經理人主導及推動各項活動，並希望透過組織文化的影響達到整合的目標。
2. 在人事管理中，組織內所有的管理者都必須管理人，以及特別的人事功能仍須在直線部門中接受直線經理的管理，因此直線經理的參與是必要且被動的。而在人力資源管理模式中，直線經理本身須對人力的運用有興趣，同時也知道自己必須負擔協調及指揮人力運用的責任，所以其對於人力資源的管理活動是主動的。
3. 人事管理的活動對象主要是組織內的員工，而人力資源管理是著重於員工與管理團隊之間的發展，因此活動對象是組織內的所有成員。

1-3 人力資源的重要性

管理乃是集結眾人的力量以期能有效達到組織目標的過程，而由之前管理典範的演進中，了解人力資源的一般發展過程。但管理學之所以異於理工學科，在於其含有最動態且最複雜的元素——「人」。

在傳統的管理觀念中，個人乃附屬於組織之中。到了 1990 年代，環境的變遷加劇，而傳統的人力資源管理做法已不敷使用。尤其邁入知識經濟時代後，知識成爲創造價值的唯一來源，而且知識這個看似無形的名詞雖已運用在工作之中，卻必須藉由工作者的思考、分析與決策，才可使組織擁有最後競爭力。唯有當人發自內心採取自主行動時，個體才會體會生活的意義。美國學者米勒說：「公司的成功取決於人的創造力，經理的首要任務就是要創造一個良好的環境，使每個人都能發揮其最大限度的聰明才智。」人無疑地是組織中最重要的資產，而人的價值在於其頭腦、社會網絡關係以及日積月累的經驗。

而人力資源管理即是運用現代化的科學方法，對於與一定物力相結合的人力進行合理培訓、組織和調配，使人力與物力經常保持在最佳比例。同時對人的思想、心理和行爲進行恰當誘導、控制和協調，充分發揮人的潛能，使人盡其才、事得其人、人事相宜，以實現組織的目標。由此，我們可以清楚地了解，如何針對人進行良好的管理，是組織成敗的關鍵。

1-4 人力資源管理範疇

人力資源管理之功能內涵相當廣泛，但一般分為「招募甄選、教育訓練、員工任用、績效考核、員工留任」。「招募甄選」的內容包括工作分析、人力規劃、人才招募及遴選面談等；「教育訓練」則包括各項訓練與發展；「員工任用」是指工作指派、授權協調、工作教導、人力運用等；而「績效考核」則涵蓋績效考評、職務歷練、晉升調派、生涯規劃等；「員工留任」的部分則為薪資福利、任免資遣及勞資關係等。此五項功能詳敘如下：

1. 招募甄選：人事招募是組織所有人力資源活動中最重要的一環，著重吸引人力及辨認人才的活動。因為它同時會涉及組織與外界所產生的互動關係，因此在招募的過程中肩負對外宣傳與建立企業形象的使命。涵蓋工作分析、招募策略及員工遴選面試等內容。
2. 教育訓練：甄選的過程旨在挑選符合組織需求的應徵者，但並非所有挑選出來的人均可符合組織的期望，故為滿足組織的需求，在進入公司之前必須施以一定的訓練，使其能符合組織所需，並能了解組織性質、作業程序與組織規章。涵蓋訓練的方法及訓練成效的評估等內容。
3. 員工任用：激發員工現有工作績效與未來工作潛力，管理者期望藉由有效授權以發揮領導效能。涵蓋工作指派、授權及人力運用等內容。
4. 績效考核：評估員工的努力以及對其成果進行檢視的過程，以對組織提供有價值的參考資訊，並做為改進各類人事以及其他功能活動的基礎，主要目的即在提升組織經營效率並強化組織的競爭力。涵蓋績效評估方法及績效管理等內容。
5. 員工留任：此屬於激勵與發展的部分，期能對員工之生產力產生影響，進而對組織整體績效有所提升。涵蓋薪資福利、員工任免資遣及勞資關係等內容。

除此之外，美國一份專業管理雜誌，曾針對預測未來人力資源管理等重要的功能之需求進行一份調查，調查結果如表 1-3 所示。

從接受訪問的三百多位專業人力資源管理者中所得到的結論為：人力招聘與甄選占了 55%、在企業內帶領變革占 53%、高層經理的甄選占 49%、建立以績效考核為架構的薪資制度占 47%、領導力的訓練占 41%、管理能力的發展占 38%、人力資源的多樣化占 35%、提升顧客服務品質占 34%、建立獎勵與獎金制度占 34%、企業文化的改變占 33%，整理於表 1-3。從以上排行前十名的功能中我們可以發現，未來企業對人力資源管理的期望已由執行面轉向規劃面。

表 1-3 人力資源功能調查

排序	名稱	%	排序	名稱	%
1.	人力招聘與甄選	55%	6.	管理能力的發展	38%
2.	在企業內帶領變革	53%	7.	人力資源的多樣化	35%
3.	高層經理的甄選	49%	8.	提升顧客的服務品質	34%
4.	建立以績效考核為架構的薪資制度	47%	9.	建立獎勵與獎金制度	34%
5.	領導力的訓練	41%	10.	企業文化的改變	33%

資料來源：本書資料整理

環境的變化加劇，企業面對國內外的競爭壓力，自我診斷以及自我調整均是必須的因應手段，結合企業競爭策略來規劃人力資源管理策略，亦是包含於變革之中的。有研究發現，導入人力資源管理策略性層次，會與組織績效有明顯的正向關係，故策略面將優於管理與執行面（黃同圳，1998）。

1-5 人力資源管理的未來

人力資源管理在過去 50 年中歷經了一個戲劇化的改變。以往企業所仰賴的優勢正逐漸地降低，故曾有人預言下一世紀的企業競爭重點，不在於計算投入資金的多少，而是視其所擁有人才的多寡，所以「人才的占有率」是未來決定企業成功機會的比率。歸納出爲何有此改變的兩大原因：一是人力資源的專業性在目前的實務工作中日趨複雜，二爲人力資源部門的角色從原本純管理功能之性質轉變成策略伙伴，並可爲組織增添價值（Giannantonio& Hurley, 2002）。

在知識經濟時代，知識逐漸成爲創造價值的最佳來源。然而如何將知識良好地運用於工作上，乃要藉重工作者的思考、分析與決策能力，如此才可使組織在劇烈的競爭之中，能夠擁有最後的競爭力，此項的關鍵都必須取決於是否能夠吸引，並妥善運用人的個別工作能力。

回溯多年前安隆所爆發的假帳事件，人們對於眼見爲憑的「會計帳價值」開始有所質疑，而無形資產的評鑑制度亦開始形成，故有專家提出「人力資本」（Human Capital）這個名詞，由此更加彰顯無形資本的價值。

根據全球著名專業顧問公司惠悅（Watson Wyatt）曾針對「人力資本管理與企業價值的關係」之主題，歷經兩年的調查，其受訪對象遍及歐美七百家企業，調查結果指出，人力資本與企業價值之間確實存在關聯。而且結果也發現，使用適當的人資管理方法後，企業從中所獲得的市值較以往增加 47% 幅度，所以惠悅證實：「擁有高人力資本指數的企業，同時也會有較高的企業價值。」

由此可發現，對於企業價值的評估，屬於硬體的比重在未來將愈來愈低，而人力資本方面的比重則會持續增加。針對這份研究，惠悅對於亞太區人力資本效益指數部分的調查亦發現，在亞太地區擁有最佳人力資本管理制度的公司，相對上亦能創造出更高的股東價值。在建立高效益人力資源功能上可創造出 31.5% 的股東價值方向來看，這是影響最大的一部分。而高效益的人力資源功能，則包括一個企業是否建立人力資源能力的投資，人力資源部門是否具備協助營運單位達成業務目標的能力，公司的人力資源政策有沒有與核心價值連結，以及是否規劃長期的人才需求等。

未來的人工智慧時代，AI 衝擊人力資源管理，從招募到績效評估，皆可應用機器取代人力，IBM 人力資源管理顧問亞太區負責人雪若．托思在哈佛商業評論中指出，人工智慧衝擊人資管理，例如：日本高階人力銀行 BizReach 與日本雅虎及美國平台業者 Salesfroce.com 合作，提供企業大數據分析，幫助客戶蒐集每位員工從面試到就職期間的所有工作評價，並追蹤工作情況，再透過 AI 工具，分析員工最適合的工作單位。而沃爾瑪（Wal-Mart）、百度及騰訊也引用 HRtech 工具，協助員工分析適性工作，並進行職務調整，降低離職率。據此可知 HRtech 改變人力資源管理的運作及內涵。

2018 年 1 月世界經濟論壇的報告指出，AI 導致的失業人數比研究預測還少，但是未來在五個產業中的 16% 工作可能被 AI 取代，而 AI 也會帶來新的工作機會。事實上，隨著 AI 可以承擔許多例行性的常規工作，員工開始轉向專案性工作，因此傳統的職位描述將必須重新修定，大約有 29% 的企業都已經開始著手設計新的工作規範。例如：日本零售控股公司迅銷集團，大家可能對其感到陌生，但是提到其底下的 UNIQLO 可能很熟悉，公司爲店員部署了 AI 技術的設備，使員工快速地掌握庫存、訂單及退貨等資訊，其 2017 年的銷售額創歷史新高，可知 AI 的世代，並非只是討論如何應用 AI 替代工作，更重要的是透過人力資源管理重新設計工作及改變職位描述，找出應用 AI 如何協助員工創造價值的方式，以達成組織目標（Shook &Knickrehm, 2018）。

如上述所言，環境劇烈變化，組織在管理方面開始強調諸如願景、文化、信任等觀念，並將採取團隊或扁平化組織的型態，實際上均反映出個人在組織中所居的主導地位，如此可讓人員有很大的彈性和活動空間，而非受組織約束。而在領導方面，人才所展現的人格特質將關係到領導低階同事的表現，所以高階人才的領導力無論在哪個領域，都是關鍵表現之一。綜觀來看，未來是人力資源競爭的天下，而企業如何做好人力資源的管理，爭取、發展以及保有優良的人力資源，是一個不容忽視的課題。

1-6 結語

本章爲人力資源的概論，主要希望讀者能透過本章的描述，對於人力資源的基本內容有一個概略性的了解。由於現今的企業，均是以「人才」爲競爭優勢的來源，因此，人力資源的角色已相對提升許多。如何將人力資源各項活動做一個妥善的安排，將視人力資源經理的智慧。對於人力資源有一個通盤性的了解，相信對於之後的章節有相當的助益。

人口老化與勞動市場

人口老化已成為近年來人力資源管理的重要議題，更是許多先進國家面臨的問題。預計 2020 年時英國有三分之一勞動人口將達 50 歲以上，而臺灣最快在 22 年後，可能超越日本成為全球最老的國家，衝擊未來就業問題，因此延長退休年齡是未來政策的努力方向（勞委會，2011）。由於勞動力老化是未來十年勞動市場中的關鍵問題，因此各國正積極著手處理人口老化所帶來的各項問題。

人口老化現象意謂著勞動力的平均壽命延長，當生育率成長不及人口老化速度的狀況下，未來的勞動力將必須負擔更多的社會照顧責任。例如：專家預估在 2050 年，美國每位退休人口大約只有 2.6 人支援，而法國、德國及義大利的狀況更加惡劣。因此各國政府已計畫延長退休年齡，例如：美國以 67 歲退休及英國以 68 歲退休為目標。臺灣《勞基法》已將法定退休年齡從 60 歲延後至 65 歲，使得「退而不休」成為一股新的趨勢，延後退休或開創事業第二春的銀髮貴族有更多的工作機會。

延長退休年齡不僅可增加中高齡人口的收入及政府的稅收，同時有助於經濟社會的發展。但必須先解決年齡歧視的問題，雖然臺灣在《就業服務法》中已經禁止年齡歧視，違者罰款最高達 150 萬元。但在就業市場中，中高齡者往往會受到許多阻礙及刻板印象的影響，使其在就業上面對重大的挑戰。因此延長退休年齡的同時，必須有更多的配套措施，減少勞動市場對中高齡人口的歧視，以及發展更多適合中高齡就業的產業及工作。

在全球人口老化的趨勢下，企業勢必面對人力老化的問題，雖然多數的雇主擔心中高齡工作者會對企業產生負面影響，但是華頓商學院的 Peter Cappelli 和退休協會前會長 Bill Novelli 認為年長的員工有較佳的工作品質及穩定性，他們擁有數十年的經驗及知識，有助於企業成長。但是對企業而言，如何妥善運用中高齡者，不僅需要考量如何安排中高齡者的適當職位，同時亦需要改變傳統的職涯發展方案，使中高齡的工作者可持續對企業產生貢獻。

資料來源：

1. 駐英國臺北代表處科技組（2012），人口老化，勞動力老年化，擷取日期：2012 年 5 月 26 日，擷取自：駐英國臺北代表處科技組 http://uk.nsc.gov.tw/ct.asp?xItem=1010217035&ctNode=617&lang=C。
2. 勞委會（2011），逐步延長退休年齡，擷取日期：2012 年 5 月 26 日，擷取自：聯合新聞網 http://pro.udnjob.com/mag2/pro/storypage.jsp?f_ART_ID=69547。
3. 經濟學人（2011），人力老化！企業重新思考職涯階梯，擷取日期：2012 年 5 月 26 日，擷取自：天下雜誌 http://www.cw.com.tw/article/article.action?id=43333。

中高齡員工再運用

內政部 2018 年 3 月指出，臺灣的人口結構型態正在改變，老年人口已經超過 7% 門檻，佔總人口 14%，正式進入高齡社會，我們正面臨嚴重的老化與就業人口短缺等問題，公司也面臨招不到人與中高年齡員工退休等窘境，政府因應此問題提出退休年齡、老人津貼給付門檻提高等修改，而造成公家機關與私人企業內部組織員工老化等情況，根據內政部 94 年「臺灣老人狀況調查報告」顯示，在 50-64 歲的中高齡人口中，目前還在工作者占 52.92%，而這些中高齡員工屬於專業人員與管理階層，如何讓中高齡專業人才再運用，也是現在人力資源管理中的重點之一，而西方國家在面臨此問題時提出了幾種政策：

1. 階段性退休（phased retirement）：是一種工作安排，讓中高齡員工逐漸減少工作內容與時數，從全職工作逐步轉變成完全退休等工作安排。
2. 契約性工作（contract work）：例如公司專業顧問、經理人等獨立契約工作者。
3. 再訓練（retraining）：在員工招募訓練成本高，且訓練出有素的員工不易的情況下，針對 45 ～ 60 歲有意願就業的中高齡員工給予再訓練之課程與規劃，延續其就業生涯與專業的經驗。
4. 彈性的工作安排與職務設計（multiple flexible work arrangements and job redesign）：員工與顧客建立長期關係的工作職務，例如：金融、保險、房屋仲介等工作，在工作時間安排較彈性，且越具有工作經驗者在此行業更能夠擔當。

5. 臨時性受雇（part-time employee）：即所謂的部份工時工作，薪資依照工作時間計算，而福利也比全職性的工作要少。
6. 養老金者聯營（annuitant pools）：此方案是針對自己公司的退休人員，重新僱用使其擔任暫時性全職或兼職的工作。

人口老化趨勢無法避免，公司在人力資源管理上，更應活化管理人力資源之短缺問題，透過上述中高齡專業人才再運用，以減緩職務短缺等情況，也有多位學者研究指出中高齡員工在就業時，在工作上有幾項優點：1. 穩定性高；2. 工作經驗豐富即可立即任用；3. 外務少工作專心等優點，改變傳統職涯的規劃，讓中高齡員工持續對企業有所貢獻。

資料來源：

1. 顏兆龍（2007），中高齡退休專業人力再運用之研究——以企業需求為導向。
2. 内政部統計處，網址：http://www.moi.gov.tw/stat/

王品餐飲集團

在競爭激烈的餐飲市場中，王品餐飲集團自 1993 年成立王品台塑牛排開始，迄今已在國內擁有王品台塑牛排、Tasty 西堤牛排、陶板屋和風創作料理、原燒日式燒肉、聚北海道昆布鍋、藝奇 IKKI 懷石創作料理、夏慕尼新香榭鐵板燒、品田牧場、舒果等多家連鎖直營店。王品以高品質的服務及精緻的美食，創造高度顧客滿意度，成為餐飲界的翹楚。其主要經營理念是「誠實、群力、創新、滿意」，秉持完善服務理念與品質堅持政策，期望能夠透過「醒獅團計畫」及「海豚領導學」兩個策略，在 2030 年達成全球 10,000 家店之展店計劃，成為全球口碑最好的餐飲集團。

王品餐飲集團的成功，創辦人兼董事長戴勝益先生的管理及領導功不可沒，包括建立王品憲法、三百分學、王品新鐵人、一五一方程式、三哇理念、醒獅團計劃、海豚領導學及 17 字箴言，皆已成為同業競相學習的標竿。在上述的管理模式及制度下，逐漸形成王品獨一無二的組織文化及優質的人力資源。

落實執行「標準作業程序」（Standard Operation Procedure, SOP）是王品能夠快速擴展連鎖品牌的關鍵，然而餐飲業的經營與人員有很密切的關係，若沒有優質人力資源，將無法發揮各項標準作業流程的功能。即使競爭者可模仿王品的服務模式及標準作業程序，但無法複製人力資源及組織文化，因此具有不可複製性及替代性的人力資源及組織文化，乃是王品集團的成功關鍵因素。

王品餐飲集團基於以人為本的觀點去照顧員工，不是把員工當成賺錢的工具而已，而是把員工當成自己家人一樣看待，由下列這則故事亦可看出王品集團照顧員工一輩子的承諾：

【戴勝益視員工如家人 不景氣中向樹學習（節錄）】

許媽媽是王品牛排的計時洗碗工，每天到店工作 4 小時，日薪 400 元，為貼補家用，每天晚上 10 時多下班後，還要沿路撿拾資源回收物變賣，在一次下班途中，她為撿拾回收物，不幸被大卡車輾死。這件事給戴勝益很大的衝擊，「如果員工是我的家人，為什麼我的家人每天上班不夠，還要撿拾回收物才夠生活，我卻出入名車、名牌，這樣怎麼算是一家人？」。因此，節約和樸實成為戴勝益的信仰，其不再聘請設計師打理行頭、辭退司機、賓士車換成國產車，每天日行萬步，至少喝 2000 cc 白開水，完成登玉山、泳渡日月潭、騎單車環島等「王品鐵人 3 項」，遊歷各國、增廣見聞。

個案討論

上述的故事不僅改變了戴勝益先生的觀念，同時也讓王品餐飲集團建立「以人為本」的經營精神，視每位員工為家人，大家朝向共同的目標前進。

建立高品質人力資源的首要工作是吸引及辨認人才，王品集團以優質的品牌形象、獨特的組織文化及完善的經營管理模式，成為許多人嚮往的職場。《Cheers 快樂工作人雜誌》在 2012 年公布社會新鮮人最嚮往企業的調查結果，指出王品餐飲是全國大專院校應屆畢業生最嚮往的企業，此結果顛覆了過去以科技業及製造業為主的就業市場。王品餐飲集團在公司網站首頁上，將人力招募的通路連結至人力銀行，清楚公佈各項職缺，說明工作的內容及需求的條件，由應徵者自行評估是否符合應徵的資格，再進行履歷的投遞。另外，王品集團人才招募的對象不僅針對勞動市場中的求職者，亦透過與餐飲相關學校簽訂建教合作契約，每學期分發在學的學生至各店舖進行實習工作，表現優良者，在畢業後仍然可以留任公司繼續發展。

在進入王品餐飲集團後，就像進入一所終身學習的大學。透過學分制度要求員工持續地學習，同時透過績效評估檢視學習成效。由於績效評估的目的是為了控制目標與實際績效之間的差距，王品集團採用學分制度進行績效評估，不僅可增加評估的彈性，同時考量員工獨特性，有效控制員工績效。

圖片來源：王品集團官網

個案討論

透過定期舉辦各種餐飲管理課程，再依所得學分及表現來決定升遷資格，每一個階段皆清楚列出需要完成的學分，包括店鋪技能及專業知識課程。例如，要取得考店長的資格，「藝奇」的店長需要修滿 121 個學分、「夏慕尼」和「西堤」的店長則要修滿 203 個學分。王品的員工皆很清楚升遷的途徑與所需時程。

一般而言，全職服務員最短在半年內可升上組長，九個月可升上主任，十個月可升副店長，一年則有當上店長的可能。當員工剛進入王品餐飲集團時，會讓員工清楚了解各項教育訓練方式及績效評估模式，使新進員工清楚明白自己的角色定位，並依據公司的考核制度進行生涯規劃。王品餐飲集團的績效考核不只針對員工的工作能力、工作態度、工作表現進行評估而已，還會針對員工對企業的向心力、活動參與度及生活上的相關表現，皆列入績效考核的範圍，全方位考量員工績效。

在王品集團中的高階主管流動率幾乎為零，不僅是因為海豚領導學之即時獎勵與立即分享的原則，同時也因在王品中每個人都可以找到自己的舞台與自己的晉升管道，王品讓每個人都感到被重視。雖然王品集團對於員工的管理及政策看似過於嚴苛，但也有令人稱羨的福利，這些就如同管理學者班納德所說的：胡蘿蔔與棍子。一個企業在於用人，不只是要給予獎勵，以經濟學的觀點來看，獎勵並非越多就是越有效用，太多時反而會「效用遞減」，而在什麼時間該用獎勵，什麼時候又必須要與員工訂下棍子的契約，是企業人力資源部門最頭痛的一門學問，所以只有雙管齊下，才能適時地留住人才。

資料來源：王品餐飲集團，http://www.wangsteak.com.tw/school.htm，擷取日期：2012/5/28。

• 基礎問題

1. 王品集團的招募策略為何？
2. 您認為王品集團的成功關鍵因素為何？

• 進階問題

您認為王品集團的成功模式是否可為其它餐飲服務業所模仿？

• 思考方向

王品集團的標準作業流程雖然可被其它的餐飲服務業所模仿，但是其關鍵的人力資源及組織文化，是無法模仿及複製的核心資產，因此即使模仿王品集團的標準作業流程，亦無法確保成功。

自我評量

一、選擇題

( )1. 請問在1930年提出科學管理理論，被稱爲「管理學之父」的學者是誰？ (A) 吉爾布理斯 (B) 泰勒 (C) 梅歐 (D) 巴納德。

( )2. 以下哪一項非管理者行使的五大基本功能？ (A) 生產 (B) 行銷 (C) 規劃 (D) 研發。

( )3. 管理程序之中所指「建立目標和標準、制定規章與程序、擬定計畫與發展預測，亦即預測未來可能發生的各種可能」是指哪一項步驟？ (A) 規劃 (B) 任用 (C) 組織 (D) 控制。

( )4. 管理程序之中所指「決定適合的人選、招募具有潛力的員工、遴選員工、設定工作績效標準、建立員工報酬制度、績效評核、輔導員工以及員工的訓練和發展」以上的解釋爲管理程序中的哪個步驟？ (A) 規劃 (B) 任用 (C) 控制 (D) 領導。

( )5. 以下何者爲人力資源管理的功能？ (A) 規劃、組織、任用、領導、控制 (B) 生產、行銷、人力資源管理、研發、財物 (C) 招募遴選、教育訓練、員工任用、績效考核、員工留任 (D) 市場區隔、目標市場、市場定位。

( )6. 「機械模式，本質上都把組織看成是一部機器，經理人則是這部機器的工程師，員工的產品有任何的瑕疵，都應視爲工程問題。」請問上述爲哪個管理時期的敘述？ (A) 傳統理論時期 (B) 修正理論時期 (C) 親近理論時期 (D) 古典學派時期。

( )7. 強調「管理方式應視不同情境而有所不同」是下列哪個學派的敘述？ (A) 科學管理學派 (B) 管理科學學派 (C) 權變學派 (D) 行爲學派。

( )8. 關於「人事管理以及人力資源」，下列哪一項敘述是正確的？ (A) 人事管理與人力資源管理都注重於人事政策及組織目標與環境的外部協調，以及各項人力資源活動內部的一致性整合 (B) 人力資源管理通常是由組織中的高階經理人主導及推動各項活動 (C) 人事管理的活動對象主要是組織內的員工，而人力資源管理是注重於員工與管理團隊之間的發展，因此活動對象是組織內的所有成員 (D) 以上皆是。

(　　) 9. 下列哪一項不是招募甄選包括的內容？ (A) 工作分析 (B) 人力規劃 (C) 工作指派 (D) 遴選面談。

(　　) 10. 下列敘述何者不正確？ (A) 教育訓練：涵蓋訓練的方法及訓練成效的評估等內容 (B) 員工留任：屬於激勵與發展的部分，包括薪資福利、員工任免資遣及勞資關係等內容 (C) 招募甄選：人事招募是組織所有人力資源活動中最重要的一環，著重吸引人力及辨認人才的活動 (D) 績效考核：涵蓋績效考評、職務歷練、晉升調派、生涯規劃等。

二、問題探討

1. 何謂人事管理？
2. 何謂人力資源管理？
3. 人事管理和人力資源管理兩者之差別為何？
4. 人力資源管理概略包含哪些活動？
5. 對於人力資源未來的發展，您有什麼獨特的見解？

一、中文部分

1. 中華民國內政部（2018），老年人口突破 14% 內政部：臺灣正式邁入高齡社會，https://www.moi.gov.tw/chi/chi_news/news_detail.aspx?type_code = 02 & sn = 13723（檢索日期：2018/9/10）
2. 李茂興譯（1992）。《管理概論》，第二版，臺北：曉園出版社。
3. 吳秉恩（2002）。《分享式人力資源管理：理念、程序與實務》，修訂二版，臺北：翰蘆圖書出版有限公司。
4. 柯惠玲（2000）。〈我值多少？——看企業如何評人力價值〉《震旦月刊》（342），頁 17 ～ 18。
5. 黃同圳（1998）。〈人力資源管理策略化程度與組織績效關係探討〉《輔仁管理評論》5（1），頁 1 ～ 18。
6. 楊雅婷（2002）。〈人資能爲企業創造營收嗎？〉《管理雜誌》，第 341 期，頁 34 ～ 36。

二、英文部分

1. De Cenzo, D. A. and Robbins, S. P. （1993）, Human Resource Management: Concepts &Practices, 4th Edition, John Wiley &Sons,Inc.
2. De Cenzo, D. A. and Robbins, S. P. （1994）, Human Resource Management, New York: John Wiley &Sons.
3. Giannantonio, C. M. and Hurley A. E. （2002）, Executive insights into HR practices and education, Human Resource Management Review, 12(4),pp.491-511.
4. Kast, F. E. and Rosenzweig, J. E. （1972）, General Systems Theory: Applications for Organization and Management, Academy of Management Journal, 15（4）,p.447-465.
5. Kast, F. E. and Rosenzweig, J. E. （1973）, Organization and Management Theory: A Systems Approach, 2ed edition, N. Y.: McGraw-Hill BookCompany.
6. Robbins,S.P.andCoulter, M.（1999）, Management, N.J.:Prentice-HillInternational, Inc.
7. Schuler, R. S. &Jackson, S. E, （1996）. Human Resource Management: Positioning for the 21st Century, Sixth d., West Publishing Company, NewYork.
8. Shook, E. &Knickrehm, M. （2018）, 智企業，新工作——打造人機協作的未來員工隊伍，http://www.useit.com.cn/thread-19496-1-1.html，檢索日期 : 2018/9。

Chapter 2

人力資源管理環境分析

本章大綱

名人名句

要進步就必須求變；要完美則更須不斷求變。　　邱吉爾首先描述人力資源管理在面臨時代環境變遷的趨勢及挑戰，並加以確認影響人力資源管理的環境因素，分別敘述內部環境及外部環境因素對人力資源所帶來的影響。然而在組織中，人力資源管理人員扮演著多重角色，本章亦將討論人力資源管理的角色。

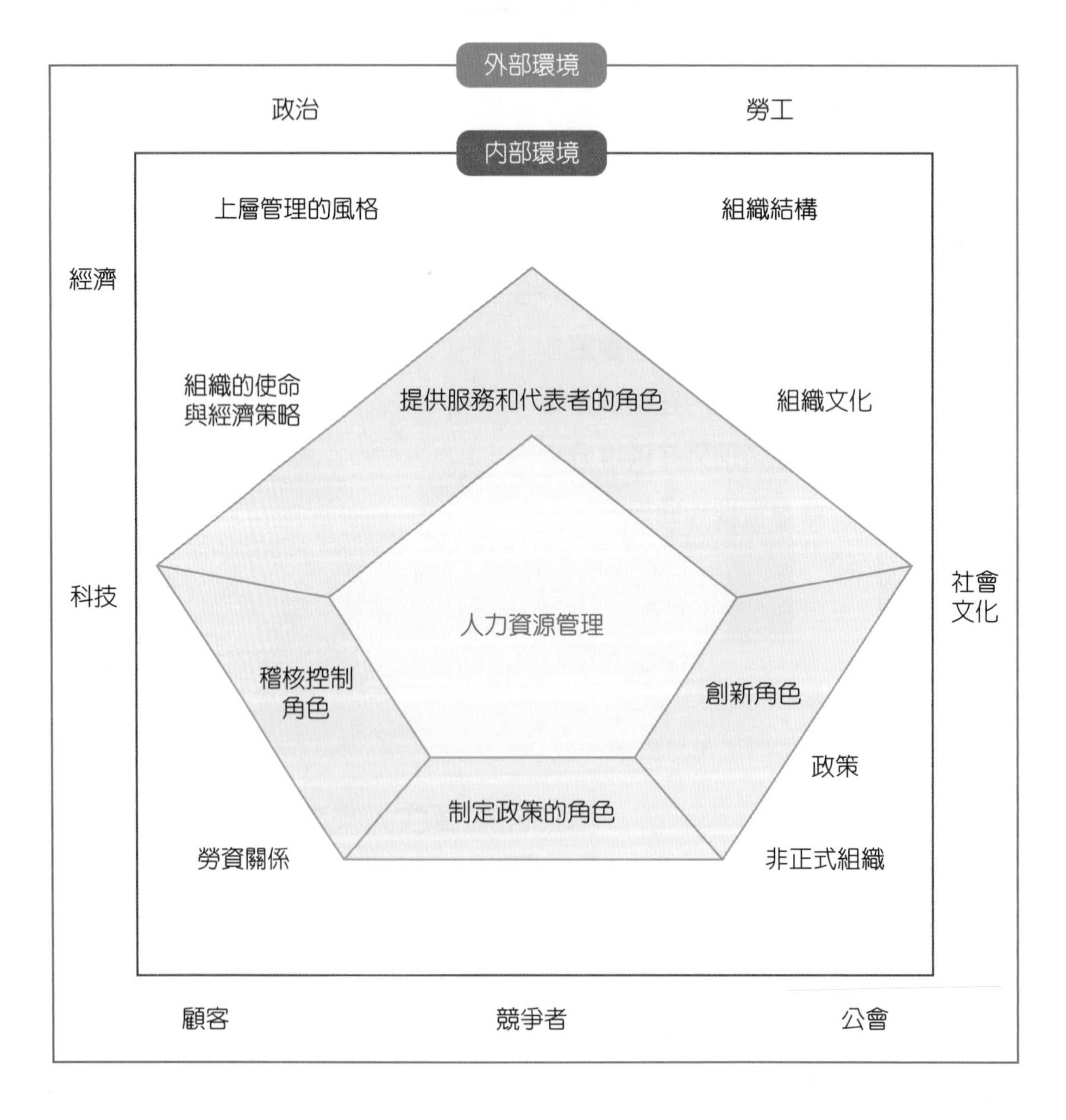

這是一個變動的時代，面對急遽變遷的環境，企業的經營除了必須有效地管理內部組織之外，更應該面對外在環境的改變。由於組織的成長會受環境變動影響與限制，因此未來企業的經營不論所處的產業為何，面對如此快速變化及競爭的環境，都必須密切地注意與因應；而同樣地在人力資源管理的議題上，也必須考量整體外在環境的影響。

2-1 人力資源管理環境的變遷

許多的外在相關環境因素會影響人力資源的管理，而人力資源管理的成敗與否，除了須配合公司內部管理制度外，也必須與組織的內外部因素保持密切的關係。所以，組織中的人力資源管理必須進行整體的考量與規劃，才能符合組織的需要，並順利地推展，以達成公司目標。因此，面對隨時會發生變動的人力資源環境，將使人力資源管理在組織中扮演更為重要的角色。而這些環境改變的趨勢包括以下幾點：

一、全球化

全球化（Globalization）意謂公司意圖將其銷售與製造等活動擴展至海外市場。因此企業面對全球化的來臨，不但影響組織原本的經營結構，更改變了整個經營模式。而大多數企業之所以在國外設廠，部分原因是為了在其現有的市場建立基礎，而另一部分原因則是為了充分運用當地之專業人才與工程師。例如：一個全球化的公司，可能將整個公司的營運功能與資源加以分配到不同的國家運作，其目的是希望利用最少的成本來產生最大的獲利，以增加企業經營效率與價值的提升。因此提升全球勞動生產力與制定海外派遣員工的薪酬政策，使其提升公正性，並增加全球化經營的能力與競爭力，將成為未來數年人力資源管理的主要挑戰。全球化的企業應更加重視文化的多元性，不僅著重於當地人才開發及升遷，同時也要協助海外派遣人員返任的生涯發展。

另一方面，人口遷移亦是全球化經濟的新現象，在企業貿易升級及產業升級的情況下，開始擴大全球據點，因此產生人口移動的現象，不僅是高階人力的流動，近年來基層員工的流動更加快速。這是因為全球化經營使得企業更容易將生產基地遷往東南亞或非洲等勞動力較為低廉的國家，加上生產自動化及機械化的改變下，使藍領的工作機會及數量快速減少，因此藍領工作者快速地移動到有工作機會的區域，或是由製造業移動至服務業，例如：伴隨著物聯網經濟創造新的服務人力需求，特別是物流及快遞工作的成長。

二、數位科技的衝擊

隨著雲端計算（Cloud Computing）、物聯網（Internet of Things, IoT）、巨量資料分析（Big Data Analytics）與人工智慧（Artificial Intelligence, AI）技術的蓬勃發展，除了驅使人類的生活方式逐步邁向智慧生活之應用外，工業之生產製造也開始整合這些技術而掀起新一波工業革命，工業製造在歷經自動化、量產化、全球化發展之歷程後，逐步進化到強調虛實融合智慧製造（Cyber-Physical System, CPS）之第四次工業革命。對人力資源管理產生重大的影響，特別是對勞力密集型、規模化及標準化高的企業而言，其人力運用產生強大的替代性，迫使人力資源產生多元及深層的變革。以管理而言，大量的科技及智能應用以後，許多職業會被替代或消失，人力品質的提升是刻不容緩的任務。特別是人工智慧、虛擬實境、自動化、機器人、物聯網時代等衝擊對個人形成重大的壓力，因此如何妥善規劃員工訓練及轉型方案，乃是人力資源管理的重要發展方向。

科技與技術的發展使勞動力的結構與需求產生重大的改變，可能是人力由某些部門移到其他部門或是人員的裁減而得以提高生產力。例如，許多資訊科技的產生，使得組織的運作上更加有效率，像企業資源規劃（Enterprice Resource Planning，ERP）、供應鏈管理（Supply Chain Management，SCM）、顧客關係管理（Customer Relationship Management，CRM）等系統的產生，使得組織在運作上有了很大的改變。因此勞力密集、藍領工作以及一般職員將逐漸減少，而對高端人力及知識工作者的需求擴大，也因此突顯了人力資源管理的重要性，因為人力風險將愈來愈大，企業必須有能力吸引及留住人才。因此，工作和組織架構皆須重新設計，獎酬制度也要重新建立，並撰寫新的工作說明書，採用新的人才篩選方式、評量方法及訓練計畫，而這些都需要人力資源管理的協助。

在人工智慧時代中，並非僅以機械人取代人力，實質上仍然是以人爲本的管理模式，必須善用人機協作創造優勢，利用人工智慧提升員工的職能，而員工也可以協助智能機器的學習曲線及功能進化。爲了達到上述的目的，企業必須重新進行工作設計，協助員工及團隊轉型，擴大新技能的培訓。

三、人力需求的改變

在新的競爭時代中，成功的關鍵因素之一即是「人力的有效配置與應用」，也就是說企業必須評估每個職缺所能創造出來的利潤，再決定聘僱員工的條件。因此企業未來在人力需求上的取得將朝向彈性的人力結構應用，創造組織的競爭優勢，打破傳統的直線思維，以增加企業人力運用的實質效益。

對臺灣與全球的企業而言，他們都面臨到「領導斷層（Leadership Gap）」的問題，亦即對接班人的高度需求，相對於過去白手起家的企業主而言，他們對第二代接班人的要求非常嚴格，第二代的接班人往往擁有良好的技術及能力，但是缺少經驗及戰鬥力，因此企業主積極尋求接班人，使中高階人力具有迫切性的需求。爲了解決這個問題，人力資源管理中更加著重關鍵人才的選用育留，包括獎酬制度的設計如何激發關鍵人才的工作動機，而不是齊頭式平等的分紅或是績效獎金。同時，企業如何發展高階人才的長期生涯規劃，使其職能可以隨組織發展而成長，都是人力資源管理者面對高階人力需求下的重要任務。在企業對中高階人力需求殷切的情況下，領導者培育方案（Leadership Program）及接班人計畫乃是企業價值發展的重點。

另一方面，對整體社會而言，新的人力需求也展現在零工經濟上，Rosenblat（2017）於《哈佛商業評論》中指出零工經濟的勞動人口正在成長，在美國的載客服務、線上工作和清潔等工作，有愈來愈多的人是透過線上就業平台工作。例如：在美國有 60 萬 Uber 的駕駛，包括全職及兼職工作者。而他們的流動率非常高，有一半以上在一年內會退出，但也會陸續吸引新人加入。其好處之一是工作彈性大，對於退休人員、在職專業人員和空巢族（empty-nester）都有很高的吸引力。但事實上這樣的零工經濟對勞動力有好有壞，有利於兼職工作者，但對於全職工作者而言缺乏保障，並構成很大的風險。

2-2 人力資源管理內在環境分析

組織的內部環境會對人力資源管理造成相當壓力，其因素包括：組織的使命與經營策略、組織的結構、政策、組織文化、上層管理者的管理風格、非正式組織、組織中的其他單位及勞資協議等。這些因素會直接衝擊人力資源管理與其他部門的互動，同時對組織的生產力也有相當的影響力，因此不論是正面或是負面的影響，都是人力資源管理所必須重視的。

一、組織的使命與經營策略

所謂「使命」（Mission）是在說明組織成立的理由，使組織中的人員了解企業的目的、營運的範圍、形象等，因此使命可作爲策略性管理的工具，用以促進組織內各階層員工的共識與期望。而經營策略（Business Strategy）則是有效運用公司內部資源（金錢、財物、資訊和人員等）的方法或過程，以達成目標，完成組織的使命。而經營策略可能依企業的目的、性質、用途以及環境等的不同，而有不同類型的經營策略與方向。因此，當組織決定採取某一類型的經營策略時，人力資源管理必隨之改變，方能因應組織人力的需求。亦即經營策略對人力資源管理的方向，具有導引的作用。而組織在制定經營策略時，亦須考慮人力資源管理的可行性，方能確保經營策略的成效，兩者間具有相輔相成的密切關係和相互影響的作用。

當組織採用低成本的競爭策略時，人力資源管理的重點在於撰寫詳細的工作規範及工作說明書、強調以工作爲基礎的報酬、重視員工的生產效率及專業技能，傾向招募內部人才。反之，若組織採用差異化策略，人力資源管理的重點在於撰寫較彈性的工作說明書及工作規範、強調以團隊爲基礎的的工作模式、重視員工的創意，傾向招募外部員工。是故可知組織的經營策略與人力資源管理的各項作法具有密切相關。

二、組織的結構

組織結構（Structure）是人力資源管理內在環境中的重要影響因素，牽涉到工作、人員和職權的分配與決定。因此，組織結構可說是工作與部門之間的連結橋梁，它影響個人與團體的行爲，使之朝向組織的目標。

關於組織結構的類型，一般常用以下六種基本型態：

(一) 簡單式組織

所有決策集中於企業所有權人身上，易於控制組織的活動和迅速反應外在環境的變化，卻易疏於人才的培育，並陷入日常瑣碎事物的處理；當決策錯誤時，更容易危及企業的生存。此種型態通常爲小型企業組織所採用。

(二) 功能式組織

以專業分工的方式，在組織內區分爲幾個功能單位，通常有生產、行銷、財務、會計、人力資源等部門。在功能專業化的情況下較有效率，同時維持權力的集中，但部門間不易協調，易形成本位主義，並且不易培養高階主管。

(三) 事業部組織

當企業組織的產品或服務較多樣化時，爲因應不同的競爭市場，組織授權給各事業部門，並負擔盈虧的責任，通常一個事業部的結構類似功能式的結構。因此，在各事業部中可維持功能的專門化，並培養高階的管理人員。但因易擴張事業部經理的職權，而導致各部門的政策不易一致，在總體資源上造成惡性的競爭。

(四) 策略性事業單位組織

組織爲便於管理，將共同策略性的事業部門組成一個單位，以改善經營策略的實施，提升綜合的效能，並針對各種事業做較多的控制，但在增加管理階層以後，策略性事業單位的主管與事業部的主管角色不易釐清。

(五) 矩陣式組織

矩陣式組織在形式上兼具了功能專門化和產品或專案專門化的優點，在職權、績效責任、考核和控制上採雙元的管道，亦即員工除須對直屬功能部門負責外，尚須對專案小組負責。矩陣式組織適用於多樣化專案導向的企業組織，但必須在垂直與水平上進行大量的溝通與協通，否則易造成職權的混淆與管理上的衝突。

(六) 網路式組織

爲因應整體外在環境的變化，其組織可透過契約與其他組織來執行製造、配送及行銷等工作的連結，以節省開銷、降低成本，並能彈性且快速地回應市場變化。網路式組織相對於其他組織結構最大的差異，在於沒有絕對的對上及對下關係。

從上述組織結構的種類說明下，我們知道不同的結構將會影響人力資源的運作方式，根據 Rothwell and Kazanas（1988）所提出結構對人力資源管理的重要影響因素，並加以說明，其因素有以下四種：

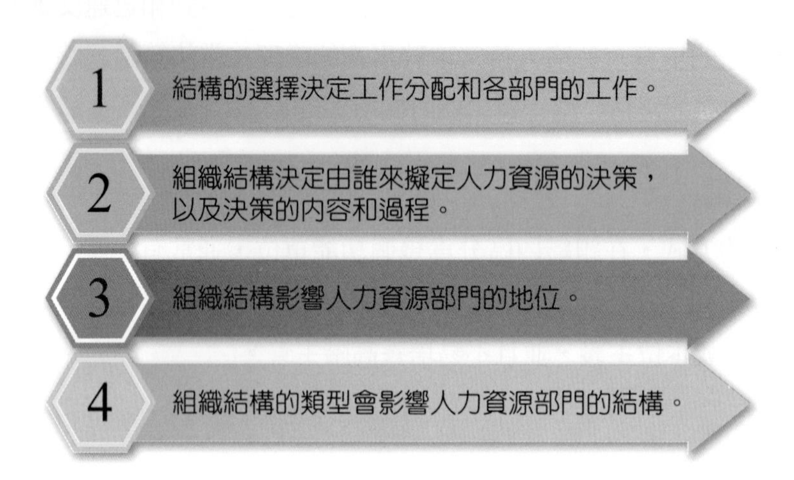

三、政策

政策（Policies）是一個公司預先建立達成目標的指引，以提供組織達成決策的方向。而一般與人力資源管理有關的政策如下：提供員工安全的工作環境、鼓勵所有員工儘可能發揮潛能、提供更高的薪資以追求更高的品質及產量、確認目前不適任新職缺的員工等。因此人力資源的管理必須了解公司的整體策略方向，方能有效地配合與運作。

四、組織文化

在考量影響人力資源管理的內部環境因素時，組織文化（Corporate Culture）是組織內共享的價值、信仰及習慣，與正式結構相互互動所產生的行為模式，是公司的社會及心理氣候。因此組織文化是組織成員共享的基本假設、價值與規範，包含引導員工行為的價值與標準，它決定組織整體營運方針、所僱用的人、工作與員工之間的調適，以及成果的展現與獎賞。而組織文化的內容主要的來源有三（Pearce and Robinson, 1988）：

(一) 企業環境特質的影響

企業的經營條件與環境將會影響組織文化，例如，電腦公司因科技快速轉變的影響，其文化必然重視創新的價值。

(二) 組織的創立者、領導者以及員工

當這些人加入組織時，隨著一起帶進來的文化，例如，來自個人的國家、地區、倫理、宗教和職業的文化等。例如：Acer 具有用人唯才的組織文化。

(三) 組織成員在實際工作中，用以解決問題的方式

成員在解決問題的手段上不盡相同，例如，在決策與資源分配上，因採取合作或內部競爭的策略，而會產生不同的組織文化。例如：蘋果公司在最後一分鐘都有修改產品的可能，以塑造員工追求最佳品質的組織文化。

當我們了解何謂組織文化之後，更須知道組織文化在公司中所帶來的影響力有多大，而這影響力的大小可能與人力資源的管理有相互牽動的關係，也就是說組織文化的形成有賴於公司全體人員的配合與共識，而人員觀念的培養與向心力的產生，則有賴於人力資源上的管理。

五、上層管理者的風格

與組織文化息息相關的是管理者的態度表現。下層管理者的風格會因上層管理者的風格（Management Style of Upper Managers）不同而有所不同，因此會間接影響人力資源管理上的運作。

六、員工

員工（Employee）在許多面向上都各不相同。例如：專業能力、態度、個人目標及人格特質。因此，管理者會發現對某人有效的管理方式可能不適用於另一個人，因此必須提出彈性且有效的政策加以因應。

七、非正式組織

新管理者很快就會學到他們必須處理公司裡正式與非正式的兩個組織。正式組織通常會在組織架構及工作說明書中見到，使管理者可了解其正式的從屬關係。而非正式組織（Informal Organization）通常也與正式組織並存，它是一系列開展的關係及組織內非正式加以描述的人員互動模式；在人力資源管理上除了必須重視正式的組織之外，面對非正式的組織更是不容忽視，因爲非正式的組織所帶來的影響力往往遠超過正式組織的力量，而且大多是負面的影響力。

八、勞資協議

在具有工會組織的公司裡，上層管理者通常要進行勞資協議（Labor-Management Agreement）的談判，然而整個組織的管理者都必須執行這些協議。在多數的情況下，協議會對管理者的行動有相當程度的約束力。

2-3 人力資源管理外在環境分析

外在環境意指在企業外圍影響人力資源管理的因素，其範圍極廣，舉凡一切與企業經營及組織管理有關的組織外因素皆屬之，例如：政治、社會、工會、股東、競爭者、顧客、科技、經濟及勞工等因素。每個因素，不管分開或與其它因素合併，皆直接或間接影響人力資源管理，亦即環境的變動會影響企業經營的方式，以及雇主與員工的關係；而人力資源管理即在有效地協助企業應付環境的變動。

一、政治

政府所形成的政治（Policy）環境對人力資源管理的每項功能都有影響，而政府所扮演的角色是勞工政策及相關法令的制定者與執行者，同時也負責監督企業在勞動條件、安全衛生與職業災害補償等各方面的制度與設備，是否遵行法令的規定，以保障勞工最基本的就業安全。自 2011 年開始新勞動三法正式上路，臺灣的勞資關係邁入新的里程碑，勞動三法包括《工會法》、《團體協約法》及《勞資爭議處理法》，乃攸關勞工團結權、協商權及爭議之重要的勞動法。勞動三法的修正將使勞資互動的規範更貼近當代的勞資需求。

《勞動基準法》新法在 2018 年 3 月 1 日施行，主要修正「一例一休」的政策，根據《勞動基準法》第 36 條：『勞工每 7 日中應有 2 日之休息，其中 1 日爲例假，1 日爲休息日。』及《勞動基準法》第 40 條：『沒有天災、事變或突發事件，雇主不得使勞工於例假日出勤，若因前揭原因有使勞工

出勤者，該日應加倍給薪，並應給予勞工事後補假休息。』上述的「例」爲例假日，是不可以加班的；「休」爲休息日，是可以加班的，若加班則必須付比平日加班更高的加班費給員工。該政策旨在維護勞方權益，但也意味著在資方身上有更大的限制及規範，因此對企業人力資源管理務必更加妥善規劃每日的加班上限，並尊重員工休假的權利。

對於企業界推動勞工福利的形式與內容，政府也居協助和輔導的地位；同時也是鼓勵企業僱用婦女或殘障弱勢勞工的推動者。總而言之，在政府行政上的管理、社會運動、勞工意識等逐漸高漲的情況下，對人力資源管理的要求日益增多，而人力資源管理必須遵守政府的政策與規定，方能順利而有效地推展。

二、經濟

經濟（Economy）因素對組織的影響往往最爲直接，由於經濟景氣通常以失業率爲指標，而景氣的好與壞，乃是企業需要聘僱或解僱人員的重要影響因素。當經濟景氣時，企業增加僱用以提高生產來供給市場所需，則失業率下降。當經濟衰退時，企業爲減少成本開始裁員，則失業率上升。近年來由於全球經濟環境的不確定性，使得企業在經營時，所面臨到的不確定性風險逐漸地提升，相對的，人力資源管理政策也間接受到影響，不論是人員的取得、裁減、訓練與供需都會因而有所改變。

三、社會文化

社會（Society）變遷的因素很多，其中高學歷、人口老化、婦女投入就業市場等，造成就業人口結構的改變；個人生涯的抱負、生活型態以及工作倫理、工作價值的改變，對就業市場產生重大衝擊。由於社會對於企業倫理與企業社會責任的重視，企業愈來愈重視員工的福祉，如退休、健保，甚至言論自由或個人隱私權的保障等，更因工作價值觀的改變，年輕勞工重視人際關係與工作能否發揮專長達到自我實現等，故人力資源管理的工作就相對變得較爲複雜。此外，在工作倫理薄弱與工作價值趨向功利主義的情況下，更加重了人力資源管理的責任與挑戰。

四、科技

由於科技（Technology）不斷地革新，讓其在各個不同的領域上都有所貢獻，例如：微電子、人工智慧、材料、生物等方面的快速發展，同時使得某些工作性質有所改變，例如：工作的內容、程序與方法等須進行調整，因此引進先進科技，將影響企業所須聘用的員工人數與員工所須完成工作的技能水準。具體而言，科技可減少低技能水準勞工的聘僱量進而以機器取代；同時也增加了「知識工作者」的需求，這些知識工作者的工作任務複雜且責任加重，所以人力資源管理除了招募、訓練新的工作人員之外，對資深的員工應給予訓練，藉以更新技能並協助工作的重新設計，以增加生產和充分利用人力資源。

五、工會

工會（Labor）雖然非企業正式組織裡的一分子，卻會影響組織內部的發展與運作，它是指一群員工為處理與其雇主之事務而聚集起來的團體，幾乎所有的員工薪資、福利及工作情況都可能藉由工會與管理階層雙方來共同決定，所以工會是代表員工與公司進行協商的第三者。因此企業的人力資源管理對於工會的組織與運作情形應該有深入的了解，對於合理的要求應盡力地配合，然而不合理的要求則應該以協調的方式進行和平的協商，以儘速平息紛爭。

六、勞動市場

在勞動市場中的勞動力（Labor Force）品質將影響組織人力運用的成效，而新員工則是指從其他公司來的或是剛從學校畢業的新鮮人，因此勞工視為外部環境因素之一。由於勞工的素質一直在改變，而這些變化會影響工作的情況與效率，也就是說，組織內個人的變化將會影響管理者的管理運作。簡而言之，整個國家勞力的配置與提供將會影響組織活動的情況。

七、競爭者

除非組織在市場上具有獨特地位而形成寡占或是獨占的現象，否則公司在產品及勞工市場上將面臨競爭者（Competition）激烈的競爭。公司若想持續成長，它必須持續供給有才能的人力，才能有效地提升競爭能力，以因應外在環境的壓力。所以公司必須確保在不同的領域擁有並維持一群有效率的員工，不斷地強化人力資源管理，使公司能有效率地與他人競爭。

八、顧客

顧客（Customers）是企業生存的命脈，也就是說，公司必須能夠創造出滿足顧客的產品與服務，不斷地提升顧客價值，使消費者成爲公司的忠誠顧客，故公司必須讓員工們知道顧客價值的重要性，所以員工不與顧客敵對是管理階層重要的工作之一。而顧客所需的是高品質的產品和售後服務，因此，公司的員工應有能力提供高品質的產品和服務；銷售量的多寡取決於產品品質的好壞和售後服務。這些情況會直接牽涉到組織員工的技術能力、激勵政策和員工適任問題，因此在滿足顧客需求之前，必須先獲得內部員工的認同。

2-4 人力資源管理角色扮演

人力資源管理是運用人力資源以達成組織的目標，各個階層的管理者都與人力資源有關。基本上，管理者必須藉由其他人的努力來完成工作，這便需要有效能的人力資源管理，而有效的人力資源管理則結合了管理、技術、行爲三方面的知識，其功能也隨著組織的擴展而日漸重要。人力資源管理的具體目標在遴選人才、培育人才、運用人才和留住人才，以提高生產力、提升工作品質和符合法規要求爲目的。在組織中，人力資源管理人員欲達成目的，而扮演的角色有下列四種：

一、協助政策制定的角色

公司的策略係在外部機會與威脅及內部強勢與弱勢配合之下，找尋公司未來發展的方向，這時人力資源管理人員不但可提供外部機會與威脅的資訊，並以分析組織內部的優缺點的方式，協助高層主管規劃公司的策略計畫，同時協助公司除去計畫的阻礙來協助政策的執行；因此人力資源管理須制度化，並非僅是將人事工作集中或更專業化，而是在協助直線管理人員發揮人員領導與激勵的能力，並有效地幫助組織擬定決策，以達成公司策略。

二、提供服務的角色

人力資源管理人員的工作主要在使各部門經理的工作得以順利地進行，如：員工的遴選、訓練、薪酬、解僱等工作，基本上是爲各部門經理提供服務。此外，提供公平就業機會法案、安全和衛生標準等資料，並協助各部門經理了解狀況，均是重要的工作。

三、稽核或控制協調的角色

人力資源管理人員有責任了解各相關部門和人員之間的互動關係，與人力資源政策在程序和實務上推展的情形，以確保執行上的公平性和一致性。

四、創新的角色

人力資源管理部門應不斷地吸取新知，並提供新的技術和方法來解決人力資源的問題，尤其是處在不確定的環境和國際競爭激烈的環境中，此項角色更顯重要。

2-5 結語

隨著產業環境與企業經營型態的轉變，人力資源管理工作也需要由傳統人事行政作業的消極角色，轉變爲人力資源開發的策略性角色，並積極參與企業經營策略的擬定，而非僅注重對人員問題的急救處理；因此配合企業的轉型，積極掌握組織人力資源之狀況，根據企業策略擬定人力資源規劃，加以考慮新世代的工作價值與資訊科技的發展，重新或改變工作設計以增加工作的自主性、創造性、挑戰性與成就感，規劃創新與更具彈性的人力資源管理制度；簡言之，人力資源管理的工作必須革新以因應外在環境的變遷。由於傳統人事管理的工作將人事功能與人事部門混爲一談，將會逐漸地被新時代的人力資源管理所取代，朝向前瞻性的策略眼光進行，以協助企業提升經營效能，並獲致成長與發展，因此人力資源管理如何面對當前產業環境的變化，將是企業經營者與人力資源管理專業工作者的重要挑戰。

一例一休

政府為了落實「周休二日」，於 2016 年 12 月 23 日推動《勞基法》修法條文，並於 2017 年 1 月 1 日起實施「一例一休」，讓勞工每周有一天例假日及一天休息日，同時統一勞公教的國定假日，並以提高休息日之加班費、放寬特休假門檻、增加罰緩等作為施行配套，原意是減少勞工負擔及增加企業彈性，但是在勞資雙方的杯葛及多方討論後，政府三讀通過修正法案，並於 2018 年 3 月 1 日正式上路，其主要的修正內容如下圖。

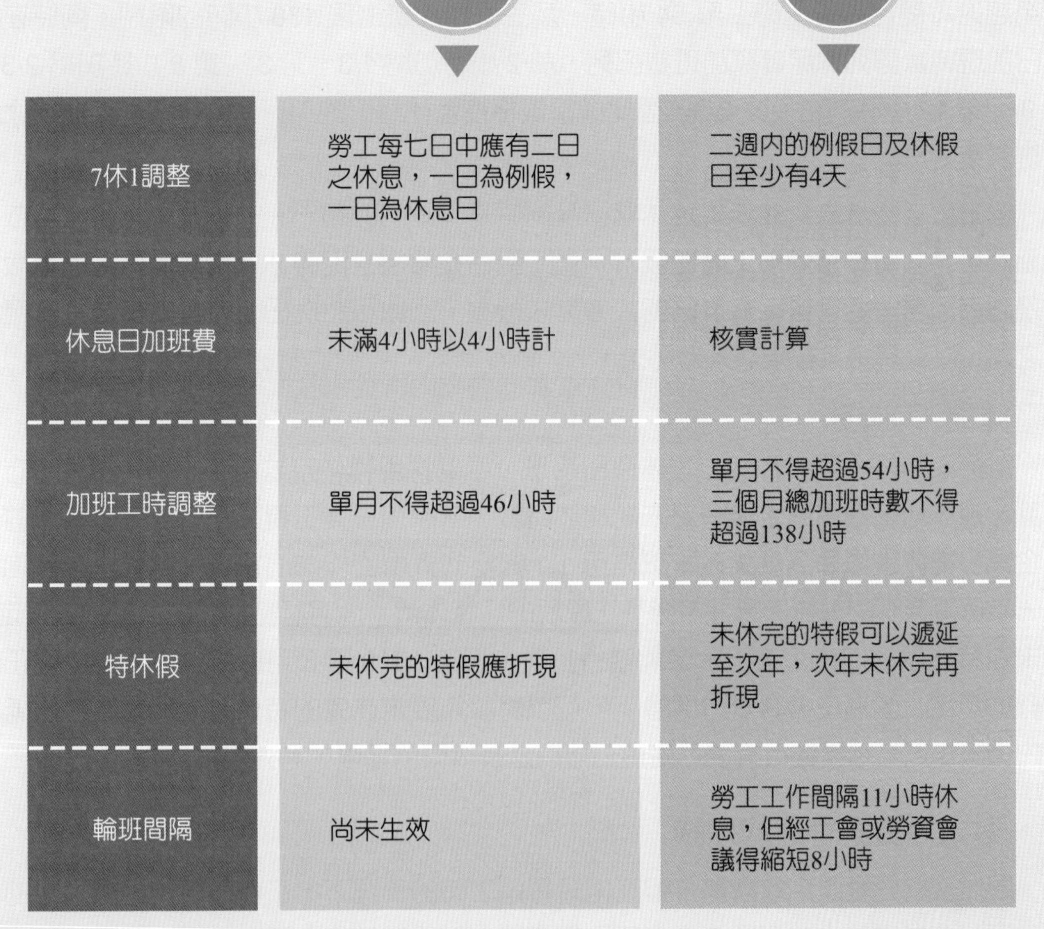

	2017	2018
7休1調整	勞工每七日中應有二日之休息，一日為例假，一日為休息日	二週內的例假日及休假日至少有4天
休息日加班費	未滿4小時以4小時計	核實計算
加班工時調整	單月不得超過46小時	單月不得超過54小時，三個月總加班時數不得超過138小時
特休假	未休完的特假應折現	未休完的特假可以遞延至次年，次年未休完再折現
輪班間隔	尚未生效	勞工工作間隔11小時休息，但經工會或勞資會議得縮短8小時

資料來源：《勞動基準法》修正條文對照表（107.01.10. 三讀通過）

一、「一例一休」是什麼？

「一例一休」指的是勞工每周有「例假日」及「休息日」兩日得以休息，「例假日」是《勞基法》規定「勞工每7日中至少應有1日休息」，而「休息日」是修法後的新名詞，是指「工作縮短後多出來的休息時間，一般是指扣除一周5天工作日與1天例假日後剩下的那一天」，並不屬於法定的有薪假，不算真正的假日。「例假日」與「休息日」之最大差異在於，除非有緊急事故，否則「例假日」雇主不得要求員工出勤，若有出勤者，則工資加倍，且必須擇日補休。而「休息日」只要雇主與員工達成共識，即可加班。亦即例假日不可加班，休息日可加班的概念。

二、「一例一休」的影響

(一)對企業的影響

對企業而言，最直接的影響就是加班費大幅增加（可參考加班費試算系統 https://labweb.mol.gov.tw/），對於企業的人力資源應用上產生極大的挑戰，必須妥善排班才能避免超過每個月加班工時上限54小時，及三個月加班上限138小時的限制。同時在休息日加班時數認列採用實際加班數認列，前2小時加給1/3，第3～第8小時加給2/3，第9～第12小時加給1又2/3，因此必須嚴格控管休息日的加班人力，才能抑制龐大的加班費產生。

但由於《勞基法》並未規定休息日及例假是一周內的哪一天，因此事業單位可依勞資協商後，同時保留變形工時的設計，員工配合企業經營而輪休。例如：以大型量販店或是超市而言，通常星期六及日的人力需求較高，因此可將例日及休假安排在周一至周五之間，以支持企業經營之人力需求。

(二)對勞工的影響

對勞工而言，其在工作日、休息日加班，可以採用補休方式換加班費，以1:1方式換算。補休期限屆滿或離職時之未能補休時數，依原加班費工資進行折現。相較目前多數企業，補休期限屆滿就失效，或是用1:1的方式折現的作法而言，《勞基法》新制更進一步保障勞工的權益。另外，勞基法原訂的「特休假」，明訂特休假由員工自行排定，但未在特休期限內休完者，企業需進行折現，但在2018年3月的修法中，同步修正特休假的規定，改為由勞資雙方同意下，可以將該年度未休完的特休遞延一年，若遞延期限內仍未休完，才需進行折現，使員工可以延長休假的期限，有效安排休假。

三、對人力資源管理的建議

周休二日已經是全球趨勢，但在縮短每週工時的情況下，工作日可能出現加班的現象，因此企業內的人力資源管理者應更嚴謹控制加班工時的上限，才不會反而加重員工的負擔。落實休假的目的在於使員工獲得妥善的休息時間，以及維持工作與家庭的平衡，因此應鼓勵員工將特休完整休完，減少折算薪資的狀況，以維持員工的身心健康，期望提升工作效率。

同時，企業為了因應一例一休，應善用變形工時，讓加班更具彈性，才能有效控制加班費。例如：企業面對淡旺季訂單波動時，亦可在三個月的週期內彈性調整加班時數，只要三個月內的加班總數未超過 138 個小時即符合法令規範。

遽變時代下的人力資源管理

二十一世紀是一個變化的時代，科技的進步、產業結構的改變、購併的風潮，都對企業的經營形成衝擊，企業必須有所應變才能在這競爭激烈的環境中生存，而組織的變革、人力的調整有賴人力資源管理部門的協助。在這遽變時代中，人力資源管理人員應如何應變，才能協助組織維持競爭優勢，正是人力資源管理者所面對的挑戰。根據中華人力資源管理協會理事長張瑞明先生指出，在現今環境的改變之下，對人力資源管理的衝擊主要有以下幾點轉變：

一、網路時代的來臨

科技的發展改變了人力資源管理工作的型態，例如：視訊會議、電子商務（e-commerce）、線上招募（e-recruiting）、網路訓練（e-training/web-based training）都有別於傳統的工作型態。

二、產業結構的改變

由於傳統產業逐漸淡出，高科技產業開始抬頭，而高科技產業屬於腦力密集的產業，產業的價值建立在公司的知識，以現代新興的網路公司及軟體公司為例，他們往往並沒有龐大的資金、機器設備、土地等資產，但仍創造了很高的價值，這就是他們擁有的知識。因此未來企業決勝關鍵將在於知識的管理，如何有效地協助公司分享、累積與創造知識，將是人力資源管理所面臨的新挑戰。

三、時間的競爭

由於環境及科技的快速變化，使得速度愈來愈重要，企業無論是在研發、產品的送達或服務的提供，都講求速度，以免錯失商機，因此人力資源管理人員也必須能夠快速應變，適時提供組織所需的服務，才能提升組織在時間上的競爭力。

四、購併風潮的來臨

近年來購併蔚為風潮，在公司合併後，將會面臨的問題是文化的融合，一旦企業文化無法融合而發生衝突，企業的運作就會受到威脅，因此人力資源部門必須挑起文化融合的重擔。

五、環保意識抬頭及安全衛生要求的提高

環保和安全衛生可以說是一體兩面，前者對外而後者對內。環保意識抬頭及安全衛生要求的提高，使得企業許多決定都必須加以配合，如何提供員工一個安全衛生的工作環境，正是人力資源所必須注意的。

六、勞動成本的提升

由於勞動成本的提升，使得企業在成本壓力下力求人力精簡，所謂的精簡不一定需要裁減人力，而是如何使總成本下降。因此外包（out-sourcing）成為一個新的趨勢，公司只僱用核心人物，以保有核心才能，而將一般性功能外包，以在不造成長期勞動成本提升的情況下取得服務，目前已有許多顧問公司都有提供人力資源管理的服務，其中以訓練的外包最為盛行。

因此，在上述的環境改變下，人力資源管理必須是策略性的發展，人力資源規劃、變革管理、文化管理、才能管理、知識管理、溝通與資訊管理、危機管理、外包管理等等，均是策略性人力資源管理未來所必須面對的內容與挑戰。

資料來源：http://www.104hr.com.tw/

少子化與高齡化所帶來人力資源的改變

少子化與高齡化的趨勢，衝擊全球產業及經濟發展，並使企業面對複雜的人力資源管理議題。近年來，各國開始針對婦女及高齡工作者這二大族群著手，致力於提升就業率，以女性勞動參與率而言，OECD 國家平均的女性勞參率約 60%，而臺灣女性勞參率僅 51%。因此政府紛紛祭出提升女性勞動參與率之各項政策，諸如育嬰假及相關補助方案，但更重要的是，企業也需準備相關的配套措施與準備，許多公司開始在公司內部設

立托兒所與補習班，讓女性更能安心且專注地工作，提升其就業意願。另一方面，部分工時及暫時性工作也是大多數婦女選擇就業的方向，彈性的時間讓他們可以兼顧到家庭與工作。

另一方面，高齡人力資源的運用，乃是高齡社會中人力資源管理的重點，我國 65 歲以上老年人口占總人口比率在 2018 年 3 月底達到 14.05%，也就是說，7 個人中就有 1 個是老人，臺灣正式宣告邁入「高齡社會」，因此企業必須開始思考如何妥善運用高齡人口。但是如何妥善運用高齡員工，並且提供適才適所的職位，以及其工作設計，皆為人力運用的關鍵議題，因為高齡員工的生理狀況已無法承受較長的工作時間，所以在日本與北歐國家開始使用漸進式退休以及派遣員工的方式，來延續高齡員工之工作生涯，漸進式退休概念是慢慢減少工作時數與責任。漸進式退休不僅可以達到經驗與技術的傳承的好處，同時也使企業可以持續借重高齡者的社會網絡關係及經驗。

此外，在人力派遣的工作模式上，日本在這方面有較完善的規劃，日本針對 50 至 80 歲高齡員工專門設立派遣公司，他們在登記後，將被派遣至各中小企業或是資訊科技的投資公司、外商金融機構、餐飲、旅館等行業，把每位高齡員工分派到適當的公司與職位，充分發揮高齡員工在人脈與經驗上的優勢，不僅滿足高齡者在經濟及自我肯定的需求，同時也使企業獲得優秀的人力資源。

高齡人力運用的概念亦即生產性老化的概念，近十年來在大中華地區開始倡議以生產力老化的方式創造經濟效益及社會價值，企業得應用漸進式退休的模式逐步發展退休員工的資源，使願意從事專案工作及經驗豐富的高齡人力可以繼續發揮生產力，持續接受工作的挑戰，獲得成就感。同時，透過高齡人力與全職員工的合作及高齡人力社群經營，逐步將資深員工的內隱知識及社會網絡轉為外顯知識，以利傳承及學習。高齡人力的實體社群可以進行專業知識及技術的訓練；虛擬社群可以培養團隊學習的文化，使不同世代的員工進行知識分享及移轉。充分發揮高齡人力的生產力，使年輕人力可以學習到資深員工的經驗及知識。對人力資源管理而言，必須充分結合師徒制度、知識管理及領導與學習三者之間的關係，才能發揮高齡人力運用的價值，促進企業的知識傳承。

資料來源：

1. 成之約，中華民國行政院網站，因應人口結構改變，我國人力資源政策的規劃。http://www.ey.gov.tw/News_Content15.aspx?n=22DE2FC89D3EE7DA&s=CD6BA2067BD255CC，檢索日期：2015/10。
2. 關聆月，臺北人力銀行網站，日本中高齡退休者 尋得事業第二春。https://www.okwork.taipei/frontsite/cmsURL/forward.do?URLId=1719862，檢索日期：2015/10。
3. OECD.Stat，網址：http://stats.oecd.org/。

臺灣理組文組人才比例失衡

近幾來臺灣高等教育迅速擴張，臺灣已擁有 156 所大專院校，錄取率將近百分百，在這快速擴張的同時也存在著：「男理工，女人文」與「理工科系優於人文科系」等情況，早期的男校都是工科，女校則為護專、家專及商專，學習領域明顯分化，造就了上述的兩種現象，教育部在 1950 年制定中學課程標準，規定高中不分組，之後大學聯考分組造成高中教學課程混亂，於是教育部在 1959 年〈中學課程修訂意見報告〉中，建議高中分成文組與理組，而到之後 1984 年再調整成現在的四個類組，第一類文法商，第二類理工，第三類生醫，第四類跨組，從過去報考的紀錄來看，自然組報考人數一直低於社會組，且女性報考自然組人數低於男性，而在 1984 年因為國家政策的影響，文組與理組人數造成較大差距。

臺灣從早期發展勞動密集的製造業轉變成技術密集的高科技產業，政府開始重視高技術人才之培養，導致理工科系成長的幅度大於人文科系，從畢業後起薪最高的科系來看，多數為理工科排名較高，根據美國喬治城大學教育與勞動力研究中心針對大學科系擁有最高的年薪的排名，前 10 名為石油工程學系、藥學與藥劑學和藥物管理等學系、冶金工程學系、採礦與礦物工程學系、化學工程學系、電機工程學系、航空航天工程學系、機械工程學系、資訊科學系、地理與地球物理工程學系，可看出理工科的優勢。

另外根據美國國家教育統計中心（NCES）委託就業網站 CareerBuilder 和研究機構國際經濟模型專家公司（EconomicModeling SpecialistInternational，EMSI）所做調查分析，2010 至 2014 年選修人數成長最快的大學課程，多半集中在科學、科技、工程、數學等理工領域，但同時間主修歷史、教育、文學、哲學等人文學科的學生人數卻持續下滑，選擇理工科擁有專業的技術，並搭配著國家政策重視發展產業的方向，未來工作機會明確，而人文科系一直被認為較基礎且容易學習，根據人力銀行業者追蹤

個案討論

10 年內，9 千多名畢業生的求職資料，發現清大、成大和師大，語言人文相關等科系畢業生，畢業 10 年內月薪低於 5 萬的比例都高達 8 成，即使是台大畢業生，如果主修的是農林漁牧等科系，畢業後 10 年內，月薪不到 5 萬的高材生也比比皆是，文組理組人才比例失衡，且這狀況會越來越擴大。

資料來源：

1. 謝小芩，楊佳羚（民 101），「分組」的性別意涵：制度因素與其效果，性別平等教育刊，526.192，40-51。
2. 吳慧珍（民 104 年 9 月），文科生瀕臨絕種？，民 104 年 9 月，中時電子報。

• 基礎問題

1. 為何在高等教育迅速擴張的同時還會出現上述兩種現象？
2. 為何理組相對於文組在市場上具有較大優勢？

• 進階問題

過去理科因為國家政策發展特定產業而帶來好處，而現在開始注重所謂的文化產業，文組該如何把握？如何提升自我價值？

• 思考方向

過去臺灣努力發展高科技電子產業，並設立許多科學園區，同時搭配鄰近的教育體系合作，共同培養優秀人才。近年來政府積極推動文創產業的發展，設立華山文創及松山文創等文創園區，是否也能連結到相關教育體系，以培育文創產業人才。

自我評量

一、選擇題

(　　) 1. 組織的內部環境會對人力資源管理造成相當壓力，下列哪個選項非內在環境分析的項目？ (A) 組織的使命與經營策略 (B) 政策 (C) 組織文化 (D) 員工態度。

(　　) 2. 下列有關經營策略的敘述何者不正確？ (A) 經營策略可能依企業的目的、性質、用途以及環境等的不同，而有不同類型的經營策略與方向 (B) 經營策略則是有效運用公司外部資源（金錢、財務、資訊和人員等）的方法或過程，以達成目標，完成組織的使命 (C) 當組織決定採取某一類型的經營策略時，人力資源管理必隨之改變，方能因應組織能力的需求 (D) 組織在制定經營策略時，亦須考慮人力資源管理的可行性，方能確保經營策略的成效，兩者間具有相輔相成的密切關係和相互影響的作用。

(　　) 3. 下列哪一個不屬於組織結構的類型？ (A) 簡單式組織 (B) 菁英式組織 (C) 事業部組織 (D) 矩陣式組織。

(　　) 4. 「以專業分工的方式，在組織內區分為幾個功能單位，雖然有效率，但部門間不易協調」上述指的是哪個類型的組織？ (A) 簡單式組織 (B) 網路式組織 (C) 事業部組織 (D) 功能式組織。

(　　) 5. 「組織為便於管理，將共同策略性的事業部門組成一個單位，並對各種事業做較多的控制。」上述指的是哪個類型的組織？ (A) 策略性事業組織 (B) 網路式組織 (C) 事業部組織 (D) 功能式組織。

(　　) 6. 下列何者非人力資源管理相關的政策？ (A) 提供員工安全的工作環境 (B) 鼓勵所有員工儘可能發揮潛能 (C) 提供更多的升遷機會 (D) 提供更高的薪資以追求更高的品質及產量。

(　　) 7. 下列哪一個為組織文化內容的主要來源？ (A) 企業環境的影響 (B) 組織的創立者、領導者以及員工 (C) 組織成員在實際工作中，用以解決問題的方式 (D) 以上皆是。

(　　) 8. 下列哪一個不是影響人力資源管理的外在環境因素？ (A) 組織 (B) 競爭者 (C) 政治 (D) 經濟。

(　　) 9. 以下哪一項爲勞動三法中的重要法律？ (A)《勞動基準法》 (B)《工會法》 (C)《刑法》 (D)《性別工作平等法》。

(　　) 10. 下列有關工會的敘述何者錯誤？ (A) 工會爲企業正式組織裡的一份子，所以會影響組織內部的發展與運作 (B) 工會是指一群員工爲處理與其雇主之事物而聚集起來的團體 (C) 大部分有關員工薪資、福利及工作情況的問題，可以藉由工會和管理階層雙方面來共同協商決定 (D) 企業的人力資源管理對於工會的組織與運作情形應該有深入的了解，對於合理的要求應去盡力的配合，不合理的要求則應該以協調的方式進行協商。

二、問題探討

1. 人力資源管理環境變遷的趨勢？
2. 影響人力資源管理的內部環境因素？
3. 影響人力資源管理的外部環境因素？
4. 人力資源管理在組織中所扮演的角色？

一、中文部分

1. 王祿旺譯（2002）。《人力資源管理》，第八版，臺北：培生教育出版。
2. 吳美連、林俊毅著（1999）。《人力資源管理：理論與實務》，第二版，臺北：智勝出版社。
3. 張火燦著（1998），《策略性人力資源管理》，第二版，臺北：揚智出版社。
4. 黃英忠、曹國雄、黃同圳、張火燦、王秉鈞著（2002）。《人力資源管理》，第二版，臺北：華泰文化事業公司。
5. GaryDessler 原著，張緯良編譯。《人力資源管理》，第六版，臺北：華泰文化事業公司。
6. GaryDessler 原著，李璋偉編譯。《人力資源管理》，第七版，臺北：臺灣西書出版社。
7. GaryDessler 原著，方世榮編譯。《人力資源管理》，第八版，臺北：華泰文化事業公司。

Note

Chapter 3

工作分析與工作設計

本章大綱

名人名句

如果可以的話，千萬不要一開始就把人擺在高位。　　通用汽車公司總裁 Alfred P. Sloan

組織如果擁有一位不可取代的人，則組織已經犯了管理失敗的罪過。

AmericanGeneral Corp. 董事長兼最高執行長 Harold S.Hook

本章旨在應用工作分析的工具確認全體的工作內容，以便提供有效的資訊協助管理。工作分析實爲人力資源管理的基礎，本章從如何分析工作到如何撰寫工作說明及工作規範，提供詳細的操作步驟。簡單扼要提出工作分析資料用途及工作設計之相關理論，以利學習者了解工作分析的重要性。

工作分析程序

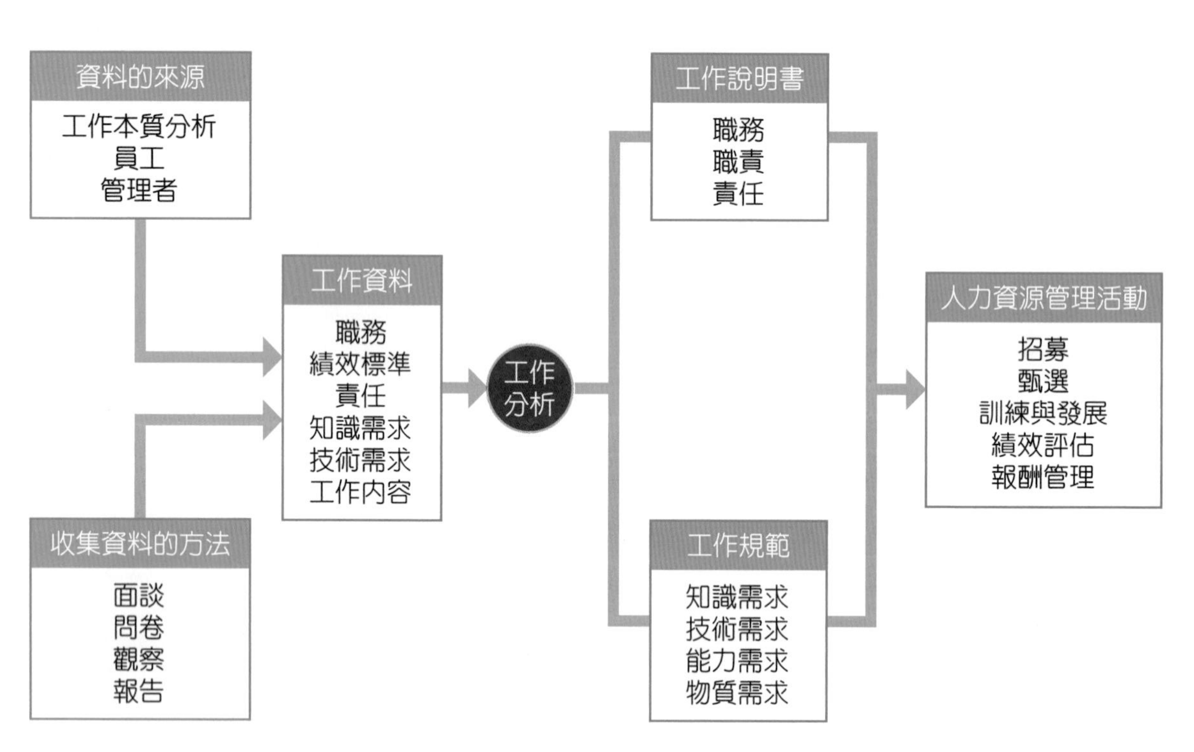

前言

近年來，隨著社會的快速變遷、工商業的蓬勃發展，各行各業爲求生存進而獲利，彼此間的競爭已進入白熱化的階段，職場上處處面臨強大的競爭壓力。公司爲避免虧損，對員工的表現非常苛求，甚至不容許任何差錯，其績效表現更成爲薪資考核的重要憑據。但現今工作項目一再衍生，更趨向多元化、豐富化，公司內部不斷需要專業人才，琳瑯滿目的徵才廣告隨處可見，而這些五花八門的工作職稱，吸引社會上爲求一職的人前來一試，幸運的也許就被錄取了。但問題是，他們眞的適合這工作嗎？而他們眞的是主管需要的人才嗎？事實上，即使通過層層篩選的新進菜鳥，往往因爲對新職務的不了解而有可能成爲錯誤百出的一群。爲此，建立完整及詳盡的工作說明書及工作規範，可以作爲招募新進員工的基本要求標準。幫助管理者找到符合需求的專業人才，同時也讓員工了解工作職務的內容，乃是人力運用的關鍵。

在人力資源管理的領域中，工作分析與工作設計是一項浩大的工程，利用各種分析方法所得到工作分析資訊，有助於人力資源管理各項活動。一份好的工作分析不但能夠使該職位的工作者能更了解其工作內容，使其更早進入工作狀況，更能讓人力資源管理者知道公司需要招募的人才特質及相對產生的措施。

數位科技爲企業帶來全新的挑戰，也對人力資源管理產生重大的影響，特別是在 AI 時代，企業所需的人才與過去大不同，強調邏輯能力及深度學習，不僅是科技業，金融業及服務業亦逐步導入 AI 的技術，改善及強化經營模式。在這一波產業變革之下，會產生許多新的職務，對應新的職能及工作標準，因應環境變化需要重新進行工作分析及工作設計。並考量雇主對員工的控制範圍及能力縮小，虛擬的工作平台創造更多工作彈性，也吸引知識自由工作者的投入，雇主及員工之間的關係不如過去綿密，人才的流動率及移動性增加，致使企業面對人力運用的強大壓力。企業及員工如何在「責任制」的框架下，建立工作的標準，都在考驗企業人力資源管理者的智慧。因此落實工作分析，建立工作標準，並累積工作的訣竅及知識於企業，並依據環境的變化進行工作再設計，乃是人力資源管理的首要工作。

3-1 工作分析的本質

一、工作分析的定義

工作分析是針對特定職位的工作內容及相關因素，進行系統化的分析、描述及記錄，據以提出員工應執行的工作業務內容，及員工應具備的職能及條件。企業在確立組織體制後及人事措施實行前，必須將各項工作或執掌之任務、責任、性質以及工作人員之條件等予以分析研究做成書面紀錄，即所謂的工作分析（Job analysis）。換言之，工作分析即是對某項特定性質之工作，藉實地觀察或其他方法以獲得相關資訊，進而決定該項工作中所包括之事項，及工作人員勝任該工作所具備之技術、知識、能力與責任，並可區別本項工作與其他工作有所差異之資料。換句話說，也就是對一職位工作內容及有關各因素進行有系統、有組織之描寫或記載，所以工作分析也稱爲職位描寫（position description）。

工作分析乃針對某一項工作及其周圍情況之研究與分析，並且就組織觀點決定其必要條件，此與時間及動作研究迴然不同。在較多情形中，工作分析爲人事部門用以蒐集關於工作與員工的有關資料，藉此方便僱用、升遷、調任及訓練。因此，工作分析乃用以決定工作之需要條件及工作人員適任工作所需具備的某些特質。

二、工作分析的目的

工作分析的主要目的有以下各項，茲分別說明之：

(一) 組織規劃

人力資源規劃者在動態的環境中分析組織的人力需求，所以必須獲得廣泛的資訊，而在組織內工作任務的分配狀況，可從工作分析中得到較詳細的資料，根據這些資料可以作爲利潤分配時的準繩。另外，在組織不斷的發展中，工作分析可作爲預測工作變更上的基本資料，並且可讓該職位上的員工或主管預先準備因應改變後的相關工作。

(二) 工作評價

工作評價依賴工作分析時說明所有工作之需要條件與其職務，以及說明工作間之相互關係；並指出哪一部門應包含何種類型之工作。如果缺乏這些決定工作相對價值的事實資料，則評價人員單憑書面之定義，來從事縝密的評價工作是相當困難的。

(三)招募甄選

說明專業知識技能的標準，以及相關工作經驗的要求，可以作爲僱用該職位新進員工的考量標準。而且在招考新進人員時，僱用單位可依工作分析當中所得到的職掌範圍內所需之專業技能，製作筆試、口試或實作測驗試題，以測出應徵者之實力，是否符合該職位之需求。

(四)建立標準

工作分析可提供企業中所有工作之完整資料，對各項工作的描述都有清晰明確的全貌，故可指出錯誤或重複之工作程序，以發覺工作程序所需改進之處。所以工作分析可謂爲簡化工作與改善程序之主要依據。

(五)員工任用

人力資源部門在甄選或任用員工時，須藉工作分析之指導，才能了解哪些職位需要哪些知識或技術，以及如何將適當的人才安排於適當的職位上。

(六)職涯管理

在既定的工作架構及內容下，從「縱」向的角度去整合其工作的內容，以達到「工作豐富化」。從「橫」向的角度去增加相關度較高的不同工作，以達到「工作多樣化」。而在既定的工作架構及內容下，利用訓練規劃及訓練需求調查爲基準，遴選出需要訓練的員工，再依組織之需求及員工個人能力與興趣，提供訓練發展之機會，並作爲員工職業生涯規劃的重要參考資料。

(七)訓練

工作分析會列出所需職務、責任與資格，再給予訓練工作上相當的價值。有效的訓練計畫需要有關工作的詳細資料，它可提供有關準備和訓練計畫所應安排的資料，諸如訓練課程之內容、所需訓練之時間、訓練人員之遴選等。

(八)績效評估

績效評估是指將員工的實際績效與組織的期望進行比較。透過工作分析可以決定出績效標準以及設定各項加權比重，並將績效考核制度中的評量標準與公司經營總目標、員工個人調薪標準結合。

(九) 其他

工作經過詳細分析後，還有許多其他的效用，如有助於工作權責範圍的劃分、改善勞資關係，避免員工因工作內容定義不清晰而產生抱怨及爭議。此外，工作分析對於人力資源研究與管理、工作環境不適、人事經費、轉調與升遷等問題都有莫大的助益。

三、工作分析的步驟

一般而言，工作分析可分爲下列六個步驟：

(一) 步驟一：確定工作分析資料的用途

蒐集資料的型態及方法會影響資料的用途，例如：訪問員工的工作細節特別適合用於撰寫工作說明書及甄選員工，而其他的工作分析技術（如職務分析問卷法），可用來比較各項工作，作爲決定薪酬的依據。

(二) 步驟二：審查相關的背景資料

在此所謂的背景資料所指的是組織圖、流程圖及現有的工作說明書。其中組織圖可顯示整個組織的分工情況，其所分析的工作與其他工作的關聯性。另外，可以藉著組織圖上的連結找出該工作向誰負責以及和哪些人溝通。而流程圖則是繪製出所分析的工作之投入與產出的流程，例如：存貨控制員必須向供應商領貨，工廠經理應提出領貨申請單。最後，如果有現存的工作說明書，以上便可作爲修改工作說明書的最佳參考資料。

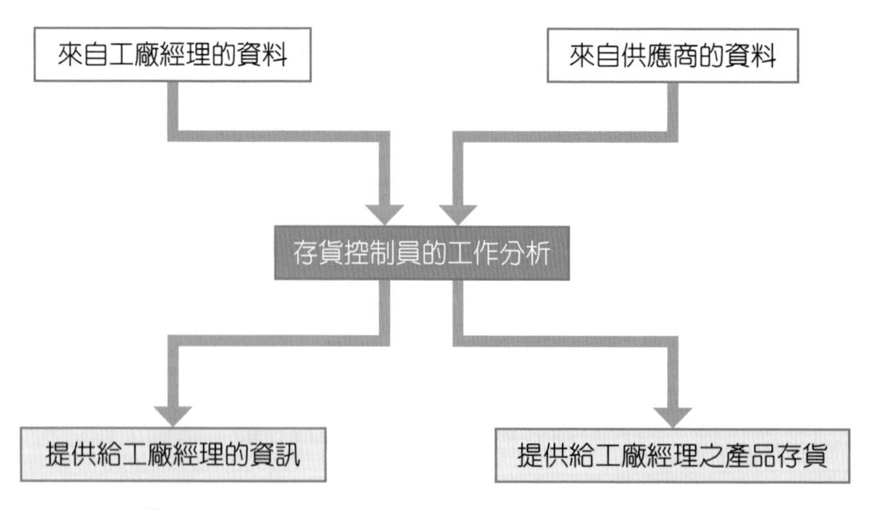

圖 3-1　存貨控制員之工作分析的投入與產出流程

資料來源：Richard I. Henderson,（1979）

(三) 步驟三：選擇具代表性的職位來分析

當許多類似的工作都需要分析時，對所有的工作進行分析將是非常耗時的，所以只要選擇其中一位具代表性的加以分析便可。例如：不必對所有線上裝配員做工作分析，只要挑出其中一位即可。

(四) 步驟四：進行實際的工作分析

根據工作活動、所要求的員工行為、工作環境以及執行此項工作所須具備的人員特質與能力等所收集到的資料，進行實際的分析工作。

(五) 步驟五：重新檢視現職工作的資訊

有別於傳統的工作分析是由主管訂定標準，現代的工作分析重視員工的參與，著重員工在工作現場累積及發現的經驗，透過具體化的文化，將工作經驗融入工作說明書中建立標準制度，維持品質一致性。因此工作分析的資訊應由工作現職者與主管共同加以確認，以確保資訊的正確性與完整性。

(六) 步驟六：發展工作說明書與工作規範

工作說明書與工作規範通常是工作分析之後的具體成果。其中，工作說明書（job description）是以書面方式描述工作的活動與職責，以及工作的重要特徵，如工作的條件及安全措施。而工作規範（job specification）則是彙總從事該項工作所需的個人資格、特質、技能以及相關背景資料等。工作規範可以是一份獨立的文件，也可以看成是工作說明書的一部分。

四、蒐集資料的方法

(一) 面談法（Interview）

員工可以單獨或群體進行面談，依據員工的人數和方式分成三種方法：

❖ 與每位員工個別面談。

❖ 與一群執行相同工作的員工進行群體面談。

❖ 與了解此工作分析的主管人員面談。

大多數的面談會依循一種結構性或表單的形式進行，這類的表單稱為工作分析問卷，內容大概包括一系列和工作有關的問題，但和員工進行面談前，都要讓受訪者完全了解面談的原因以及用途，否則受訪者會以為面談是為了考核績效而不願完全配合。

1. 面談的指導原則

(1) 工作分析人員與主管必須要密切配合，找出最了解此工作的員工，並且能客觀地描述工作的任務和職責。

(2) 與受訪者建立和諧的談話氣氛，這可由以下幾種方式做起：詢問此人的姓名，以淺顯的語句交談、簡述面談的用意，以及說明爲何會獲選爲受訪者。

(3) 依循結構化的問題循序漸進地詢問，所列的問題須提供足夠的空間，以使受訪者作答時不會感到壓力。

(4) 當工作並非規則性時，要請他將工作依輕重緩急的順序列出，例如，有些員工並不是一天內不斷地重複執行相同的工作。

(5) 面談完成後要由受訪者與其直屬主管再次檢視資料，檢查是否有缺漏的地方。

2. 面談法的優點

面談法可能是決定工作任務與職位時使用最廣的方法，因其廣爲使用，也反映出它確實有許多優點，敘述如下：

(1) 員工在訪談過程中會披露一些不爲人知的活動。

(2) 面談能詳述工作的功能和必要性。

(3) 受訪者會在訪談過程中透露部門主管沒注意到的意見和工作上的挫折。

(4) 是蒐集資訊最直接的方法。

3. 面談法的缺點

可能因爲受訪者怕影響績效而提供錯誤的資料，或因不夠深入了解而導致資訊的扭曲。

(二) 工作分析問卷（job analysis questionnaire）

顧名思義就是讓員工自己填寫問卷描述自己從事的工作，此方法能以迅速且有效的方式自多位員工蒐集資料，它比對數百位員工進行面談來得省時省事。但在事前爲了提高問卷的效果，必須花費相當多的時間來設計問卷。

而工作分析問卷所考慮的重點在於問卷結構及其所包含的內容，可以蒐集攸關工作的資訊，例如：特定任務的工作內容、使用的工具及設備、負責的責任及義務。有些問卷的內容相當詳細，會列出員工的工作任務或職務的細微狀況。而有些問卷採用較多開放式的問題，主要希望員工能描述自己工作的主要任務。但事實上，一份好的問卷應介於兩者之間，也就是包含結構式與開放式的問卷，以得到較周延的資訊。（參見表 3-1）

表 3-1　撰寫工作說明書前的工作分析問卷

職位名稱：		部門：
被訪問者姓名：		主管姓名：
代號：		從事同一工作的員工人數：
分析組別：		日期：
分析者姓名：		
工作目標	1. 你工作部門的一般目標為何？	
	2. 你工作小組的一般目標為何？	
	3. 你工作的一般目標為何？	
職責／工作活動說明及職權	1. 你每天的個人經常活動或職責是什麼？（說明並依重要性排列及評估各項所占時間比例）	
	2. 你每天的非例行職責（每半週一次或以上者屬之）是哪些並說明？多久工作一次？（依重要性排列及評估各項所占時間比例）	
	3. 你有哪些非固定、非經常性的職責與工作活動？	
	4. 你的工作來自何處（部門、人員）？	
	5. 你對分派的工作如何執行？	
	6. 工作完畢後移交何處？	
	7. 你的工作指令來自何人？	
	8. 工作指令的性質為何？（口頭、書面）	
	9. 誰對此工作的工作標準、完成時間及數量有決策權？	

資料來源：Gary Dessler（2008）

表 3-1　撰寫工作說明書前的工作分析問卷（續）

<table>
<tr><td rowspan="8">職責／工作活動說明及職權</td><td colspan="4">10. 工作發生困難時，你通常去找誰？</td></tr>
<tr><td colspan="4"></td></tr>
<tr><td colspan="4">11. 在工作中，你需要對何人下達命令？</td></tr>
<tr><td colspan="4"></td></tr>
<tr><td colspan="4">12. 你有無對何人負督導之責？</td></tr>
<tr><td colspan="4"></td></tr>
<tr><td colspan="4">13. 你有無直接統御何人？</td></tr>
<tr><td colspan="4"></td></tr>
<tr><td rowspan="5">工作的一般說明</td><td>請列舉你所使用的機器或設備</td><td>一直使用</td><td>經常使用</td><td>有時候使用</td></tr>
<tr><td>1.</td><td></td><td></td><td></td></tr>
<tr><td>2.</td><td></td><td></td><td></td></tr>
<tr><td>3.</td><td></td><td></td><td></td></tr>
<tr><td>4.</td><td></td><td></td><td></td></tr>
<tr><td rowspan="12">工作條件</td><td colspan="4">1. 該工作最低學歷資格？</td></tr>
<tr><td colspan="4"></td></tr>
<tr><td colspan="4">2. 該工作所需要的額外特殊訓練（在一般高中或大學不容易學到）？</td></tr>
<tr><td colspan="4"></td></tr>
<tr><td colspan="4">3. 為了妥善執行工作，哪些專業技術是必須的？</td></tr>
<tr><td colspan="4"></td></tr>
<tr><td colspan="4">4. 在從事此一工作中，會需要運用到哪些能力？</td></tr>
<tr><td colspan="4"></td></tr>
<tr><td colspan="4">5. 被安排從事你現在的工作之前，需要多久的工作經驗才能勝任？</td></tr>
<tr><td colspan="4"></td></tr>
<tr><td colspan="4">6. 合乎上述條件的新進人員需要多久時間才能進入狀況？</td></tr>
<tr><td colspan="4"></td></tr>
<tr><td rowspan="4">溝通關係</td><td colspan="4">除直屬上司及部門同事外，你尚需要與哪些人接觸？（註明與你接觸的人職稱、所屬部門、接觸的性質）</td></tr>
<tr><td colspan="4"></td></tr>
<tr><td colspan="4"></td></tr>
<tr><td colspan="4"></td></tr>
</table>

資料來源：Gary Dessler（2008）

(三) 觀察法

觀察法是透過觀察現場員工的工作情況來蒐集資料，適用的對象主要是以身體活動的工作爲主，如：警衛、服務人員、作業員、工程人員等。若工作是由無法估量的心智活動所構成，或員工所處理的活動是偶而爲之的，就不適合用觀察法。

但直接觀察法可與面談配合使用，可用觀察法記錄觀察到的活動，再加以運用面談來深入了解工作內容。

(四) 參與者工作日誌

公司可要求員工記下每日工作日誌，或是一天當中所做的事情。也就是說，對於他所從事的每一項活動，員工可以依序將活動記錄在日誌。此方法可以充分描繪工作的全貌，且接下來對於員工或其主管的面談也很有幫助。員工當然有可能誇大某些活動而隱瞞另些活動，然而此份詳細的日誌，將有助於了解眞正的情形。

(五) 定量的工作分析技術

當公司無法以面談、問卷、觀察或工作日誌等方法來獲得他們所需的資料，而想用工作量來作爲參考時，就得以定量的工作分析方法來分析。

1. 職位分析問卷法

   職位分析問卷法（Position Analysis Questionnaire, PAQ）是一種非常結構性的問卷，問卷需由受過專業訓練且對所分析職位有相當了解的工作分析師來填答，PAQ 包括 194 個項目，每個項目用分數來區分其重要性。它依據五種基本工作活動：(1) 決策／溝通／社交性等職責；(2) 執行須具備技能的活動；(3) 耗損體力的活動；(4) 操作工具／設備；(5) 處理資訊，來爲每項工作評定定量的分數。

2. 美國勞工部工作分析法

   美國勞工部工作分析法（Department of Labor, DOL）是將各項工作以數量化的基礎來加以評等、分類及比較，主要是依工作人員從事有關「資料、人員及事件」等三項指標分別給予評等。

3. 職能工作分析

職能工作分析是以 DOL 分析法為基礎而衍生的分析法，但 DOL 和職能工作分析有兩個差異：一是職能工作分析不僅在資料、人、事方面分級，還將分析擴大到執行任務所需特別指示的程度、執行任務需要推論與判斷的程度、執行任務所需的數理能力及表達和語言能力等，這四方面也要加以評等。第二是職能工作分析可顯示績效標準與訓練需求。因此使用職能工作分析可讓公司清楚知道為了達成此任務且要符合績效標準，員工需要接受何種訓練。

3-2 工作分析資訊的用途

工作分析所得的資訊，我們可以在進行下列各作業時加以利用。

(一) 招募與甄選

工作分析是提供有關工作內容的細節，與完成這些活動所必須具備的人力要求。此類的工作說明書與工作規範，可用來決定公司將招募與聘僱何種類型的人員。也就是說，工作說明書說明了要做什麼事，進而決定要僱用怎樣的員工，有助於僱用人員時，如何將人員安排在適當職位的依據。

(二) 薪酬

工作分析的資訊也可以用來決定每項工作的價值與合理薪酬之估計，這是因為薪酬通常和工作所需的技能、教育程度、安全災害及職責大小等密切相關，所有的因素都可以透過工作分析來評價，也就是說，工作分析可提供每項工作相對價值的資訊，因而每項工作皆可精確地加以分類。

(三) 績效評估

績效評估簡單來說，是將每位員工的實際表現與其績效標準加以比較；透過工作分析可以讓專家決定所需要達成的標準及需要執行哪些特定的活動。工作說明書是工作績效評估的基本資料，可作為績效評估的依據，將工作說明書的標準與員工實際的表現做比較，以評估其績效。

(四)訓練

工作分析的資訊也可以用來作爲設計訓練與職涯發展方案的基礎，因爲工作分析所產生的工作規範，可顯示工作人員必須具備哪些技能，因此可以得知其需要施行哪些訓練。也就是說，可預測從事某項特定工作的人，需要接受何種訓練。

(五)工作職位的完整分配

工作分析亦有助於找出未被指派的職責，也就是能避免三不管地帶的產生。工作分析不僅是由員工來報告其職責，而且是基於你對這些職責的看法，可確認必須被指派的職責。也就是把工作與工作之間的關係加以澄清，避免有責任重疊或無人負責的現象。

(六)分析與溝通

把各員工的職責加以分析，使每個人更了解其工作，讓新進人員立即熟悉所擔任的工作。工作說明書中的職位關係也可作爲溝通管道的設計，例如：與上級溝通或與同階層間協商時的適當途徑。如同本章末之無印良品的個案所示，企業亦可運用指導手冊，清楚地將業務及工作上的各項細節與員工溝通，當手冊的內容愈正確及詳盡，將可以減少溝通的成本。

3-3 工作說明書

一、工作說明書的定義及功用

工作說明書（Job description）是一種書面說明，用來描述任職者眞正在做的事情，如何做以及在什麼條件下執行工作（參見表 3-2）。這些資料可用以製作工作規範，並且是一個有關工作任務、職責與責任的表單，描繪出某特定工作的任務、責任、工作情況與活動。典型的工作說明書內容常包括工作基本資料（名稱、類別、部門、日期）、工作摘要（目標、角色）、直屬主管、監督範圍、工作職責（每日、定期、不定期）等，有些工作說明書會把工作規範（Job specification）的內容一併納入。

二、工作說明書的內容

1. 工作識別。
2. 工作摘要。

表 3-2　工作說明書的範例

職務名稱	部門	工作地點	描述人
直屬主管	職務級別	職位代碼	審核人
工作事項： 1. 主要工作目的： 2. 主要職責與職權： 3. 主要工作內容：			
任職資格： 1. 年齡區間： 2. 性別： 3. 教育背景： 所需最低學歷：　專業： 說明： 4. 培訓或繼續教育： 培訓科目： 培訓時間：　證書： 說明： 5. 經驗（工作經驗）： 6. 技能： 7. 個性： 8. 體能： 9. 職位關係：　可升遷職位：　可輪換職位：			
工作環境： 1. 工作場所： 2. 工作時間： 3. 環境狀況： 4. 危險性或職業病：			
填表日期：			

資料來源：GaryDessler,（2008）

3. 職責與任務。
4. 現職者的職權。
5. 績效標準。
6. 工作條件及工作環境。
7. 工作規範。

三、寫工作說明書的步驟

(一) 撰寫工作說明書的格式

撰寫工作說明書並無標準的格式，但大多數的說明書皆包括下列的部分：

1. 工作識別

工作識別旨在辨認出每一份工作的差異，內容包括數種類型的資訊，大致上有：

(1) 工作職稱：指出工作擁有者的職務頭銜。
(2) 工作身分：在執行工作的時候，是否擁有職權與規範之豁免權或非豁免權。例如，有些職位不受勞工最低薪資的保障，就必須詳列於工作說明書中。
(3) 工作說明書的說明：其中包括撰寫工作說明書的日期、撰寫人與批准人以及所屬主管。

2. 工作摘要

工作摘要應描述工作的一般性質，只須列出其主要的功能或活動，例如：收發室的工作摘要爲「適時地接收、分類與傳送所有寄達公司的郵件，亦處理準備寄出的郵件，並精確準時地遞送」，且工作摘要應儘量避免一般性的敘述，如「在必要時執行其他工作」，因爲這類的描述會給主管過大的權限而任意指派工作。

3. 關係

工作說明書中偶爾會有關係的敘述，指出工作任職者與組織其他內部人員之間的關係。例如向誰報告、誰負責督導、與誰配合以及公司其他的接觸對象。

4. 任職者的職權與職責

此部分乃在陳述工作的主要職責，每項工作的主要職責皆必須分別列出，並做簡要的描述，例如「擬定與執行行銷計畫的方案」、「擬定建議訂價策略」等責任。此部分亦應確認任職者之權限，包括其決策職權、對其他人員的直接督導及預算的限度等。

5. 績效標準

有些工作說明書亦會包括績效標準一節，用以說明員工在工作說明書中所列各項任務與達到績效的標準。設定績效標準並非易事，設定標準最直接的方式就是說明工作的要求，例如「當員工……，主管將會非常滿意員工的工作表現」，如此便可建立理想的績效標準。

6. 工作條件

工作說明書也會記載與工作有關的一般工作條件，包括噪音水準、危險情況、工作溫度等。

7. 工作規範

列出圓滿達成工作所須具備的知識、能力與技能。工作規範在工作說明書中可能是獨立的一節，亦可能是完全獨立的文件，通常被列爲工作說明書的一部分。例如：行銷經理的工作規範包括「教育程度與工作經驗、語言技能、數理技能、推理能力」。

(二) 撰寫工作說明書的指導大綱

1. 清楚

工作說明書必須對所屬的工作職責有清楚的描述，不須再參考其他的工作說明書。

2. 指出職權的範圍

在界定此職位時，務必使用諸如「以部門爲單位」或「在經理的要求下」等字眼，明確指出工作的範圍與本質，另外必須包含重要的權責關係。

3. 簡短

簡要的陳述通常最易表達其內容。

4. 再檢查

最後須再次檢查說明書是否已涵蓋最基本的工作要求，可以自問：新進員工閱讀此說明書後，是否能了解工作的內容？

5. 符合法令的工作說明書

檢查工作說明書是否違反政府所制定的勞工法律規範。

6. 確認基本的工作職能

基本的工作職能是指不論工作是否合理，員工都必須勝任的責任。但在判定某項職能是否為必要的時候，也應考慮一些問題，如：此職位是否因此職能而存在？此職位的員工實際上須執行此項職能嗎？執行此項職能所需的專業或技能的程度為何？……等問題。

3-4 工作規範

一、工作規範的定義及功用

工作規範記載著員工在執行工作時所須具備的知識、技術、能力，以及其它特徵的清單，而工作規範是工作分析的另一項成果，有時與工作說明書視為同一份文件。工作規範主要包括工作行為中被認為非常重要之個人特質，針對「什麼樣的人適合此工作」而寫，此乃人員甄選的基礎，內容以工作所需的知識、技術、能力為主。

工作說明書與工作規範最大的差異在於，工作說明書是在描述工作，而工作規範則是描述工作需要的人員資格。工作規範主要是用以指導如何招募和選用人員，目前大部分為了簡化設計而將工作說明書與工作規範兩者予以合併，工作規範乃成為工作說明書中職位擔任人員所需資格之一，可指出公司需要招募何種人才，以及所測試的項目有哪些。

二、撰寫工作規範

撰寫工作規範必須先回答下列問題：「何種特質與經驗的人，能夠勝任此一工作？」，它明確指出公司需要招募何種人才，以及所須測試的項目有哪些。撰寫工作規範大致上可以分為下列三種情形：

(一)有經驗與無經驗人員之工作規範

爲有經驗人員撰寫工作規範較單純，例如只須註明要具備相關經驗，或接受過相關的訓練等。因此，若爲有工作經驗的人員決定工作規範通常並非難事。但若是要爲無經驗者撰寫工作規範通常較爲複雜，必須列出理想者的體能特質、個性、興趣與感官能力等，必須確保應徵者有能力接受公司所安排的訓練。

(二)以判斷法為基礎的工作規範

以判斷法爲基礎的工作規範必須由有經驗的專業人士來完成，如主管與人力資源經理等。所謂以判斷爲基礎的工作規範，是指針對每項工作之人力需求或特質加以評估，並以一個代號替代，例如英文字母。這些代號特質反映員工在其相關工作上的績效。另外，每項工作特質亦分別列出「資料、人與事」之涉入程度，例如：會計人員大部分都以「資料」來評等，業務員以「人」來評等，操作員以「事」來評等。當然，那些未經工作分析發覺出來的特定工作之人力特質，例如教育程度、雙手靈活度等，對工作績效的影響也不小。不過，大部分的工作皆能以判斷來分類，並加以整合製作出工作規範。

(三)以統計分析為基礎的工作規範

以統計分析爲基礎發展的工作規範是最具說服力的，但也是最困難的。統計分析的主要目的在決定下列兩者間的關係：首先是身高、智力或手指靈活度等的人力特質或某些預測的因子。再者則是一些工作效能的指標與準則，例如主管所評定的績效。決定兩者的關係有以下五個步驟：

1. 分析工作並決定如何衡量工作績效。
2. 選定你認爲可預測優良績效的人力特質，如手指靈活度。
3. 對應徵者就這些特質加以測試。
4. 衡量應徵者爾後在工作上的績效。
5. 以統計方法分析這些個人特質與工作績效間的關係。

所以，以統計的方法來制定工作規範，是希望以前者的個人特質，對工作績效產生的影響，來預測後者，並設定這些特質爲工作規範的一部分，希望藉此工作規範，使日後接受此一工作的員工皆具有這些特質。

3-5 工作設計

工作設計的目標是使工作更有效率，同時可以提供員工更多的自我激勵及提升工作滿意度，亦即企業組織爲改善員工工作品質與提高生產力，所提出一套最適當之工作內容、方法與型態的活動過程，以作爲職位說明書的依據。透過組織設計、工作設計則可清楚定義出組織內部的溝通運作模式與流程，亦可定義出各個組織內部的職務及其任務爲何，進而透過事先的工作設計，以達到整合的效果，組織必須從事工作設計使工作能符合組織的要求，據以達成組織的工作目標。

一、傳統的工作設計原則

(一) 工作簡單化

工作簡單化（Job Simplification）是將原本相當繁複的工作，細分爲幾個較簡單的工作項目，如此每一個技術與動作都變得簡單化，再分別由不同的人員負責。其目的是爲了讓每項工作內容單純而易學，也使工作人員能有效地運用其技能，在相同的努力下，得到更多的成果，藉此增進工作效率，並使非專業人員亦可從事此工作。

(二) 工作標準化

工作標準化（Job Standardization）是指訂立一個明確的規範與統一的衡量標準，將每份工作的內容、項目定義清楚，樹立嚴明的準則，目的在讓每個員工了解其工作性質、操作方式，知道自己該做些什麼，不會有被混淆的心理，也不會因爲不知道要做什麼而產生閒置的情況。此外，建立工作標準化，劃清工作規範以及設立績效標準，皆可透過設計工作說明書來實行，它可清楚描述任職者眞正在做的事情，如何做以及在什麼條件下執行工作，職權上的劃分也相當明確。

(三) 工作專業化

工作專業化（Job Specialization）是描述組織內工作被細分的程度，將工作分爲幾個步驟，每個步驟由一個人負責完成，而不是將整個工作全都交給一個人去做，也就是專業分工，所以每個人只須專注做工作中的某個部分就可以了。正因爲讓員工重覆同一工作的同時，也提高該員工的生產力，強化工作技能，減少轉換不同工作間的準備時間，可以使新進員工很快進入狀況，縮短訓練成本及時間。例如：Ford 公司的汽車裝配線上，每個員工都從事特定且重覆的工作，某個員工專門負責組裝右前輪，而某個員工則負責組裝右車門，將工作分爲數個小的標準化且重覆之工作。

二、現代化的工作設計原則

(一)工作擴大化

早在 35 年前，水平地增加工作任務的工作擴大化（Job Enlargement），就已經開始風行了。增加任務的數目與種類使工作更具多樣性，例如，收發室的郵件分類員原本只負責將郵件分類，工作擴大後，他還可以負責將郵件分送至各個部門。但是工作擴大化的成效並不理想，因爲有些工作就是一直重複一樣的動作，工作擴大後只不過增加了員工的負擔，工作一樣沒有變得多采多姿，或更具意義及挑戰性，所以才有工作豐富化的出現。

(二)工作輪調

工作輪調是讓員工從既定的工作任務轉向另一項任務，以增加工作的刺激，並累積更多元的工作能力。若員工很難忍受過於例行性的工作時，就可以考慮使用工作輪調（Job Rotation），有許多人稱其爲交叉訓練。當某項工作不再具有挑戰性時，一般會調往工作技能要求類似的另一項工作。

所以工作輪調的目的包括：

1. 積極面
   (1) 讓員工學得第二專長。
   (2) 增加創意並提升工作績效。
   (3) 激勵員工成長，達到留才的目的。
   (4) 使個人知識與技能成爲公司資產。
2. 消極面
   (1) 避免員工對同一工作感到厭倦而降低生產力。
   (2) 避免員工久任同一工作而產生弊端。
   (3) 避免員工久任同一工作而獨占關鍵知識與技能。

當然對工作輪調而言也有許多的限制。包括專長、層級差異不宜太大，員工資歷差距不宜太大，以及員工必須有較高的意願。所以工作輪調是在爲員工的長期職涯發展而建構出不同的步驟，並描繪出未來的願景，當然更是爲了公司的永續經營而儲備人才。

組織在實行工作輪調後，對員工的影響不一，茲將工作輪調的優缺點分別細述如下：

1. 工作輪調的優點如下：
   (1) 減低工作的無聊枯燥感。
   (2) 員工學習多種工作技能，未來在工作安排上較有彈性。
   (3) 擴大學習範圍，使工作豐富化，拓廣員工的技能和興趣，並爲員工進行訓練和開發新計畫。
   (4) 建立代理制度。
   (5) 增加挑戰機會，減少工作倦怠感，使員工發現自己眞正做得最好的工作爲何。
   (6) 落實考核機制，提高組織績效。
   (7) 減少無謂的重複工作，重新設計工作流程。
   (8) 交叉機能的機動，幫助員工爲達共同目標而努力，藉以培養員工的凝聚力。
2. 工作輪調的缺點如下：
   (1) 訓練成本增加。
   (2) 新員工上任階段，生產力降低，有礙經濟效益。
   (3) 輪調可能帶來摩擦。
   (4) 管理人員督導工作量增加。
   (5) 公平和組織績效之間很難並重。

工作輪調是人力資源管理各功能的整體綜合運用，理論上應該是讓所有成員依照既定時程去輪調組織內所有的職位，並貫穿公司的經營管理系統，所以在制度的設計上也多偏重培育及發展。

(三)工作豐富化

所謂「工作豐富化」（Job Enrichment）乃是針對工作擴大化的缺點加以改良的，主要目的是增加垂直方向的工作內容。雖然工作擴大化擴大工作的範圍，而工作豐富化則增加工作的深度，也就是讓員工對自己的工作有較大的自主權，同時肩負起某些通常由其監督者來做的任務規劃、執行及評估的工作。員工對其工作有較大的自主權，可使員工有更多的自由度、獨立性和責任感去從事完整的活動，同時可以獲得回饋，以評估自己的績效並加以矯正。由於組織中的許多工作都會相互影響，如果對某些工作加以豐富化，而使別的工作有不良影響時，此時該不該實施工作豐富化就値得考量。因此在從事工作豐富化時，必須從整個系統的觀點來著眼，同時還要考量技術、士氣及管理上的問題。

推動工作豐富化時，應注意以下幾點條件：

1. 直接回饋的資訊

根據學習與工作心理學的原理，一個人了解自己行為的結果，才能產生有效率的學習和工作，所以對一個人工作執行的結果要直接回饋給他，不必經過主管或考核報告，而且這些回饋的資訊應適時而不置評論。公司不置評論可減少對部屬的壓迫感，使情感回饋產生更好的學習效果，同時工作執行結果若愈能適時回饋，則資訊的內容就愈有力且精確。

2. 學習的機會

有機會讓員工感到他們心理上有所成長，主要是由於工作能提供機會，讓其學習一些有目的、有意義的事，增加工作經驗。

3. 完整的工作

假如員工必須藉由工作豐富化而擔任更多責任的話，那麼在某些工作完成時，他必須能夠確定他本身的貢獻。也就是說，他要能知道他的工作到底從什麼地方開始，在什麼地方結束，因此一個完整的工作是實施工作豐富化的條件之一。

4. 個人的責任

組織中有許多規定和工作設計的原意，乃在防止工作者犯錯和不負責任，可是反而容易造成疏忽和無效率的弊端。甚至常常為了便於控制而將責任分割，反而造成責任的消失與無人負責之情形產生。因此，培養個人責任眞正的方式就是不要依賴檢查，直接確定個人的工作績效，那麼責任之多寡就與個人能力有關，能力愈佳的工作者其所擔負的責任就愈多，於是管理可依據個人責任水準之高低，來評估工作豐富之結果，而且除非員工有權安排他們的工作，否則他們絕不願擔任更大的責任，也不可能因工作的完成而得到滿足。

5. 直接的溝通

溝通是組織中最費時的事情，往往只需兩個人溝通意見，卻花了十幾個人來完成。假如某一個部門的職員有事須與另一部門的職員溝通時，他必須透過自己的主管，由主管與對方的主管溝通意見，然後再將意見帶回來，在這繁瑣、多層次的溝通過程中，容易把溝通內容遺漏或變質。直接溝通確實能使工作的成長成為可能，因為工作者能獲得新的情報，同時也能提高自己的責任。

6. 高階主管的支持

一切的計畫如果沒有主管的支持，則不過只是一種空架子而已，在實施工作豐富化之前也是一樣的，必須獲得高階主管的支持，同時再配合適當的領導型態，如此工作豐富化才能成功。

(四) 彈性工作時間制

彈性工時允許員工在某段特定時間中，自行決定何時上班。但是彈性工時並非全然彈性，它讓員工在上、下班時間上，擁有一些自由裁量權。每個人每星期都有特定的上班時段，但是在這個特定的時段之外，員工可以自由安排其他工作時間。就基本形式而言，彈性工作時間制（Flexible Working Hours System）採取兩種不同形式時間所組成的工作日，代替傳統的固定上下班時間，分別爲「核心時間」（Core time）與「彈性時間」（Flexible time）。前者規定一天當中某幾個鐘頭內，所有的工作人員必須全部到齊，例如，早上 9 時至 11 時、下午 3 時至 5 時。後者則規定某些時間，例如，早上 7 時到 9 時、下午 5 時至 7 時，員工可依照自己的喜好，自由選擇上、下班時間，以處理個別的公事。彈性工時的益處甚多，包括降低曠職率、提高生產力、降低加班成本、減少員工對管理者的敵對感、舒緩工作場所附近的交通擁擠問題、消除員工遲到現象，以及因提高員工自主權與責任，而使員工工作滿足感增加等。彈性工時最大的缺點是，無法適用於所有工作。

3-6 結語

工作分析是人力資源管理的基礎，也是進行許多人力資源活動的一個標準，常用的分析方法包括了觀察法、面談法、問卷法及結構性方法，而分析的結果則以工作說明書與工作規範來呈現。工作說明書與工作規範的建立，對於員工了解其工作任務、績效評估、員工訓練等都有相當大的助益。因此，如何利用適當的方法來建立工作說明書與工作規範，並解決工作分析時可能面臨的困難，將是做好人力資源管理的墊腳石。

以工作分析進行教育訓練需求評估

工作分析乃是教育訓練需求評估的重要來源之一，工作分析的目的在於瞭解工作的內容及績效標準，同時確認執行工作人員的知識、技術及能力，並且說明工作的環境及溝通關係。因此基於工作分析的結果，了解員工對於現階段工作的執行成效，以初步評估教育訓練需求，當工作的內容與員工的知識、技術及能力不符時，可針對不足的技術及能力，進行教育訓練。

同時可藉由工作分析，蒐集工作困難度、工作重要性以及工作所需技術、知識、態度及能力的資訊，以作為設計教育訓練方案的重要參考。由於企業的資源有限，因此針對教育訓練的需要，亦需排列重要性順序，以循序漸進地安排教育訓練課程。

工作分析的方法包括面談法、問卷法、觀察法、參與者工作日誌及定量工作分析技術，每一種分析的方法各有優點及缺點，組織應視工作分析的目的選擇適當的工作分析方法，才能收到工作分析的效益。若工作分析的目的是為了進行教育訓練需求評估，則可採用問卷法及觀察法。

訓練需求分析問卷的重點在於「確認」（identify）與「表達」（articulate）組織人力的知識、技術及能力，因此問卷的具體內容建議如下：

1. 請列出您目前職務所需負擔的責任及資格。
2. 請問您目前的知識及技術，是否可充分執行現階段的工作？
3. 請問您認為公司應如何幫助您提高工作的效率？
4. 從事目前的工作，需要哪些特殊的教育訓練？
5. 您希望組織如何提供教育訓練的機會？
6. 請問您認為，哪種教育訓練的方法（例如：講授、教練、程式化學習、工作輪調、模擬訓練、電子化學習），對於提高您在工作上的知識、技術及能力而言，最有效果？

除了上述的問卷法之外，若員工所從事的工作是以身體活動為主的工作，可輔以觀察法去評估教育訓練的需求。亦即透過觀察工作者實際執行工作的過程，記錄觀察到的活動，再配合問卷法的結果，深入了解工作的內容。從員工平時執行的業務內容，評估教育訓練的需求，乃是由下而上的評估方法，將有助於組織找出真正的訓練需求，乃是教育訓練的基石。

中高齡員工職務再設計

依據勞動情勢及業務統計資料庫的資料顯示，臺灣的勞動人口逐年下降，預估每年遞減逾 18 萬，勞動部因應此問題提出了「新興勞動力再運用」計畫，其對象包含婦女、中高齡退休員工等，試圖彌補勞動人口不足的問題，臺灣中高齡勞動參與率部分，50-59 歲參與率僅 53.2%，比韓國的 70%、日本 79.5% 與德國的 80% 低於許多。

在第二章之人力資源管理小視窗中，已經指出政府面對勞動人口短缺情況可以使用一些相對政策，例如彈性的工作時間與職務設計，而勞動部針對中高齡員工提出了「職務再設計」的想法，職務再設計指的是，為了讓中高齡工作者能夠繼續工作，因此重新規劃工作流程、重新設計工作環境、提供科技輔具等，幫助中高齡勞工改善工作上的不便，提供更合適的工作方式，所以針對中高齡想退休或已退休之員工，提供更友善且具吸引人的工作環境。

標竿國際針對中高齡人口提出之職務再設計作法，諸如：德國汽車大廠 BMW 就為中高齡員工專門設計辦公室，提供友善的工作環境來延續其工作生涯。而英國乃是實施階段性退休等政策協助企業做世代的交替，不僅可釋放出一些工作機會，也可以讓中高齡員工的經驗傳遞給新進員工，從人力資源的角度來想，「退休海嘯」不但是國家的損失，對於勞動市場來講也是相當大的衝擊；從政府的角度來看，階段性退休可促進經濟成長、維持充足的稅基與降低依賴人口等三大好處，政府也必須提供完整的照顧服務，才能讓部分有照顧職責的中高齡人口無後顧之憂；當然公司方面因應「職務再設計」計畫應提供新的工作設計部分，幫助中高齡員工設計適當的工作職務與安排，例如，金融、保險、房仲等行業可繼續雇用，依其工作經驗安排在管理層級或專業顧問等職務，而工作時間可以依比例減少，不會讓中高齡員工造成身體上的負擔。善用中高齡、高齡及二度就業婦女等潛在勞動力資源，提供多元化就業形態，並結合政府資源，以達提升勞動力充分運用之目的。

資料來源：

1. 勞動情勢及業務統計資料庫。http://statdb.mol.gov.tw/statis/jspProxy.aspx?sys=100，檢索日期：2018/10。
2. 郭芷瑄（2015），〈少子化－勞動部籲多進用中高齡人力〉，《中央通訊社》，https://tw.news.yahoo.com，檢索日期：2015/10。
3. Hall, A. （2011）, Builtby mature workers: BMW open car plant where all employee are aged over 50. http://www.dailymail.co.uk/sciencetech/article-1357958/BMW-opens-car-plant-employees-aged-50.html，檢索日期：2018/10。

無印良品從「良品計畫標準作業手冊」打造制度．累積智慧

2018 年 4 月，無印良品公佈 2017 年的年報，其全球營收達 3,795 億日元（約 10 億臺幣），反觀其 2001 年因為缺乏管理制度造成員工離職，且接替員工無法順利銜接工作，致使顧客抱怨增加，顧客滿意度下滑，導致企業連年虧損的慘況。但如今無印良品轉虧為盈並且經營穩定，其成功的為零售業創造一個「沒有品牌的超級品牌」。

其難以被模仿的關鍵在於建立「良品計畫標準作業手冊—— MUJIGRAM」，將員工在業務上的經驗及態度制度化，累積知識與智慧，靠制度將簡單與精準的企業精神深植於企業的每一個人心中，以提高團隊的執行力，即使團隊中的某位成員或領導者不在現場，只要依據指導手冊的內容，皆可以穩定及標準的方式工作並回應顧客的需求。也因為該手冊中不僅詳列作業面的技術與態度，亦說明每項業務與工作存在的意義與目的，使員工不僅知道「如何做」，更知道「為何做」，透過「希望實現什麼」引導員工掌握工作的核心及重點。因此，無印良品可以透過團隊幫企業創造亮麗的營收，並持續發展出優質商品。

無印良品自 1980 年成立以來，以「簡約生活美學」塑造品牌形象，無論是影像、文字、海報文宣，直至店鋪內的陳列及佈置，搭配中性色彩傳遞出簡約的美感及生活的實用精神。如同其成立之初第一張掛在店內的海報，展現出物廉價美的定位，並真實地呈現詳細的商品資訊，節省第一線員工和顧客的溝通成本，亦呈現出有話直說、不加修飾的樸實。至今在電子媒體大量充斥的時代中，依然以簡約的影像及文字呈現真實且有格調的無印良品。無印良品不只是銷售商品，更重要的是銷售「極簡的生活方式」，以簡約的生活哲學為共礎，將簡潔實用的概念融入顧客體驗之中，如同鬆崎曉社長所言：「我們是一家提供全方位生活方式的公司」。

但如何將上述的品牌精神傳遞給員工，並且落實在員工的日常生活及工作中，靠的是強化溝通及「業務標準書（MUJIGRAM）」SOP 手冊作為指導員工執行力的教材，以及引導員工思考「如何做事」的指南。業務標準書一共 11 本 2 千頁，

個案討論

包括工作內容、教育訓練、升遷調薪與各項獎懲，只有內部員工可以看，同時融入參與式管理的方式，員工可以針對手冊的內容提出回饋與建議，增加員工的實質參與感。無印良品的人才育成團隊經理特別提到，所有的升遷、調薪及內部標準，通通是用白紙黑字的方式讓員工清楚了解。即使是工讀生也知道如何一步步當上小主管或店長，因此才能做到統一標準，打造強勢品牌。

無印良品前社長松井忠三在《無印良品培育人才祕笈》書中指出，假如用「人才」來描述，會給人一種「員工純粹只是材料」般的感覺，好像企業只是利用他們來賺錢而已，一旦他們消耗殆盡，再換一批新的進來。松井忠三堅持若把員工當成公司資本，他們就變成經營事業時需要的寶貴泉源，「我們非得好好照顧他們，好好保護他們不可！」。因此，松井忠三主張，要使員工穩定地待在公司，靠的是讓員工熱愛公司的品牌，喜愛自身公司簡約實用又有質感的商品，才能使員工對自身的工作感到自豪。另外，也必須悉心培育人才，讓每個有能力的人有機會晉升，留住「生在無印，長在無印」的人才，才能延續無印良品的哲學及理念。

最後，創造有價值的職場，推行「終身雇用＋實力主義」的制度，雖然終身雇用的制度已經逐步在現代的環境中減少，但是如果無法保障員工的就業，則無法讓員工安心工作。基於此，無印良品以「安排阻礙」的訓練方式，讓員工思考各項作業的必要性，透過現實的衝擊，認清工作內容與體驗嚴峻的現實，了解現實與理想的差距。據此，無印良品建立了「良品計畫標準作業手冊── MUJIGRAM」及指導手冊以貫徹企業的核心理念，使其人力資本愈來愈強大，讓每一個無印良品的員工都必須努力學習，方可持續成長。

松井忠三認為，過去由高階管理者編制的員工指導手冊無法反映工作現場的問題。因此，他重新以顧客角度及門市改善提案編纂「良品計畫」指導手冊，該指導手冊提供許多工作現場的照片和圖表，說明工作應具備的能力與態度，上至公司的經營理念與方針，下至商品的陳列及與顧客的互動，透過白紙黑字讓員工清楚瞭解每個人在每項職務上的工作內容及定位，即使非常細緻的工作事項皆納入規範，就算是被一般人認為「口頭交代」就足夠的事，也會清楚以文字寫在指導手冊之中，因此可以維持品質的穩定性，使顧客不論去任何一家店鋪，皆可以感受相同的氛圍及體驗相同的服務。

個案討論

無印良品透過將每一個細節的累積與標準化，避免每個人依據自己的判斷與顧客互動及工作，而是依據手冊做到「一致的標準及服務」。另一方面，經由 2 萬多名員工提出的建議，經由總公司人員與區經理及第一線員工進行討論後，再篩選納入手冊的標準工作之中，累積員工的智慧。特別是考量員工每天在工作現場會遇到的新問題，因此每個月更新一次手冊，讓大家可以提出工作可改善之處，以日益精進工作技巧及態度。該手冊不僅只是站在管理者的角度強化控制的成效，同時也培育員工思考其想要做什麼樣的工作？並透過不斷更新工作方式，讓員工自己找出浪費的經費及工作改善方法，據以作為改善企業的整體生產力。

綜合上述，以人為本的無印良品，是日本人們最想打工的品牌，也是臺灣 2016 年金牌服務業冠軍，靠的就是標準化的制度及清楚的手冊，強化服務的穩定性，累積員工的智慧，才能將所有的細節貫徹始終，打造出獨特的品牌魅力，引領企業持續成長。

資料來源：

1. TVBS NEWS（2017），〈培訓、升遷「標準化」！無印良品育才承日制〉，https://news.tvbs.com.tw/life/718300，檢索日期：2018/10。
2. 陳虹瑾（2015），〈資深也要從零開始！無印良品人才祕笈：替員工安排阻礙〉，《遠見》，https://www.gvm.com.tw/article.html?id=29957，檢索日期：2018/10。
3. 張寶誠（2017），〈日本無印良品（MUJI）「良品計畫」（MUJIGRAM）標準作業手冊再造員工生產力〉，《管理知識中心》，https://mymkc.com/column/content/524，檢索日期：2018/10。
4. 松井忠三（2014），〈無印良品成功 90% 靠制度〉，《天下文化》，臺北。

• 基礎問題

1. 「良品計畫標準作業手冊」包括哪些內容？
2. 「良品計畫標準作業手冊」對員工的日常工作產生什麼影響？

• 進階問題

1. 無印良品轉虧為盈的關鍵為何？
2. 無印良品建立標準手冊對員工的影響為何？

個案討論

思考方向

1. 起死回生不是靠改變員工，而是靠制度建立業務的標準，強化每一個工作細節的標準做法，排除經驗與直覺，使員工在業務上的經驗及態度制度化，累積知識及智慧，支持企業成長。
2. 基於「良品計畫標準作業手冊── MUJIGRAM」，可以避免服務提供的異質性，也避免仰賴員工個人經驗的舊習，而是透過制度化的文字說明每一項工作的標準，使工作的竅門不再只是掌握在資深員工身上，而是將工作現場的每一個發現累積下來，並轉化為公司整體的知識能量及智慧，改變員工的心理及處理態度，使每一位員工了解「為何做」及「如何做」，使每一個顧客都可以接收到無印良品標準的服務及感受到相同的氛圍。

隱藏性工時（手機加班）

自從智慧型手機使用率大增，以及各種通訊軟體普及之後，手機收得到訊號的地方就可以接受到工作的訊息，現在許多公司都使用通訊軟體來發送工作訊息，大大減少人與人傳遞訊息時的移動時間，隨時隨地掌握資訊，工作型態變得更多元，同時也提高工作者在外工作、加班的機率，根據 1111 人力銀行的調查，在 1,211 位受訪者中，超過一半的人在下班後還在使用手機處理工作的內容，有些人在下班後還會接到客戶或主管傳來的訊息。調查中顯示，約 5 成 1 上班族下班時間仍以手機通訊軟體處理公務，而當中 33% 的受訪者允許「僅交辦事務，工作日再處理即可」，另外 18% 的受訪者認為「僅回覆訊息，不影響假日私務」，其餘 4 成 9 受訪者平均每兩周加班 6.5 個小時，若以月計，相當於每月加班 14 個小時。

手機加班已變成一種常態，但這些加班會算給加班費嗎？僅有 24.6% 的企業認定下班後使用手機交代工作事務是加班的狀況，僅 15.4% 企業會依《勞基法》給予員工補薪的情況，其餘則認為此為員工個人的工作職責不給予加薪、加班費等動作，但有 43.1% 的上班族認為此情況非常困擾，表示長時間待命無形之中造成壓力、變相在家加班、生

個案討論

活受干擾、受到困擾等情況，都造成員工身心靈上巨大的壓力，臺灣上班族已面臨工作時數過長之現象，且還未包含隱藏性的工時，勞動部近日針對「在外工作」工作者的工時認定發佈消息，勞動部長陳雄文指出，近日將發佈指導原則，要求雇主清楚記錄勞工工時，超過正常工時，則應給予加班費。陳雄文說，《勞基法》本來就有相關規範，現在是要開始落實執行，從明年起將加強勞動檢查，若未依法給予加班費，則將依法開罰 2 ～ 30 萬，透過這項指導原則，保障數百萬名在外工作者的權益，但手機加班要如何認定？根據「勞工在事業場所外工作時間指導原則」主要內容中提到，記錄在外工作勞工工時方式，非以簽到簿或出勤卡為限，如行車紀錄器、GPS 紀錄器、手機打卡、網路回報、客戶簽單、通訊軟體、發稿紀錄、駛車憑單（派車單）及其他可供稽核出勤紀錄之工具。雇主於接受勞動檢查時，應提出書面紀錄，上班族應記錄並擷取工作的內容與對話的時間，以書面提交的方式給予雇主，相關紀錄都可作為勞工的加班佐證，需要由勞工主動提出，要求登載工時，若雇主拒絕，便可以對此開罰。

資料來源：

1. 陳逸婷（民 103 年 11 月 5 日），〈通訊軟體「隱性加班」在外工作者工時問題多〉，《苦勞網》，取自：http://www.coolloud.org.tw/node/80655。
2. 林潔玲（民 103 年 11 月 5 日），〈上班族責任「賴」上身！ 5 成待機族每月加班 14 小時〉，《東森新聞雲》，取自：http://www.ettoday.net/news/20141105/422109.htm#ixzz3nn15OGO8。

• 基礎問題

1. 雇主如何認定在下班後運用手機交辦事務的在外工時為加班？
2. 雇主在下班後使用通訊軟體交辦事務，是否須付加班費？

• 進階問題

1. 雇主使用任何形式的通訊工具在下班時間後仍聯繫勞工，是否都應該算是加班呢？
2. 員工又如何拒絕雇主在下班後以手機交辦工作事務？

• 思考方向

在法規強制規定落實勞動檢查，但實務上認定手機加班有其困難性，如果雇主僅是交代明天工作事項，並無延長工作時數就不算加班時間，但若長期交派工作且須在下班時間執行，就可認定為加班，需要以傳送的內容與是否須立即執行內容兩個方向去做考量。

自我評量

一、選擇題

(　　) 1. 下列對於工作分析的敘述何者有誤？ (A) 確立組織體制後及人事措施實行前，必須將各項工作或執掌之任務、責任、性質以及工作人員之條件等，於以分析研究做成書面紀錄，即所謂的工作分析 (B) 工作分析是針對某項特定性質之工作，藉實地觀察或其他方法，以獲得相關資訊，進而決定該項工作中包括之事項，及工作人員勝任該工作所具備之技術、知識、能力與責任，並可區別本項工作與其他工作有所差異之資料 (C) 工作分析是針對一職位工作內容及有關各因素進行有系統及有組織之描寫或記載，只包括工作說明書的內容，不包括工作規範的內容 (D) 工作分析爲人事部門用以蒐集關於工作與員工的有關資料，藉此方便僱用、升遷、調任及訓練。

(　　) 2. 以下何者爲工作分析的正確步驟？ a. 確定工作分析資料的用途 b. 選擇具代表性的職位來分析 c. 重新檢視現職工作的資訊 d. 審查相關的背景資料 e. 發展工作說明書與工作規範 f. 進行實際的工作分析 (A) a-b-c-d-e-f (B) a-e-b-c-d-f (C) a-d-b-f-c-e (D) a-b-d-f-e-c。

(　　) 3. 下列哪些是進行工作分析時，可以運用的蒐集資料方法？ (A) 問卷法 (B) 觀察法 (C) 參與者工作日誌 (D) 以上皆是。

(　　) 4. 下列關於面談的指導原則何者正確？ (A) 工作分析人員與主管必須要密切配合，主管可依照自己的想法找到員工進行受訪 (B) 爲了更深入了解受訪者，即使是私人的問題也可以詢問 (C) 要循序漸進地詢問，所列的問題須提供足夠的空間以使受訪者作答時不會感到壓力 (D) 面談完就算有缺漏的部分，面談者也可以依循自己的意見補填。

(　　) 5. 下列哪一個不是面談法的優點？ (A) 不容易蒐集資訊 (B) 員工在訪談過程中會披露一些不爲人知的活動 (C) 面談能詳述工作的功能和必要性 (D) 受訪者會在訪談過程透露部門主管沒注意到的意見和工作上的挫折。

(　　) 6. 下列哪一個方法適用的分析對象，其工作內容主要是以身體活動的工作爲主？ (A) 面談法 (B) 實驗法 (C) 觀察法 (D) 問卷法。

(　　) 7. 下列哪一個不是定量的工作分析技術的方法？ (A) 內容分析法 (B) 職位分析問卷法 (C) 美國勞工部工作分析法 (D) 職能工作分析。

(　　) 8. 對於工作分析應用在招募與甄選的敘述何者正確？ (A) 提供有關工作內容的細節，與完成這些活動所必須具備的人力要求 (B) 工作說明書說明要做什麼事，進而決定要雇用怎樣的員工 (C) 工作說明書是僱用人員時，如何將人員安排在適當職位的依據 (D) 以上皆正確。

(　　) 9. 下列哪一個不是現代化的工作設計原則？ (A) 工作輪調 (B) 工作標準化 (C) 工作豐富化 (D) 彈性工作時間。

(　　) 10. 推動工作豐富化時，哪些是重要的條件？ (A) 學習的機會 (B) 完整的工作 (C) 高階主管的支持 (D) 以上皆需要。

二、問題探討

1. 何謂工作分析、其目的爲何？
2. 工作分析的步驟包含哪些？
3. 如何取得工作分析的資料？
4. 工作分析資訊的用途爲何？
5. 有哪些工作設計的方法，其內容爲何？

一、中文部分

1. 黃天中（民 78），《人事心理學》，第四版，臺北：三民出版社。
2. 楊望遠（1999/1），《善用工作分析表強化事權》，第 173 期，臺北：卓越雜誌。
3. 楊錦洲（民 89），《以 AHP 模式進行人力資源管理項目之評估——以筆記型電腦業為例》，中原大學工業工程學研究所碩士論文。
4. 李燕萍（2001），《人力資源管理》，武漢大學出版社。
5. 劉軍勝（2005），《薪酬管理實務手冊》，機械出版社。
6. 黃崗、王蓓（2004），《平衡記分卡：一個應用實例 . 企業管理》。

二、英文部分

1. Gary Dessler, （2008）, Human Resource Management, 11th Edition, PrenticeHall.
2. Mondy, R. Wayne and Robert M. Noe. Human Resource Management, Boston: Allyn and Bacon, 1990
3. Sherman, Arthur W. Jr., George W. Bohlanderand Scott Snell, Managing Human Resources, Cincinnati, Ohio: South-Western College Pub.,1998
4. Stephen P. Robbins（2007）, Organizational behavior :concepts, controversies, applications, 10th Edition, PrenticeHall.
5. Richard I. Henderson, Compensation Management: Rewarding Performance,2nded., copyright 1979,p.141.ReprintedbypermissionofPrentice-Hall,EnglewoodCliffs,N.J.

三、網路資源

1. http://www.eobserver.com.cn/ReadNews.asp?NewsID=1627, 經濟觀察報，2002/9/2。
2. http://piefu1.hypermart.net/article/hr/hr/5.htm，吳昭德，再談工作輪調。
3. http://www.3wnet.com.tw/eHR/default.asp?INDEX=11
4. http://www.szceo.com/Crenliziyuan/88.htm
5. http://www.hrd.gov.tw/09_develop/09_05_MONTHLY/number16/16_3_01.asp?version=16，孫本初，游於藝雙月刊。
6. http://web.ed.ntnu.edu.tw/~minfei/90schoolorgshare.htm，鄭秋榮、黃淑美、林曉瑩、謝金成，學校組織行為與管理專題心得分享。
7. http://web.ed.ntnu.edu.tw/~minfei/90schoolorgshare.htm，陳今珍，學校組織行為與管理專題心得分享。

Chapter 4

員工招募與甄選

本章大綱

名人名句

如倘若可以小心甄選員工，則紀律的問題便可以忽略。

Johnson & Johnson 公司 1932 年員工關係手冊

好的管理者會在身邊網羅最佳人才，並避免干擾他們工作。

Theodore Roosevelt，美國第二十六任總統

讓你生活慘不忍睹的，不是那些開除你的人，而是你沒開除的人。

Harvey M

本章主要是說明企業在進行招募時常見的招募管道，並說明不同管道的優缺點與其適用的情況。同時也介紹一般企業在進行應徵者遴選時最常使用的「面試法」以及其他甄選方法。

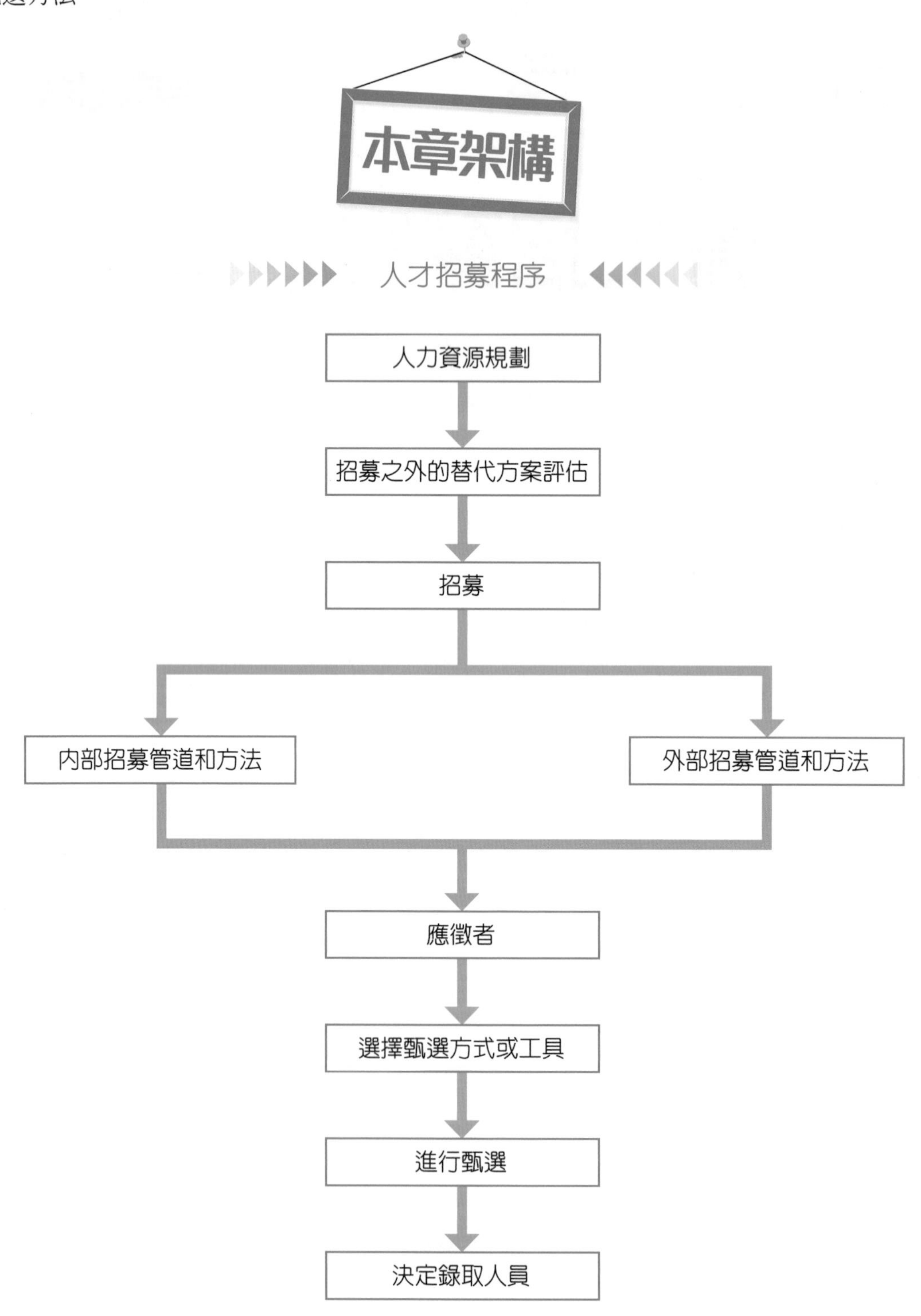

前言

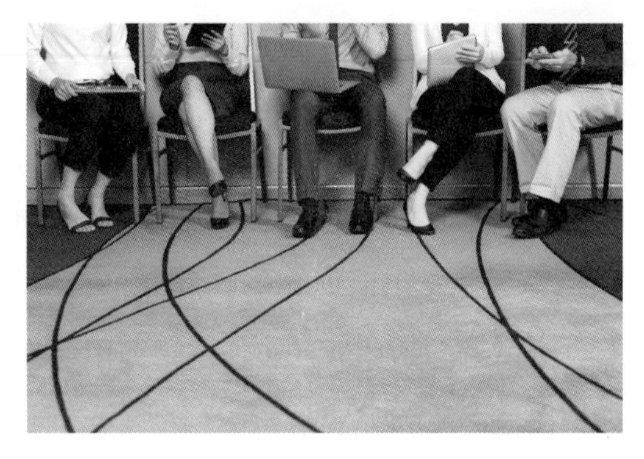

招募的重要性無庸置疑，招募的方式也不可馬虎，因為有相關研究報告指出，不同的招募方式所募得的人力族群並不盡相同。同時，不一樣的招募方式其成本效益也有所差異，企業基於成本的考量與招募的效益，應善加選擇招募方式。全球知名的Google是2016年《財星》雜誌評選最佳僱主的第一名，其人才經營資深副總裁波克（Laszlo Bock）指出Google徵才是秉持「寧缺勿濫，也不會妥協我們門檻」的精神，因此不論職位的高低，皆設下極高的標準，讓每位求職者經過許多關卡的考驗，由不同的人馬進行面試，其目的在於找到聰明、具有好奇心、有熱情、有創意且願意學習的人才，而不是某個領域的專家。

企業希望經由招募管道，募得千里馬，同樣的，求職者也希望經由企業招募遇到識眼的伯樂。要達成這個目標，其實需要求才與求職兩方同樣積極伸展其觸角。俗話說：「知己知彼，百戰百勝。」這句話在「招募」的意義，對企業而言是：企業本身應該了解自己的定位在哪裡？以及要利用什麼方式找到他們所要的人才？對求職者來說則是：求職者是否清楚自己擁有哪些籌碼？以及配合哪些管道可以找到自己想要的工作？以現在越來越流行的網路人力仲介機構來說，便提供了許多更為方便的相關服務，以媒合求才與求職兩方。

對提供網路人力仲介服務的公司而言，這是一個「e-recruitment」的時代，這並不是一句廣告詞，因為它將漸漸成為事實。不過在這之前，一般看到的傳統招募方式，在「招募」行為中仍占有很重要的地位，其訴求的功能有時和網路人力仲介機構也不同，因此還不到被淘汰的地步，所以在討論人才的招募方式時，也必須納入討論比較。

招募和甄選經常合在一起談論，因為這兩個活動通常是連續發生的。公司雖然透過招募管道，吸引到一群人，但最後還是必須利用一些方法，選擇公司想要的或最適合公司的員工。一般企業最常使用的甄選方法就是面試，雖然它常被人詬病為最沒有效度的甄選方法，但卻是企業最愛使用的方法，甚至有人認為面試就是甄選的代名詞。因為其在效度上較為缺乏，因此，除了面試之外，公司也會透過其他工具或方法，針對應徵者做更進一步的瞭解。

4-1 招募的基本觀念

一、招募的定義

所謂「招募」，是組織爲了職務空缺而吸引求職應徵者的過程（McKenna & Beech, 1995），亦即組織中所有影響組織所提供職缺的類型與數目的各項政策與決定。因此員工招募包含了組織中所有會影響的項目，包括：

1. 應徵者的數目與類型。
2. 組織公布的職缺數目與類型（Breaugh, 1992）。

Barber（1998）認爲以上的定義雖然不至於太狹隘，但是卻會因招募的成效（Outcomes）而混淆了招募的流程（Process），因而提出了以下的定義：「招募包含了組織用以辨認（Identifying）與吸引（Attracting）潛在員工的主要目標，以及因此目標而採行的各種政策與活動。」另外，Milkovich 與 Boudreau（1997）認爲招募是一種辨認以及吸引應徵者的程序（process），而組織可從這些應徵者中選擇出可聘任的人。

多數的企業都由人力資源部門負責此項工作。招募多少人員？對象需要具備什麼樣的條件？決定於工作分析與人力資源規劃兩項工作。當預測所需的人力超過現有的人力時，組織便展開招募新員工的工作。有些必須注意的是，招募還有其他的替代方案，例如要求現有的員工加班，或是採用臨時雇員（Temporary Help），甚至是將工作外包給其他公司（此種方式以建築業中最常見），不過由於本章的主題是「招募」，因此對上述幾種替代方案便不多加說明。

二、招募的過程

瞭解了招募的定義之後，我們可以知道，招募是一種活動的過程。Breaugh&Starke（2000）指出，招募的程序可分爲五大部分，包括：建立招募目標（establishing recruitment objectives）、發展招募策略（strategy development）、招募活動（recruitment activities）、干擾／過程變數（intervening/processvariables）、招募成果（recruitment results），如圖 4-1 所示。

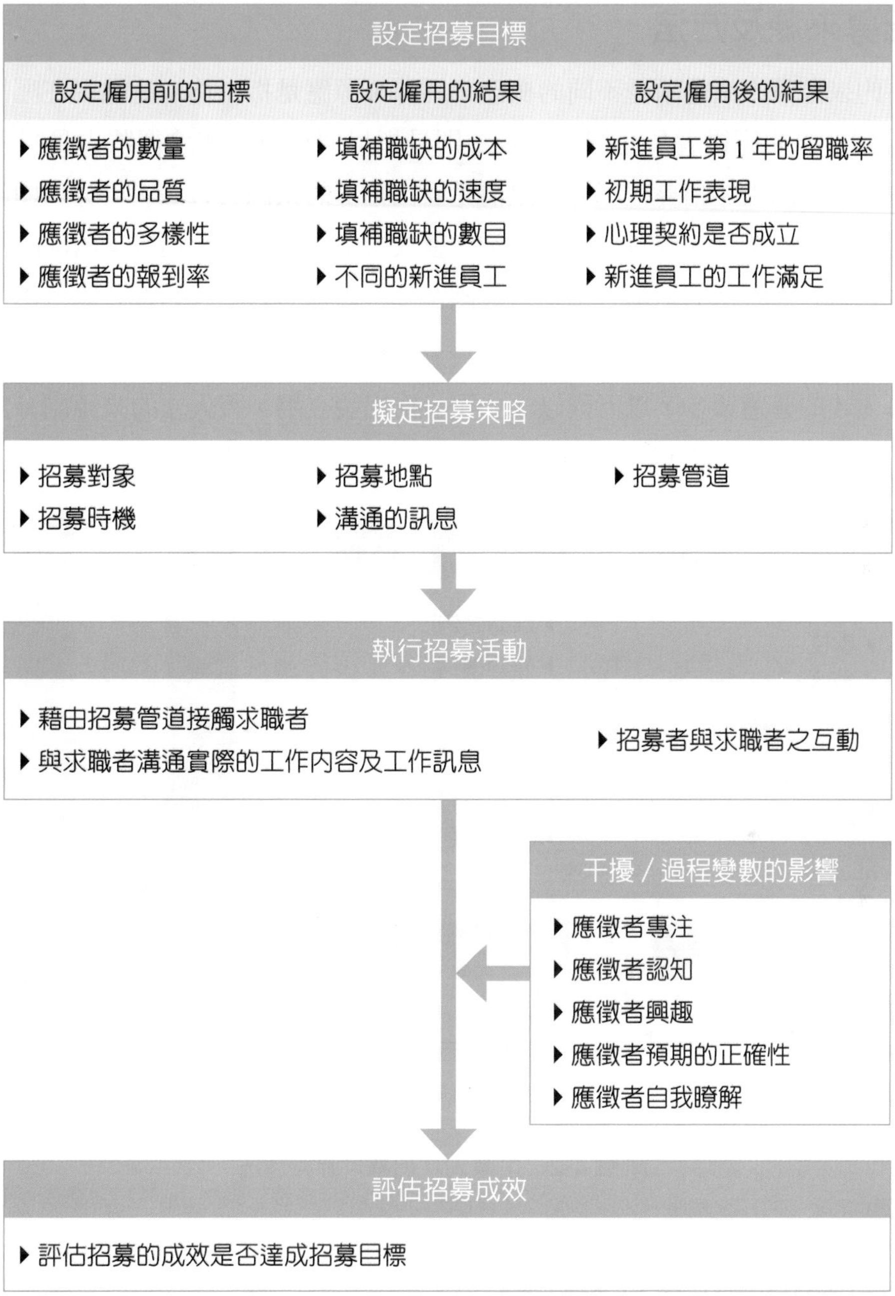

設定招募目標

設定僱用前的目標	設定僱用的結果	設定僱用後的結果
▸ 應徵者的數量	▸ 填補職缺的成本	▸ 新進員工第 1 年的留職率
▸ 應徵者的品質	▸ 填補職缺的速度	▸ 初期工作表現
▸ 應徵者的多樣性	▸ 填補職缺的數目	▸ 心理契約是否成立
▸ 應徵者的報到率	▸ 不同的新進員工	▸ 新進員工的工作滿足

↓

擬定招募策略

- ▸ 招募對象
- ▸ 招募時機
- ▸ 招募地點
- ▸ 溝通的訊息
- ▸ 招募管道

↓

執行招募活動

- ▸ 藉由招募管道接觸求職者
- ▸ 與求職者溝通實際的工作內容及工作訊息
- ▸ 招募者與求職者之互動

↓

干擾／過程變數的影響

- ▸ 應徵者專注
- ▸ 應徵者認知
- ▸ 應徵者興趣
- ▸ 應徵者預期的正確性
- ▸ 應徵者自我瞭解

↓

評估招募成效

- ▸ 評估招募的成效是否達成招募目標

圖 4-1　招募程序

資料來源：Breaugh, J. A., Starke, M.（2000）

三、招募來源及方法

招募的來源與方法是兩種不同的概念，招募來源應是指合格的應徵者在哪裡，亦即何處可找到合格的應徵者？而招募的方法則是指以何種方式或途徑將人員吸引到組織來？從本章架構的人才招募程序中可以清楚看出招募的來源與方法，可分爲內部與外部兩類。其中外部的招募來源有學校、同業、就業機構、獵人頭公司等；內部的招募來源有晉升或轉調。而外部的招募方法則有校園徵才、媒體廣告、人力仲介等，內部的招募方法則有職位空缺公布、推薦、人才庫等。（如圖 4-2）

招募人才的管道眾多，以下則以「公司」爲出發立場，將人才的來源劃分爲內部與外部兩類，在下一個章節，將會詳加介紹：

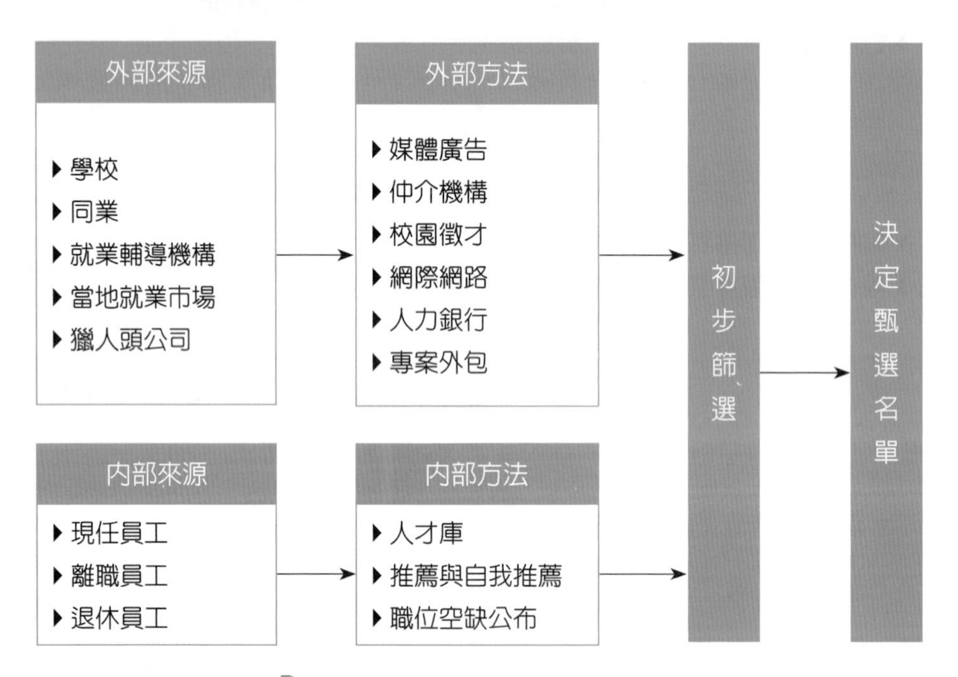

圖 4-2　企業人才招募來源與方法

資料來源：本書資料整理

四、內外部招募的優缺點比較

雖然企業招募人才的來源甚多，並可分內、外部的人才來源，但事實上，不同的人才來源均有其優缺點，企業在運用時應考量何者較符合企業現況。表 4-1 爲企業內、外部人才招募的優缺比較：

表 4-1　內外招募優缺點比較

來源	優點	缺點
內部	1. 公司對工作候選人的優缺點較為清楚 2. 工作候選人對公司有較佳的認識 3. 增強員工的士氣和動機 4. 增加組織現有工作力的投資報酬 5. 較為迅速，節省成本	1. 人員可能晉升到他們無法成功執行工作的位置 2. 升遷的鬥爭可能會負面影響士氣 3. 故步自封可能抑制了新理念和改革 4. 當外部人力明顯優於內部時，採內部調任方式將折損組織競爭力
外部	1. 較能網羅有才幹的人士，並帶給組織新的眼光和遠景 2. 從外界僱用技術、技能和管理性員工，較低廉而容易	1. 吸引、接觸和評估有潛力的員工較困難 2. 調整或始業訓練時間較長 3. 若組織內的員工覺得有資格勝任工作，則士氣問題就會出現

資料來源：本書資料整理

4-2 人才招募方式

前一節我們已將內、外部人才的來源與方法，以及兩種來源的優缺點做一明確的介紹。當公司確定要招募人才來填補某個職位，接下來的工作則是將這個資訊公布給組織內、外的人知道。公司在選擇招募人才的來源及方法時，必須考量何者較符合公司的需求。下面將針對不同的人才來源說明其使用的方法：

一、內部人才來源

(一) 人才庫

相信任何一家企業在過去一定有累積相當多的人力資源，因此，當公司需要人才時，可先自公司的人才庫中搜尋，但此方法的先決條件是，公司必須對離職的員工曾留下資料建檔。而利用此種方法的優點是，因爲離職員工對於公司運作情形已相當熟悉，因此如果招募離職的員工，將能使公司節省許多再訓練的成本，並且員工可以很快地進入狀況。但此方法的缺點是內部員工會覺得不公平，尤其是這名員工一進公司即擔任主管職務時，很可能產生其他員工的不滿。

(二) 職位空缺公布

公司內部的人力常常是公司在招募人員時，主要的來源之一，尤其是一些非基層的職位。而較常使用的方式就是將職位的空缺以工作告示的方式，公布給公司的員工知道，並在公布中列出詳細的資料，如：職位、資格的要求、直屬上司爲誰、工作日程及薪資等，以提供內部有興趣的員工參考。

(三) 推薦與自我推薦

員工的推薦也是公司招募的一項重要來源，利用公司的布告欄來公布尋才公告，並希望能公開推薦，且對於推薦者給予獎勵。此方法的優點是，因爲現職的員工較能提供應徵者有關職務的正確資訊，再加上推薦者一般會考量到自身的名譽，因此對於被推薦者在事前一定會有一般評估。以美國的 Google 公司爲例，其爲了正確地了解求職者的履歷，建立了一套應徵者追蹤系統，可自動比對應徵者與既有員工的履歷，當應徵者與 Google 內的員工畢業於同一所學校或是曾經在某家公司共事，則該名員工將會收到徵詢意見的 E-Mail，其主要目的是更了解招募者的眞實資訊。

推薦制度在臺灣亦是許多公司招募人才的重要方式，以位在新竹科學園區內的「同亨科技股份有限公司」來說，該公司對於推薦者給予相當優渥的獎勵，該公司制度爲——推薦一位人才進入公司則頒發三萬元獎金，若該新進員工在公司工作超過半年，則再頒發三萬元獎金，這對於員工是一個相當大的鼓勵。但推薦這個方法也必須注意到它對於員工負面的影響，假如推薦者所推薦的人員被公司拒絕，則很容易產生不滿，並降低再推薦的意願。自我推薦指的是直接且主動地讓公司知道自己想要進入該公司服務的意願，通常不見得必須在公司需要人才或公布招募資訊時才能使用。而公司對於自我推薦者的處理必須要相當注意，即使公司目前並沒有任何招募人才的計畫，也可以請他留下資料，以備日後不時之需。

二、外部人才來源

(一) 刊登廣告

利用廣告來公布組織人力需求的資訊是現今企業最常也是最廣泛使用的方式之一，但爲了使徵才廣告的效果有所提升，企業必須注意兩點：一爲媒體的選擇，二爲廣告的設計。一般來說，企業常利用當地的報紙或和企業相關產業的專業雜誌來刊登廣告。另一方面，廣告的設計也是相當重要的課題，如何在小小的廣告刊登欄中明確地表達企業所要徵求的人才、所需的條件以及能夠吸引人的目光，都是一個好的徵才廣告必須注意的。一般有經驗的廣告主管是遵照所謂的 AIDA（注意：attention、興趣：interest、慾望：desire、行動：action）四項原則。首先，廣告必須能吸引人的注意，例如可以利用空間的安排，或較為特殊的字句來引發人的注意。

第二則是引起人對此份工作的興趣，例如利用工作本身的性質來引發人們的興趣，或者是以工作地點的方便性來作為廣告的重點。接著，利用與工作有利的因素或額外的利益來創造人們的慾望，但這必須和個人目標相互配合才行，最後則是應該能使人有進一步的行動（如圖 4-3 所示）。

圖 4-3　人力銀行之徵才廣告範例

資料來源：104 人力銀行，https://www.104.com.tw/area/freshman/。

(二) 仲介機構

一般仲介機構可以分為三種類型：一、為政府機關所經營之公立機構，如勞工局；二、為非營利機構經營者；三、私人經營的機構，此機構通常會收取一定的仲介費用，如許多管理顧問公司即有這方面的服務。而公司使用仲介機構來協助尋找人才，通常有下列幾點原因：

1. 公司沒有自己的人力資源部門，無法適切地執行招募與甄選的活動。
2. 雇主在過去一直難以招募到合適且足夠的人才。

3. 時間緊迫。
4. 想招募一些較特殊的人員，如弱勢團體。

當然，仲介機構並不是一個相當好的管道，因爲仲介機構在事前爲公司篩選的應徵者雖然能夠減少公司的成本，但也可能因爲篩選的不當，而使得有些不適者進入公司甄選程序，或者是篩選掉好的人才，因此有專家做出下列幾點建議：

1. 提供仲介機構一個精確且完整的工作說明書，如此一來仲介機構對於要找的工作愈瞭解，較不會造成上述的情形。
2. 規定仲介機構在篩選潛在應徵者時所運用的方法或工具，如利用制式的面談表格。
3. 儘可能地去審核不合格與合格者的資料，這將對於查核篩選過程有所助益。
4. 和固定的仲介機構維持穩定的關係，如此一來，仲介機構也較清楚公司長久以來較青睞的人才特質爲何。

雖然有上列的原則，但還是有些事項必須注意，例如在尋找仲介機構之前，最好先向其他經理人或人力資源專業人員詢問，哪一家仲介機構有較好的風評，或者是從報紙或網路上尋找幾家仲介機構相互比較。

(三) 校園徵才

校園徵才是雇主派遣一位公司代表至大學校園，期能從學校的畢業班級中預先審核與招攬一群應徵者，此方式通常是管理人才、專業人才及技術人才之重要招募來源。但校園徵才有兩個相當大的問題，第一是此方法通常會耗費相當大的成本，因爲公司必須多給這些到校園招募的員工差旅費，以及爲了配合校園徵才活動，也必須製作許多資料手冊等。第二是，如果這些到校園徵才的員工本身沒有很正確的觀念，甚至對於前來詢問的學生展現出一副趾高氣昂的樣子，這不但無法順利招募到人才，更會破壞公司形象。

然而對於校園徵才來說，其目的並非如同其他方法一樣具有那麼強烈的動機，可能是公司想要先篩選一部分的人員，等回到公司再做進一步的考慮；或者是希望藉由校園徵才的活動，吸引人們的注意，進而使其願意主動到該公司服務。

而現今臺灣有許多企業會提供學校學生實習或與學校進行建教合作，這也是一種變相的校園徵才方式，而且此方法通常對於兩造都有相當大的好處。對公司來說，可以利用學生在實習時的表現，評估其未來是否適合成為公司的正式員工。而對學生來說，這也是提早接受訓練、適應環境的好機會。另外，現今有許多高科技企業，透過政府所提供的「國防役」名額提早網羅人才。

(四) 獵人頭公司

此方式較常用於延攬高階管理人才，由於公司所須填補的高階職位並不多，因此並不適合使用廣告或其他廣為人知的管道。但利用獵人頭公司也存在一些問題，如獵人頭公司可能不是相當清楚企業所要尋求人才的特質、技能等，因此在找尋獵人頭公司為企業網羅人才之前，必要先行準備下列事項：

1. 確定所選擇的公司確實有能力為公司尋得人才，由於現今有許多公司規定，員工在離職之後的一定期間內，不得轉任其他競爭公司服務；以及大部分公司和獵人頭公司訂定，獵人頭公司不得在一定期間內再挖走此人。因此，市場上真正的高階人才會深受上述條件而影響其流動率，這也使得獵人頭公司不見得能夠找到公司所真正想要的高階管理人才。
2. 與負責此任務的人員會談，在此步驟最主要是希望負責人員能夠確實瞭解公司的需要，並且能夠和他談談現在此職位人才的狀況。
3. 詢問所需的費用，通常獵人頭公司的收費是以該職位薪水的百分比作為費用，但在事前必須先收取一定比例的保證金。
4. 選擇你所信賴的招募人員，由於在招募的過程中，你可能會透露一些公司的機密，所以必須選擇一位你信任的人員，才不會有其他後果產生。
5. 探聽以前的客戶，最好能夠找到這家獵人頭公司之前的顧客，詢問一下他們的觀點。

(五) 公司網站招募

利用網際網路從事招募工作的情況愈來愈普遍，且此趨勢快速地成長。由於網際網路的普及，現今大多數的企業都有自己的網站，因此也會不定期地將公司徵才的消息，透過網站，發布給有興趣的人知道，如圖 4-4 及圖 4-5。

一般公司認為，網路招募具有幾項優點。第一，網路招募具有成本效益，不但比一般報紙印刷廣告所須花費的成本還低，其停留的時間也可以較久。另外還有專家認為，會主動上該企業網站尋找是否有徵才資訊的人，通常是對該企業有較大的興趣，這對於日後進入公司的表現有較正面的影響。

但卻有一些人提出了相反的看法，他們認為由於網路便利性及花費成本較低，這使得許多明知不具資格的人抱著一試的心態，隨意地登入資訊。這會使得處理該資訊的員工，反而必須花費更多時間來整理該資料。

圖 4-4　台積電徵才網頁

資料來源：台灣積體電路製造股份有限公司網站，http://www.tsmc.com.tw/chinese/careers/application_process.htm

圖 4-5　台塑集團人才招募系統網頁

資料來源：台塑關係企業網站，http://hr.fpg.com.tw/j2hr2p/home/IndexHomeController.do

(六) 人力銀行

人力銀行的功能主要是在連結招募者與求職者，以降低企業風險與成本的第三者商業網站（或稱人力仲介商業網站、人力銀行）在短短兩三年間大量興起，使得人力銀行在招募作業中，越益扮演重要的角色。

人力銀行網站擁有許多傳統媒介所無法匹敵的強大功能與特色，例如目前大多數的人力網站允許求職者張貼一份以上的履歷，並可在線上進行修改或刪除。而徵才的公司與求職者皆能依照需求設定多個條件（如：職務類型、工作地點等）執行查詢。甚至對於求職者在保密或網路安全的考量下，亦可選擇隱藏履歷讓公司無法在線上查詢到，如圖 4-6 及圖 4-7 為國內現今兩大知名的人力銀行網站。

圖 4-6　104 人力銀行

資料來源：104 人力銀行網站，https://www.104.com.tw/jobs/main/

圖 4-7　1111 人力銀行

資料來源：1111 人力銀行網站，https://www.1111.com.tw/。

Hunt-Scanlon 曾針對 555 位 HR 相關專業人士進行調查，研究結果顯示，公司認為利用線上人力銀行來招募人才有五大優點，依序為：(1) 可接觸到龐大的人才庫、(2) 較容易鎖定目標求職者、(3) 使用的成本相較於報紙低廉、(4) 不須仲介人員、(5) 便利（Kay, 2000 & Mullich, 2000）。雖然人力網站擁有許多優點，但起初 HR 經理人卻拒絕採用此方式。不過，為增加組織的競爭力，特別是對 IT 專業人才的需求，近來公司開始轉而利用這項新的技術，以尋找具有專業技術的員工（Goth & Blank, 1999）。

相反的，有些大公司經理則認為線上人力銀行並不是最完善的解決方法，因為它仍有一些缺點存在，例如：(1) 網路上履歷數量過多，但是卻有許多並不是眞的認眞要找工作的人也將其履歷放在網路上，這些人絕大多數不會再更新資料，於是這些無用的履歷就一直不斷地重複出現；(2) 人力銀行網站仍在起步階段，但線上人力銀行網站以驚人的速率增加，過多的人力銀行網站儼然已造成問題。且眾多人力銀行網站尚處於起步階段，僅提供片斷的服務；(3) 統一履歷格式的限制，許多人力銀行網站僅提供固定的履歷格式，使用者無法做彈性的運用，更沒有辦法展現創意；(4) 保密安全問題，網路最為人所詬病的即是安全問題，若與傳統管道相較，人力銀行網站常在過程中侵犯個人的隱私；(5) 招募仍是人的工作，非機器所能取代，是否決定僱用的最後決策者仍是高層主管，而不是人力銀行網站本身。再者，人力銀行網站所提供的查詢功能僅是最初的過濾機制，畢竟招募仍是人的工作，需要雇主直接與應徵者進行面談（Kay, 2000；Ruber, 2000）。

當然，人力銀行網站不是萬靈丹，它並不能完全取代報紙或其他任何一個傳統管道。對公司而言，網路上的人力銀行網站只是眾多招募方法中的一種，一間好的公司仍會使用各種不同的管道以尋找優良的人才（Leong, 1997；Mottl, 1998；Ruber, 2000；Ruth, 1998）。表 4-2 是我們將人力銀行網站與傳統招募管道的優缺點做一歸納：

表 4-2　人力網站與傳統招募方式的優缺點比較表

	優點	缺點
人力網站	1. 預算減少 2. 龐大人才資料庫 3. 龐大工作機會資料庫 4. 較易找到目標求職者／工作機會縮短招募時間 5. 回應迅速 6. 得到較多資訊 7. 吸引高素質求職者 8. 找工作者贏得主控權	1. 過多的履歷充斥在網路上 2. 許多人力網站仍不夠成熟 3. 履歷格式受限 4. 保密安全問題
傳統招募管道	1. 履歷可表現個人風格且有創意 2. 隱密安全 3. 符合習慣	1. 成本過高 2. 較長的招募時間 3. 回應速度慢 4. 受限資訊 5. 缺少互動

資料來源：本書資料整理

(七) 人力派遣

「人力派遣」是一種突破既有的主雇關係，對「派遣人員」而言，具備更彈性的時間、空間與機會，透過派遣服務累積豐富的職涯經驗；就「要派單位」而言，有關聘僱或招募的相關事務可同時轉移至「派遣單位」，且由派遣單位代理原歸屬於「要派單位」的給薪工作，包括薪獎、勞健保費用、相關福利以及有效安置有關雇主（要派單位）的資遣、退休金、職災賠償等，除了有效降低人事成本，更可因應實際需求而有更具彈性的人力調度。而有關派遣單位、要派單位與派遣勞工之間的關係如圖 4-8 所示。

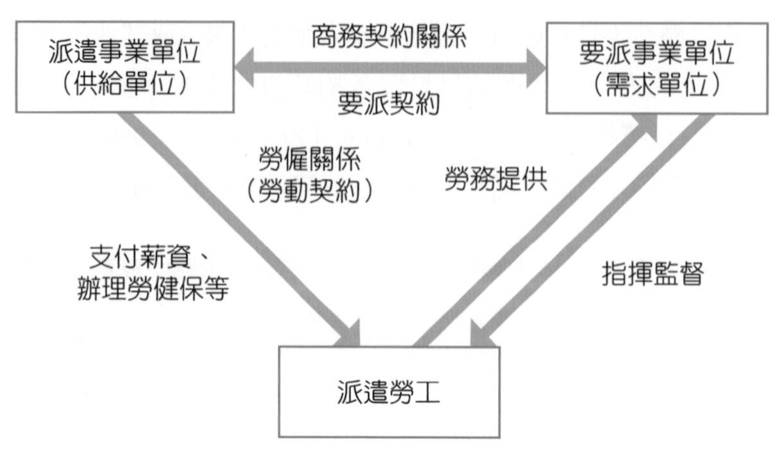

圖 4-8　人力派遣三方關係圖

資料來源：本書資料整理

據了解，目前國內使用派遣人力以科技業的作業員、倉管人員、電信業的客服人員，以及金融業的電話銷售、信用卡推廣、帳款催收人員爲主。而有些大量使用派遣人力的公司，甚至開始自行成立派遣公司，例如中國國際商銀、國泰世華銀行等都是。不過，未來國內派遣的「超級大戶」，應該不是民間企業，而是政府機構。長年以來，各級政府在高普考的正式員額編制外，還養了爲數龐大的「臨時」約聘人員。未來中央政府精簡改造，表面上逐年裁員縮編，其實許多部會都有意大幅借助派遣人力，無異於約聘人員的另一種翻版。另外，就派遣時間的長度，人力派遣可分爲：

1. 短期派遣

   對於突發性的人力需求，卻又無法獲得即時支援時，短期派遣可提供相關協助。雇主常基於成本考量，可經由短期派遣的協助完成一些非常態性或是可獨立完成的工作；另外爲因應季節、旺季所產生的及時人力需求，「人力派遣」亦可有效降低雇主成本。同時一些流動性較高的職務，或是工作進度受到影響，以及對於特定人力有所需求時，短期人力派遣皆能扮演「及時雨」的角色，爲求才廠商提供必要的協助。

2. 長期派遣

   對於非正式、約聘或臨時人員，其身分歸屬不明確時，長期派遣可爲企業提供解決之道；同時對於企業體系中，非核心競爭力的正職人員亦可透過「人力派遣」的方式，賦予企業更大的經營彈性。有鑑於企業往往須付出極高成本培育人才，卻又不易掌握，或是企業體受編制限制，無法擴充成員時，「人力派遣」皆可爲相關問題解套。

4-3 甄選的基本觀念

在公司發布招募的消息並引起應徵者的興趣後，接下來的工作就是要從眾多應徵者中挑選出最佳的人選。因此，如何進行人員的甄選便成為接下來要探討的問題。以現今公司對於應徵者所進行的甄選方式來看，最常使用的方式就是面談。當公司在發布招募消息之後，可能會有許許多多的應徵者，而公司可能會利用其他甄選的方式，如測試、評鑑中心等，進行第一步的篩選，但這些通常是用來作為面談的輔助方式，且各公司所使用的方式不一。因此，本書我們將對於面談做詳盡的探討，而省略其他的方式。

一、面談的特性及目的

面談是一項普遍被運用的甄選工具，事實上對許多人來說，面談就是甄選的同義詞，當人們說自己要去面談時，通常就是指他要去參加一間公司的甄選。而所謂的面談乃是指人與人之間，以口語的方式來獲得所要的資訊。公司在進行甄選時也許不會使用如測試、評鑑中心等方式，但面談通常是會被公司所使用。

面談主要是公司想要蒐集應徵者的相關資料，以利事後的評估，不論是何種型態的面談，其目的大致可歸納下列三種：

1. 初步篩選：可透過面談來瞭解應徵者的基本背景資料，並可針對應徵者所提供的資訊，做更進一步確認。
2. 進一步的深度評估：在進行面談之後，可針對應徵者做評比，而此資料可作為事後考量錄取人員時的評估。
3. 訊息的提供：雖然應徵者在前來應徵時對於公司會有初步的瞭解，但公司仍可利用面談時，提供時間給應徵者詢問有關該公司的相關問題，讓應徵者對公司有更深度的瞭解。

二、面談的類型

面談的類型依其結構化的程度，可分為結構式面談與非結構式面談，一般來說，結構式面談比非結構式面談的效度來得大，這是因為非結構式面談通常會因個人主觀或偏見影響面談的結果，此部分在之後我們會詳加說明。

1. 結構式面談（structured interview）：所謂的結構式面談是指面談中的問題皆根據職務內容找出與績效成敗相關的要項，再以此精心設計問題，藉以找出合適的人選。此時，所有應徵者都被詢問同樣的問題且順序皆相同。表 4-3 爲結構性面談的範例。

表 4-3　面談結構表

姓名 ________ 申請職位 ____________

1. 工作興趣
   你認為這一職位涉及到哪些方面的工作？
   你為什麼想做這份工作？
   你為什麼認為你能勝任這方面的工作？
   你對待遇有什麼要求？
   你怎麼知道我們公司的？

2. 目前的工作狀況
   如果可能，你什麼時候可以到我們公司上班？
   你的工作單位是？工作職務？

3. 工作經歷
   目前或最後一個工作的職務（名稱）
   你的工作任務是什麼？
   在該公司工作期間你一直是從事同一種工作嗎？
   若不是，說明你曾從事過哪些不同的工作、時間多久及各自的主要任務。
   你最初的薪水是多少？現在的薪水是多少？
   你為什麼要辭去那份工作？

4. 教育背景
   你認為你所受的哪些教育或培訓將幫助你勝任你申請的工作？
   對你受過的所有正規教育進行說明。
5. 工作以外的活動（業餘活動）
   工作以外你從事哪些活動？

6. 個人問題
   你願意出差嗎？
   你最大限度的出差時間可以保證多少？
   你能加班嗎？
   你週末可以上班嗎？

7. 自我評估
   你認為你最大優點是什麼？
   你認為你最大的缺點是什麼？

8. 你希望的薪水是多少？

9. 你為什麼要換工作？

10. 你認為你上一個工作的主要工作成績是什麼？

11. 你對你上一個工作滿意的地方在哪裡，有哪些地方不滿意？

12. 你與你過去的上、下級及同事的關係怎麼樣？

13. 你認為你有哪些有利的條件來勝任將來的職位？

14. 你對我們公司的印象怎樣？包括規模、特點、競爭地位等。

15. 你對申請的職位的最大興趣是什麼？

16. 介紹一下你的家庭情況。

17. 你認為，有哪些因素可以激勵你的工作？

18. 你喜歡獨自工作還是和他人協同完成工作？

資料來源：GaryDessler,（2008）

2. 非結構式面談（unstructured interview）：所謂的非結構式面談是指在面談前並不加以準備，所問的問題視當時情況而定，應徵者可以暢所欲言。因此，非結構式面談通常沒有一定的形式可供依循，所以面談者可以從各種不同的方向來進行。而在非結構式的面談中，應徵同一工作的應徵者，可能未必被詢問相同或類似的問題。因爲缺乏結構，所以面談者可依據應徵者的回答，再深入詢問後續的或他們感興趣的問題。

三、其他面談類型

面談除了可以依據結構化程度分爲結構性面談與非結構性面談之外，還可依據面談的形式或內容來分類。

1. 壓力式面談（stress interview）：壓力式面談是一種特殊的面談方式，面談者在面談的過程中，故意製造緊張的氣氛，使應徵者感受到壓力，甚至問一些相當無禮的問題，讓應徵者感覺不自在。而此方式的目的是爲了找出敏感的應徵者，並看應徵者對壓力的承受能力及反應。
2. 行爲描述式面談（behavior description interview）：此方法把焦點放在一個人的過去行爲，認爲過去的行爲可預測未來的行爲。因此，面談中的問題都包含一連串關於過去在各種情形下所表現的行爲問題。
3. 情境式面談（situational interview）：此方法的重點是應徵者在一特定情況下將會表現的行爲。因此，面談中的問題都是一連串的情況，亦即請應徵者描述自己在每種情況下所表現的反應。
4. 個別式面談（individual interview）：採取一對一的面談，應徵者回答面談者的連續發問。
5. 團隊式面談（team interview）：又稱小組面談或委員會面談，主要由三到五名，或是五名以上的面談者與應徵者面談的方式。其中可能有一個爲主持人，其他人可能只須觀察或記錄應徵者的回答。
6. 集體式面談（group interview）：通常應徵者人數眾多時，會公開進行二人或二人以上面談。而面談時，面談者會提出一個問題，然後指定某人或一定順序，或觀察哪一個應徵者率先回答。
7. 系列式面談（sequential interview）：指多位面談者和同一個應徵者在不同時間、地點，進行面談。

四、影響面談效果的因素

雖然面談是最普遍被公司使用的方法，但也是被人詬病爲最沒有效度的方法。而造成此現象的原因，主要有下列幾項因素。因此，事先瞭解可能犯錯的原因，將有助於錯誤的減少。

(一) 過早下判斷

根據研究發現，面談者常和應徵者在交談的前幾分鐘，甚至是一開始時就會下判斷。或者，面談者會依據應徵者先前測驗或履歷資料，而提早決定面談分數。這樣的結果會使應徵者在與面談者會面時，須謹慎小心其所踏出的第一步。反正無論之後表現如何，面談者通常在面談前幾分鐘便早已決定，因此便忽略之後的表現。

(二) 過於聚焦在負面資訊

當面談者知道應徵者過去相關的負面資料時，很可能對應徵者在過去的表現這個項目上給予較低的評價。而且，通常面談者對應徵者的印象容易由好變壞，較不可能由壞變好。所以面談的一個通病就是，面談本身是以蒐集負面資料爲主。因此，我們可以說，大多數面談似乎在與應徵者做對抗。

(三) 對所應徵之工作不瞭解

面談者若無法精確瞭解工作內容的細節，以及何種類型的應徵者最適合此一職位，在判斷誰是適合的應徵者時，常會依據錯誤的刻板印象而做出錯誤決定。因此，對工作瞭解愈多，面談的效果愈佳。

(四) 僱用的壓力

若此空缺的職位急需有人塡補，也會影響到面談的效用。根據一項研究指出，在兩組應徵者中，一組被告知目前錄取人數不足，必須增加錄取人數，比起另一組被告知錄取名額快額滿，會有較高的評價。

(五) 對比效果

接見應徵者的順序也會影響面談者的評分，根據研究指出，一位應徵者若在其前面應徵者表現較不理想，則該名應徵者所得到的評分較高；反之，若該應徵者前面的應徵者表佳，則其獲得的評分則會較低。

五、建構有效面談的指導原則

在瞭解可能影響面談成效的因素之後，我們該如何進行一個較有效的面談呢？

(一) 將面談結構化

結構化的意義是指採取一系列的步驟以強化面談的效果，包括提高面談的標準化，或協助面談者決定要問什麼問題及如何評估答案。其可行作法如下：

1. 以工作分析爲基礎的面談問題

   如此可避免面談者因爲誤解工作條件而詢問不適切的問題，且能降低偏見。面談問題若能集中於工作本身，則可避免面談者不當解讀應徵者的答案。

2. 行為導向的問題與準則

利用客觀、具體及行為導向的問題與準則，作為評估應徵者回答的標準，可降低整個面談過程的主觀性，因此所有解釋皆可客觀判定而能避免偏見。

3. 訓練面談人員

訓練也可以改善面談內容的工作相關性，使之更為客觀。此外，也要訓練他們依據工作相關的參考資料來評分，以避免對弱勢團體有刻板印象的評分。

4. 詢問所有應徵者相同的問題

在詢問相同問題之觀點上，面談者有四種選擇：第一，依相同的順序詢問每位應徵者相同的問題；第二，基本上詢問相同的問題，但保有討論其他問題的彈性；第三，不提供具體的問題，而僅提供主題大綱；第四，讓面談者依自己認為適切的問題來自由發問。在此情況下，指定的面談內容能愈標準化愈佳。對所有應徵者詢問相同的問題可降低偏見，因為所有的應徵者的機會是公平的。

5. 使用評分尺度來評量應徵者的答案

每個問題可提供一系列可能的答案範例，並分別予以量化。評分尺度可藉由讓所有面談者都使用相同的準則，因而降低偏見與提高面談的信度。如表 4-4 所示。

6. 使用多位面談者或小組面談

如此可減低一、二位面談者之意見的獨特影響力，且可帶入更多的意見與觀點，供做僱用決策前的參考。

7. 詢問較適當的問題

問題最好是客觀且具工作導向。另一方面，有關個人意見與態度、目標與抱負，以及自我描述與自我評價等問題都太過模糊不清，使得應徵者有機會過度展現其有利的部分而規避其弱點都應避免。

表 4-4　面談記錄表

<table>
<tr><td colspan="2">姓名</td><td colspan="2"></td><td>應徵項目</td><td colspan="2"></td></tr>
<tr><td colspan="2">用表提要</td><td colspan="5">請主持面談人員，就適當之格內劃 ✓，無法判斷時，請免打 ✓。</td></tr>
<tr><td colspan="2" rowspan="2">評分項目</td><td>配分</td><td></td><td></td><td></td><td></td></tr>
<tr><td>5</td><td>4</td><td>3</td><td>2</td><td>1</td></tr>
<tr><td colspan="2" rowspan="2">儀容、禮貌、精神、態度、整潔、衣著</td><td>極佳</td><td>佳</td><td>普通</td><td>稍差</td><td>極差</td></tr>
<tr><td></td><td></td><td></td><td></td><td></td></tr>
<tr><td colspan="2" rowspan="2">體格、健康</td><td>極佳</td><td>佳</td><td>普通</td><td>稍差</td><td>極差</td></tr>
<tr><td></td><td></td><td></td><td></td><td></td></tr>
<tr><td colspan="2" rowspan="2">領悟、反應</td><td>特強</td><td>優秀</td><td>平平</td><td>稍慢</td><td>極劣</td></tr>
<tr><td></td><td></td><td></td><td></td><td></td></tr>
<tr><td colspan="2" rowspan="2">對其工作各方面及有關事項的了解</td><td>充分了解</td><td>很了解</td><td>尚了解</td><td>部分了解</td><td>極少了解</td></tr>
<tr><td></td><td></td><td></td><td></td><td></td></tr>
<tr><td colspan="2" rowspan="2">所具經歷與本公司的配合程度</td><td>極配合</td><td>配合</td><td>尚配合</td><td>未盡配合</td><td>未能配合</td></tr>
<tr><td></td><td></td><td></td><td></td><td></td></tr>
<tr><td colspan="2" rowspan="2">前來本公司服務的意志</td><td>極堅定</td><td>堅定</td><td>普通</td><td>猶豫</td><td>極低</td></tr>
<tr><td></td><td></td><td></td><td></td><td></td></tr>
<tr><td rowspan="3">外文能力</td><td>區分</td><td>極佳</td><td>好</td><td>平平</td><td>略通</td><td>不懂</td></tr>
<tr><td>英文</td><td></td><td></td><td></td><td></td><td></td></tr>
<tr><td>日文</td><td></td><td></td><td></td><td></td><td></td></tr>
<tr><td>總評</td><td colspan="4">☐ 擬予試用
☐ 列入考慮
☐ 不予考慮</td><td colspan="2">面試人：

日期：　　月　　日</td></tr>
</table>

資料來源：本書資料整理

(二) 準備面談

在進行面談之前，應詳細審核應徵者的申請表格及履歷，並標記任何不清楚的地方及優缺點，且面談應在一個不會受到任何干擾的私密房間進行。此外，必須了解工作的任務，以及你希望對方擁有的特殊專才、特質，至少必須參閱工作說明書，才能清楚了解並做好充分的準備，避免第一印象的誤導而太早下判斷。

(三) 建立和諧關係

面談主要目的在於瞭解應徵者，因此首先要讓應徵者感到輕鬆自然的氣氛。面談者可以先和應徵者寒暄，問一些不具爭議性的問題。另外，必須瞭解應徵者的狀況，例如，失業或首次就業的應徵者可能在面談時會特別緊張，此時應採取一些方法讓其放鬆。

(四) 提出問題

儘量依循結構化面談的指導原則，或是按照事先寫下來的問題來詢問。而有關詢問問題的建議包括：(1) 儘量強調結構化而工作取向的問題；(2) 避免僅回答「是」或「否」的問題；(3) 不要替應徵者回答或以點頭、微笑之類的表情來暗示他的回答是對或錯；(4) 傾聽應徵者的談話，並鼓勵他完全表達自己的想法，且在應徵者回答後，重複對方最後的見解，以確定應徵者的意見及感受。

(五) 預留時間

在面談快結束前，留一些時間給應徵者，讓他能詢問一些對於公司或該職務相關的問題。並且告知，公司若對他有興趣，則會在何時以何種方式另行通知。

(六) 檢討面談

當應徵者離開時，需要再回顧你的面談紀錄，趁記憶尚清楚時，看看是否有必要再做記錄，或其他應補充的事項。而當整個面談活動結束後應檢討面談的過程，是否有不當或須改善的地方，有利於下次的面談。

4-4 結語

招募管道的選擇對於一個企業的人力資源部門而言，是最重要的職能及工作，通常可能因爲招募管道的選擇錯誤而造成人事費用的增加及效益的相對降低。大部分的組織在成長的過程中，往往出現失衡的現象，因此如何利用正確的管道來尋求人才，即成爲組織在發展中最爲重要的課題。不論是利用傳統的招募方式或是結合科技所進行人才的招募，只要企業能在一開始就找對人，求職者也可以找到適合自己的工作，相信對於企業本身以及求職者都是有助益的。

面談是企業在甄選員工時最常使用的方法，但事實上，面談卻藏著許多的陷阱，若在進行面談前沒有完善的準備、面談中避免可能造成偏誤的地方，以及事後的檢討與改進，那麼，即使有優秀的應徵者，也會造成遺漏的現象，或是採用了不適的人選。

網路徵才

科技進步及網際網路的發展，改變了傳統的人才招募方式，過去刊登報紙的求才廣告及紙本履歷表已經愈來愈少，網路徵才已成為企業招募人才的重要通路，不僅讓企業接觸到大量的求職者，同時也讓求職者可以最快速的方式，了解就業市場的人力需求。

網路徵才的方式，可由企業在自家的網站上刊登招募資訊，或是藉由人力銀行作為徵才平台，例如：104 人力銀行、1111 人力銀行、518 人力銀行及 Yes123 人力銀行等人力資源服務機構，皆可作為企業及求職者媒合的平台。當企業在自家網站上公佈職缺，可吸引對企業有高度興趣的求職者，並且提供求職者有關公司背景及現況的資料，使求職者更加了解企業。

人力銀行是以網路提供企業及求職者媒合的平台，創造新的商業模式。企業可在人力銀行上公佈職缺，詳載工作的內涵及人才需求條件與資格；同時求職者可依循人力銀行的制式化格式，記載個人的履歷及自傳等資料，使人力供給及需求雙方得以運用最低的成本進行媒合。近年來人力銀行提供的服務愈來愈多，除了既有的就業服務之外，還提供了市場調查、職場學習、證照職訓、職涯探索及分析等服務。同時，人力銀行也整合了更多的業務內容，除了人力媒合業務之外，已整合人力派遣及人力資源顧問等服務，朝向更專業的領域發展。

圖片來源：104 人力銀行

高齡員工甄選上的偏見

因應人口高齡化趨勢，企業開始提高比例雇用高齡員工，雖然高齡員工具有不可取代的經驗與優勢，但是多數雇主依然對中高齡員工存在某些偏見，例如生產力不如年輕人、中高齡員工貢獻的時日不多、增加雇主健康保險上的負擔與責任、與同僚之間容易產生人際關係的問題、只想輕鬆坐等退休、缺勤率高且容易發生意外、缺乏學習新知識的意願等偏見，但實際是這樣嗎？其實也不盡然，高齡員工或許身體狀況大不如前，但他們的知識與經驗可以讓公司帶來更高的收穫，根據紐約經濟諮商理事會經濟學家穆森表示，會重新雇任或雇用高齡員工的原因有三，包括：(1) 繼續使用該員工的知識與能力；(2) 將經驗與知識傳遞給指定的員工；(3) 運用此員工之人脈協助延續與老客戶之互動。

陳聰勝、曾敏傑、李漢雄等學者針對中高齡在就業時，企業願意再雇用的優點有提到，中高齡員工之工作經驗豐富，可直接利用，省去較多的訓練時間與成本，當然中高齡員工也需要再訓練，且中高齡員工處事較成熟且圓滑、外務少且工作專心、穩定性高且不易跳槽、技術成熟且失誤率較低等優點，現在中高齡員工再雇用多屬於專業性與技術性工作，中高齡員工如何提升自己在面試上錄取的機會，Seniors4Hire 的創辦人華德建議為突顯自己在工作經驗上的優勢，清楚列出曾擔任過的職務、具備的技能與成就，不要預設立場自己將會被淘汰，因保持喜悅與活力，針對公司的需求來調整自己的訴求。

資料來源：

1. 李鐏龍（2003），高齡員工求職時如何強調優點，http://career11.mac.nthu.edu.tw/job/freshman/1070594047-2052.htm，檢索日期：2015/10。
2. 陳聰勝（2002），人力資源開發運用的理念與實施─提升國家競爭力的策略，臺北市，五南圖書出版有限公司。
3. 李漢雄，曾敏傑主編（1999），中高齡勞工就業問題與對策，嘉義，中正大學勞工研究所。

個案討論

Google 之人才招募與甄選

Google 由搜尋引擎起家，發展至今已成為提供全方位服務的軟體公司，關鍵在於持續致力於尋找條件優於現階段所需的人才，以及具有創意的人才，高度重視人才的招募及甄選。

招募及甄選的重點在於「吸引人才」及「辨認人才」，Google 招募人才的訊息指出：「在 Google 工作，實現你的理想。靈活的工作方式、創新的公司理念、吸引人的福利待遇，我們希望所有同仁不僅從事偉大的工作，同時也享有愉快的生活。」不難看出 Google 吸引人才的地方。同時，Google 需求的人才特質，也可由 Google 的招募訊息看出：「希望被挑戰嗎？希望玩得開心嗎？希望改變世界嗎？如果你的答案是『yes』，請加入我們吧」。

Google 在臺灣招募的人才類型包括工程師、銷售人員、產業主管及產品經理等人才。招募的目標在於找到高品質的應徵者，因此，設計獨特的招募方式。Google 不透過人力銀行的平台進行人才招募，而是在公司網頁上公佈職缺類型，針對每一份職缺，清楚列示工作的內容及應徵者應具備的資格及條件。以工程師而言，需要具備數學底子好、演算能力強及優異的程式編寫能力，不看學歷，只要有好奇心及挑戰力，都是 Google 歡迎的人才。

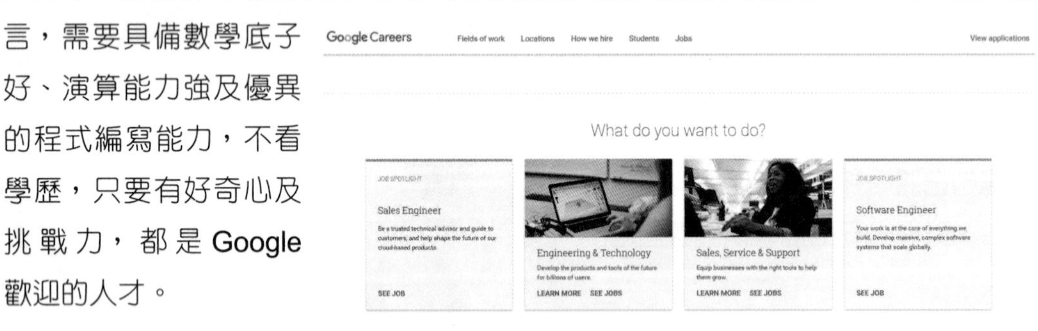

圖片來源：Google Careers

Google 以「分數」及「面試」招募人才，要求應徵者填寫一份網路調查，問卷的題目包括複雜的問題，也有一些令人費解的問題，可評估應徵者的經歷及個性，再透過 Google 的人才評估公式，計算出應徵者的分數，最高為 100 分，最低為 0 分，用以評估應徵者的狀況。但是全部答對也不一定會被公司錄取，必須再透過嚴格的面試，才能決定是否被錄取。透過面試，在交談的過程中，評估應徵者解決問題的能力及方法，同時感受應徵者的創意，進而分析應徵者的態度、行為及個性。

個案討論

Google 在招募的過程中，清楚告知應徵者：「即使您非常聰明，但是您還是必須具備團隊精神，要和別人合作，不然在公司的發展必然會受到限制」。招募標準包括良好的創意、實踐創意能力、動手執行的能力及基礎的編寫能力，可知 Google 不僅需要高品質的人力，同時也期望應徵者符合公司的組織文化，以及具備團隊合作能力。

透過上述招募及甄選的流程，Google 希望找到符合需求的人才，更希望員工可以融入自由的組織文化之中。透過提供員工良好的工作環境，包括舒適的工作場所、在工作上充分的授權、自由發揮的空間以及優沃的薪資待遇，留住高品質的人力。

基礎問題

1. Google 如何吸引人才及留住人才？
2. Google 人力招募的標準為何？

進階問題

請問您認為 Google 的人才招募及甄選方法有何問題？

思考方向

學術研究發現 Google 以「分數」及「面試」評估求職者的方法，不一定是評估人才最可靠的方法，應徵者的個性及經驗可能無法透過考試及面試充分了解，應檢視更多求職者的背景資料。

自我評量

一、選擇題

(　　) 1. 下列有關招募的敘述何者錯誤？ (A) 招募的定義是組織為了職務空缺而吸引求職應徵者的過程，亦即組織中所有影響組織所提供職缺的類型與數目的各項政策與決定 (B) 員工招募包含了組織中所有會影響的項目，包括應徵者的數目與類型和組織公布職缺的數目與類型 (C) 招募的目標是組織用以辨認與吸引潛在員工，涵蓋為了上述目的而採行的各種政策與活動 (D) 招募是一種辨認以及吸引應徵者的程序，而組織可從這些應徵者中選擇出可聘任的人。

(　　) 2. 下列招募程序的順序何者正確？ (A) 建立招募目標 - 招募活動 - 發展招募策略 - 干擾 / 過程變數 - 招募成果 (B) 建立招募目標 - 發展招募策略 - 招募成果 - 干擾 / 過程變數 - 招募活動 (C) 發展招募策略 - 招募成果 - 建立招募目標 - 干擾 / 過程變數 - 招募活動 (D) 發展招募策略 - 建立招募目標 - 干擾 / 過程變數 - 招募活動 - 招募成果。

(　　) 3. 下列哪一個是外部招募的優點？ (A) 較能網羅有才幹的人士，並帶給組織新的眼光和遠景 (B) 公司對工作候選人的優缺點較為清楚 (C) 增強員工的士氣和動機 (D) 較為迅速，節省成本。

(　　) 4. 下列哪一個是內部招募的缺點？ (A) 吸引、接觸和評估有潛力的員工較困難 (B) 調整或始業訓練時間較長 (C) 若組織內的員工覺得有資格勝任工作，則士氣問題就會出現 (D) 人員可能晉升到他們無法成功執行工作的位置。

(　　) 5. 下列哪一個不是內部人才來源？ (A) 人才庫 (B) 職位空缺公布 (C) 仲介機構 (D) 推薦與自我推薦。

(　　) 6. 下列哪一個是外部人才來源？ (A) 校園徵才 (B) 人才庫 (C) 職位空缺公布 (D) 推薦與自我推薦。

(　　) 7. 下列哪一項不是面談的目的？ (A) 初步篩選 (B) 可利用外表順眼來選擇 (C) 進一步的深度評估 (D) 訊息的提供。

(　　) 8. 下列名詞配對的敘述何者錯誤？　(A) 壓力式面談：面談者在面談過程中，故意製造緊張的氣氛，使應徵者感受到壓力，讓應徵者感覺不自在，主要是要看應徵者對壓力的承受能力及反應　(B) 個別式面談：採取一對一的面談，應徵者須回答面談者的連續發問　(C) 集體式面談：又稱小組面談或委員面談，主要是由三到五名，或五名以上的面談者與應徵者面談的方式，面談中可能有一個爲主持人，其他人負責記錄　(D) 系列式面談：多位面談者和同一位應徵者在不同時間及地點進行面談。

(　　) 9. 下列有關將面談結構化的敘述何者錯誤？　(A) 以工作式分析爲基礎的面談問題，可以避免面談者因爲誤解工作條件而詢問不適切的問題，且能降低偏見　(B) 訓練面談人員時要訓練他們依據工作相關的參考資料來評分，但可以依據評分者的主觀想法而進行評分　(C) 利用客觀、具體及行爲導向的問題與準則，作爲評估應徵者回答的標準，可降低整個面談過程的主觀性　(D) 每個問題可提供一系列可能的答案範例，並分別予以量化。

(　　) 10. 關於以下敘述何者錯誤？　(A) 進行面談前，應詳細審核應徵者的申請表格及履歷，但如果有不清楚的地方可以自行猜測，不需標記　(B) 面談主要目的是爲了解應徵者，要讓應徵者感到輕鬆自然的氣氛　(C) 面談結束前，應該留一些時間給應徵者，讓他能詢問一些對於公司或該職務相關的問題　(D) 當應徵者離開時，需要再回顧你的面談紀錄，趁記憶尚清楚時，看看是否有必要再做記錄，或其他應補充的事項。

二、問題探討

1. 企業招募的過程爲何？
2. 招募的來源及方法有哪些？
3. 企業招募的方法各有哪些優缺點？
4. 你覺得新興的招募方式應有何改善方法？
5. 你認爲，面談進行的過程中，還有哪些應注意的事項？

一、中文部分

1. 王貳瑞著（1997），《間接人力資源管理》，五南圖書出版有限公司。
2. H. T. Graham 著，石銳譯（民 79），《人力資源管理》，初版，臺華工商圖書出版社。
3. 李誠等著（2001），《高科技產業人力資源管理》，初版，天下文化。
4. 吳美連、林俊毅（1997），《人力資源管理：理論與實務》，初版，臺北：智勝出版社。
5. LloydL. ByarsLeslieW. Rue 著，林欽榮譯，《人力資源管理》，第四版，前程企業管理公司。
6. Heneman 著，范揚松譯（民 84），《人事 / 人力資源管理》，第二版，天一圖書。
7. 張火燦著（1998），《策略性人力資源管理》，第二版，臺北：揚智出版社。
8. 黃英忠、蔡正飛、黃毓華、陳錦輝著，《網際網路招募廣告內容之訴求——求職者觀點》。

二、英文部分

1. Gary Dessler,（2008）Human Resource Management, 11th, Prentice Hall InternationalEditions。
2. Breaugh, J. A., Starke, M.（2000）, Researchon employee recruitment: So many studies, so many remaining questions, Journal of Management, 26（3）,P.408.

三、網路資源

1. 104 人力銀行網站：http://www.104.com.tw。
2. 1111 人力銀行網站：http://www.1111.com.tw/default.asp。
3. 台塑關係企業網站：http://hr.fpg.com.tw/j2hr2p/home/IndexHomeController.do。
4. 台灣積體電路製造股份有限公司：http://www.tsmc.com/chinese/careers/index.htm。

Chapter 5

員工訓練與教育

本章大綱

名人名句

- 訓練使人越來越相似，因為習得相同技能；教育造就不同個體，因為教育的目的在培育每人不同理念與想法。

  Joseph H. Boyett & Jimmie T. Boyett

- 訓練員工最好的方法就是給他事情，也給他責任。

  台積電董事長　張忠謀

- 訓練的代價不是指訓練員工的花費，而是不訓練員工時的花費。

  Phillip Wilber, Drug Emporium, Inc. 總裁

本章主要在說明員工教育訓練的內涵，並了解教育訓練的步驟及方法，以及說明教育訓練的評鑑模式，使企業了解教育訓練成效，劇以作爲持續改善之參考。

訓練系統模式

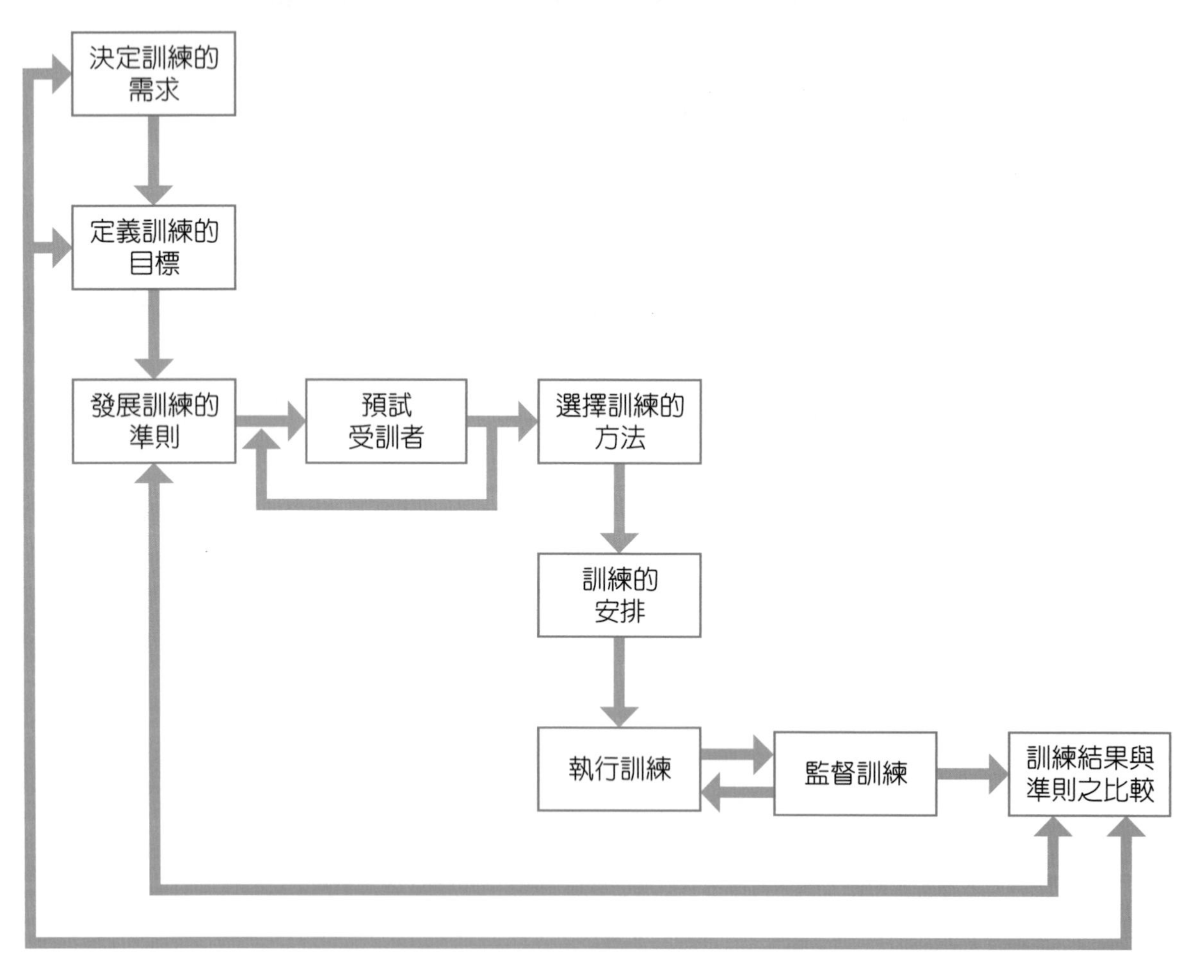

訓練是指提供新進或現職員工執行其工作所需的技能，也是企業企圖經由持續恆久的個人改善，來增進執行工作能力的學習過程。因此訓練可能是告訴作業員如何操作新機器；告知業務人員如何銷售公司產品；或告訴新任主管如何進行員工面談及績效評估。如果公司僱用的員工沒有適當的訓練，那麼花再多的時間來僱用最好的員工都不值得。教育訓練是爲了讓員工改善及學習現在或未來在公司執行任務的能力，並經由學習來增加工作表現能力及適應工作所需的條件，以期妥善運用人力資源。

5-1 教育訓練的基本意涵

一、教育訓練的定義及目的

教育訓練是爲了提升績效和改善現有或特定工作之個人知識、技能及態度的過程，主要可分爲在職訓練（On-Job-Training）與工作外訓練（Off-Job-Training）兩種方式。在職訓練是指讓員工以實際執行工作的方法來學習，主要是在工作中由有經驗的員工或上司來帶領及輔導缺乏此項工作技能的員工，並監督其實地執行作業，以達成在工作中學習的效果；工作外訓練則是由公司內、外的專業人員，在特定的時間及地點，對特定的員工實施訓練。

另外，教育訓練也可將其分爲廣義及狹義兩種，廣義的是指組織爲了將來執行業務的需要，而對於組織成員所進行之知識與技能的再學習及心理的重建；狹義的則指爲確保員工具備執行業務之能力，企業提供員工目前工作上所需要的各種基本技能及知識。

二、教育訓練的內容

企業所執行的訓練課程種類相當繁多，但大致可分爲「產品知識專業訓練」、「職能業務訓練」及「管理發展」三大類：

1. 產品知識專業訓練是單純針對產品方面的知識而言，無論是製造業或服務業，其員工對公司所生產的產品都應有所了解，因此產品知識的課程不可或缺。

2. 職能業務訓練的課程乃因一般企業是依據職能別劃分各種不同部門，例如生產、行銷、研發、人資、財務等，而各種教育訓練課程便是針對其職務所需之工作技能而開設的，有專門性的，也有共通性的。
3. 管理發展主要針對主管階層或即將晉升主管的員工爲主的教育訓練，當然也會因其不同的職階而有不同的訓練課程。

被譽爲是美國大型公司執行長搖籃的奇異公司，其教育訓練的分類亦依循上述的概念，包括三大課程，即商業知識（business knowledge）、功能技巧（function skills）、克羅頓維爾領導力（crotonville leadership）。商業知識是讓員工深入了解各事業、商品及服務。功能技巧是依職務進行的訓練，培育各領域的專業及技巧，包括：財務、人事、資訊、行銷、經營等專業。領導力的課程是每位受訓者都必須參加的，包括：簡報、引導學、談判技巧等課程。

就訓練而言，不論從長期或短期的觀點來看，都可視爲組織人力資源管理上最有效的投資。訓練不僅可以使員工有更高的工作產出，也可提升員工的工作品質、員工士氣、員工滿意度，並可藉此降低離職率。我們可以將其目的歸納爲下列四點：

1. 給予新進員工始業訓練使其適應。
2. 維持或提高員工工作能力與績效。
3. 培養員工接受新工作的能力。
4. 調和員工信念和價值觀。

三、教育訓練的過程

一個好的教育訓練過程應包含四個步驟，評估訓練需求、設定訓練目標、進行訓練課程以及最後評估訓練的成效，如圖 5-1 所示。故在第二節到第五節將分別說明此過程的內容。

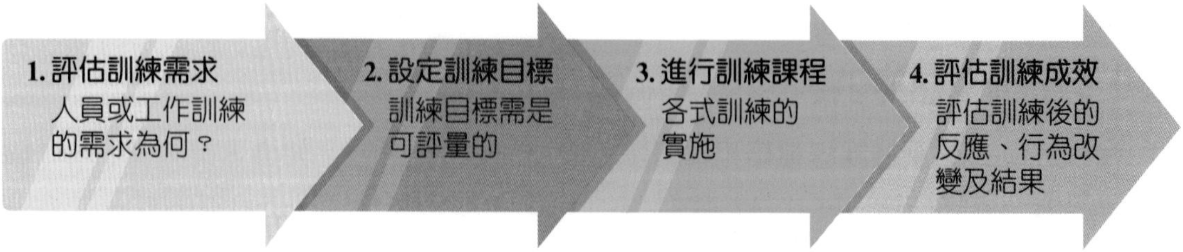

圖 5-1　教育訓練過程

資料來源：Gary Dessler，張緯良編譯，人力資源管理，第三版

5-2 評估訓練需求

由於員工的教育訓練的相關成本相當龐大，爲了讓組織能有效地辦理訓練，因此訓練的需求爲何，成爲教育訓練最初也是最重要的一步。評估新進員工的工作需求，可以將工作的內容分解成各項任務，再將它們教授給新進員工。反之，對於現任的員工所進行的訓練需求可能較爲複雜，通常此需求是來自營運中發生的問題，或是因爲表現的績效不佳而產生的。

《財星》雜誌譽爲「執行長製造廠」（CEO Factory）的奇異公司，其對人才培訓的投入，每年花費高達 10 億美元，特別是「領導人才的培育」，其關鍵成功因素在於找到對的人，因爲不是每個人都適合擔任領導人，因此奇異建立一套科學化的評估機制，才能讓正確的人有機會接受良好的培訓。

不論是何種員工的需求分析，在此階段主要是決定訓練的需求、訓練的目標及訂定訓練的準則。而需求的評估可從下列三個部分來分析評估：

一、組織分析

組織分析（Organization Analysis）主要是以策略性及系統性的觀點來分析訓練需求，其乃將組織視爲一個系統，並將人力資源策略視爲組織策略的一部分，而訓練便是爲了使員工與組織具備應付未來變革的能力。

組織分析的內容包括組織的目標、結構、未來發展、人力組成、企業文化、政策及績效評估等，其分析重點則在了解組織文化、確定績效差距、辦理訓練與非訓練的問題等。

組織分析可使用一般調查法、未來趨勢研究或專家意見來進行，以了解公司目前最需要的訓練爲何。現今有許多研究單位或產業相關雜誌都會不定期地對該產業進行調查，以分析目前產業需求的技能及現況或未來發展趨勢。因此組織可藉此決定是否有此訓練需求之必要。

二、工作分析

工作分析（Task Analysis）是以系統化的方法蒐集特定工作的資料，如所從事的工作項目，爲符合績效標準所需的行爲表現，以及從事此工作所必備的知識、技術與能力。工作分析通常可用兩種方式來進行：一爲工作內容分析，此時工作說明書與工作規範可成爲分析工具，因爲此兩種工具記載了員工完成工作所需的職責與技巧，而以此爲標準作爲決定訓練需求的目標。

另一種方式是從員工平常執行的業務內容來看，並將其所有工作內容依重要性排列，然後依據此排列來檢視是否應對員工加強訓練，使工作績效能夠提升，這種分析方法可使得從績效評比中較不緊急的項目受到重視。

三、績效分析

績效分析（Performance Analysis）乃是確認現職員工的績效有否有顯著偏差，並確定是否應經由訓練或其他方法來加以提升。績效分析的第一步就是評估員工的績效。換言之，爲改善員工的績效，必須先了解他現在的績效如何，並希望其所要達到的標準爲何。

以美商奇異公司爲例，其對人才培訓非常執著，從每年 12 月開始至隔年 1 月，所有的員工會進行自我評估報告，包括個人績效分析、職涯方向及個人的優劣勢分析等內容，進一步由直屬主管評估，並加入 360 度評量，更全面了解員工績效。透過上述的績效分級，重點投資最頂尖的 20%，依據其背景及工作經歷，擬定培訓計畫，特別是實務工作歷練的培訓。因此有別於一般企業的教育訓練課程，員工可能會有被迫參加的感覺，但是在奇異工作必須通過評估，獲選後才能得到培訓的機會，使得培訓不是被迫，而是獲選者榮譽的象徵。

績效分析的重心是區別績效不佳是因爲「沒有能力做」或是「沒有意願做」。如果是屬於沒有能力做的問題，應進一步找出原因；如果是沒有意願做的問題，則要進一步探討其原因。我們可以由下列幾項問題來進行了解：

1. 先了解員工績效表現與組織所設定的績效是否有顯著差異？
2. 了解此差異是否可經由訓練來加以改善？
3. 是否有比進行訓練更好的方式？

總之，組織分析適用於企業內部整體面需求的確立，使組織的訓練目標能配合組織策略，此屬於由上而下（Top-down）的需求決策制定；工作分析與績效分析則適用於單位與員工個人訓練需求的決定，屬於由下而上（Bottom-up）的需求決策制定。

5-3 設定訓練目標

決定了訓練需求後，下一步就是設定一個具體並可衡量的訓練目標。訓練目標的設定可具體說明受訓者在完成訓練課程後可能達到的成果，因此它提供了訓練者與受訓者一個共同努力的焦點，並且是評估訓練課程成功與否的標準。

訓練目標的設定需要考慮到幾項原則：

1. 目標的具體性：所設定的目標需要讓員工能夠清楚地知道，不應存有模糊或員工並不了解的狀況。
2. 目標的可衡量性：所設定的目標必須有一個能夠衡量的準則，這不僅讓員工可了解其訓練的成效，也讓組織知道該訓練是否有存在的價值。
3. 目標的可達成性：所設定的目標必須能夠在一定時間內達成，不可好高騖遠，若設定一個員工無法達成的目標，將產生負面的效果。
4. 目標的時效性：一個好的目標應包括一個明確的完成時間，由於訓練相當花費成本，因此若設定的目標沒有在一個確定的時間內完成，對於組織而言可說是勞民傷財。

5-4 訓練的方法

在決定員工的訓練需求並設定好訓練目標之後，實際的訓練就可以展開了。組織在實施訓練時，通常可分爲職前訓練與在職訓練兩種，說明如下：

一、職前訓練

一位新進人員剛進入一間企業時，人力資源部門的主管通常會向其介紹各種職位上所必須承辦的業務、公司內主要幹部、福利政策和運作程序等。也就是提供一些基本的背景資訊給新進員工，有助於他們能順利完成其工作，而此階段我們也稱爲員工引導（employee orientation）。而職前訓練（Orientation Training）其實是新進人員社會化過程的一個小部分，也就是希望藉由職前訓練將公司或部門所應有的工作態度、行爲模式、標準、價值觀等，慢慢地給予新進人員瞭解。如同一般男生在入伍當兵時，會先到新訓中心接受一至二個月的訓練，先讓他們熟悉當兵時應有的紀律、生活作息等，以適應未來一年多的服役生活。

職前訓練對新進人員來說，不僅是技能上的訓練，更是激勵精神以及溝通上的教育。因爲職前訓練除了提供新進人員一些基礎的技能訓練外，也讓新進人員瞭解擔任該工作時所需的技術。同時，藉由公司提供新進人員良好及完善的職前訓練，讓新進人員有受公司尊重及重視的感覺，這對於新進人員在心理層次上，有很大的鼓舞作用。另一方面，職前訓練也是新進人員第一次參與公司的正式活動，主管們可以利用這個機會來傳遞公司的經營理念、營運精神，並培養員工對公司的歸屬感，讓新進人員能夠感覺到，不論是公司或部門的主管都是和新進人員站在同一條陣線上的。而常見的職前訓練有講授、視聽教學法或舉辦營隊等。

以我國晶元代工雙雄之一的聯電來說，該公司提供了相當完善的新進人員的訓練。根據「新聯電人訓練計畫」（UMC New Employee Training Program）所述，此計畫的目的在引導新進員工建立正確的工作觀念與態度，認知本身的角色，認識團隊共同行爲準則與企業價值觀，並思考團隊合作的意義，期於短時間內，建立他對聯電組織團隊應有之認知 / 態度（Consciousness / Attitude），使其成爲具有聯電成功特質與職能認知之「新聯電人」。並完成新進同仁擔任職務基本技能（Skill）及知識（Knowledge）之培訓與評鑑，以協助其適應工作環境、建立人群關係、學習工作技能及發揮工作績效等。其課程簡介如下：

1. 所有新進人員進入公司的前兩天，將接受兩天的新聯電人培訓課程，藉以了解公司文化、福利、食衣住行，以及工業安全等基本事項。
2. 所有代工廠（Fab）相關工程師進入公司一個月內，須接受基礎工程師的訓練。
3. 所有間接人員於到職兩個月內將接受半天的新聯電人培訓課程，藉以進一步了解公司文化，以及如何成爲優秀的聯電人等指導。
4. 所有代工廠相關工程師進入公司後一年內，將持續接受專業技術訓練。
5. 除公司訓練，所有單位針對新進人員有紮實的在職訓練課程。

二、在職訓練

「在職訓練」（On-job-training），一般又稱職內訓練，指的是員工在工作中藉由各種訓練，學習新技術或改善舊技術以提升生產力之過程。而在職訓練可以是結構性很高的一項計畫，也可以以非正式的方式進行。這種方法能直接讓員工從實際的工作經驗中學習到所需要的技術、知識和能力。在學習的過程裡，員工可以藉實際的工作經驗觀察訓練員的示範動作、教導、解說、實際操作，以及工作結果的回饋。若是屬於結構性的在職訓練，其內容包括必須審慎地甄選受訓者，並列出訓練期間內所要傳授的內容。同時，必須教導訓練者一些基本的訓練技巧，然後才能把受訓者交給工作現場上的訓練者。常見的在職訓練有教練法及工作輪調等方法。

對在職訓練來說，其因爲可以在正常工作中使用設備以供訓練，因此花費通常較低，並且在受訓練者熟練後便可實際使用，因此較沒有學習轉移的問題。但是在職訓練也可能因爲教導者並沒有充分的教導經驗，因此可能沒有給受訓者適當的訓練，同時也因爲在職訓練是在正常工作中執行，因此可能會產生大量的廢工或廢料，甚至損壞貴重的設備。

三、企業常見的訓練方法

(一) 講授

講授（Lectures）爲最典型以及最爲企業所使用的訓練類型，它主要的優點是能夠在短時間內有效地提供知識給受訓者，並且具有規模經濟，同時較不受場地限制。此種一對多的進行方式，其缺點是沒有辦法依員工不同的需求而進行訓練，也由於是課堂上的知識傳授，故沒有辦法進行現場實地的操作演練，以及學習成效不易轉移的問題。

(二) 教練法

教練法（Coaching）即是員工在有經驗的同仁或主管的指導下從事工作學習，並對其日常的工作進行指導和經驗傳承。較基層的員工可在觀察下操作機器而獲得該技術，而高階主管的訓練則是以「助理」的職務來訓練與培養所需擁有的能力。

(三) 工作輪調

所謂的工作輪調（Job Rotation）簡單地說就是將員工從某一工作換到另一工作，因此員工的工作輪調可被視爲調任，也就是組織內人員的平行移動，既沒有增加員工的工作責任，也沒有影響其薪資福利。

就企業對於員工的訓練角度來看，企業通常會有計劃地透過同一職能部門內或不同職能部門間的平行調動，以提高員工職務能力、擴大視野、學習各種經驗，進而達到培育人才的目標。

(四) 程式化的學習

程式化學習（Programmed Learning）指的是提供受訓者一套經過設計的學習工具，藉由預先設定的程序來引導學習者的學習。程式化的學習工具可能是電腦或是一般的手冊，它包含了三個功能：

1. 提出問題或事實給學習者。
2. 讓受訓者回答問題。
3. 對其回答做出回應。

程式化的學習主要的優點是可以減少學習的時間，更可提高學習的效果。因為它可以讓學習者自行控制學習的速度，又能提供立即的回應以減少錯誤的發生。

(五) 模擬訓練

模擬訓練（Simulated Training）是一種受訓者以將來工作上所必須運用的實務或設備進行模擬學習，但不在實際的工作場上訓練。此情況通常適於員工於現場受訓的成本過高、十分危險，或是容易降低現場的生產力時所採用，如飛機駕駛的工作即是利用此種方式進行事前的訓練。

(六) 電子化學習

現今許多企業均會利用電子化學習（Electronic Training）以訓練員工。電子化學習指的是利用資訊科技來製作學習內容，再以網路的方式傳送學習內容，以供員工學習。由於網際網路的發展，電子化學習可以傳送即時視訊，讓師生利用電腦螢幕進行互動，同時，所提供的課程更是五花八門。

根據研究顯示，在網路教學學習環境下，員工在思考、分析能力方面的學習績效是較佳的，而且其學習滿意度、學習動機、學習績效三者間也都有正向相關。

四、其他特殊訓練內容

(一) 基本素養訓練

根據調查顯示，美國有 2,500 萬名 17 歲以上的成年人是屬於「功能性文盲」（Functional illiterates），他們不是完全不會讀書，就是只有 3、4 年級的程度，這種狀況影響了其工作的能力。

而針對此種員工的需求有一種簡單的訓練方法，就是讓上司以寫作及說話的練習來建立員工的基本技術，在做完練習後，主管就可提出他個人的回應。另一種方法就是利用互動式影碟（Interactive Video Disk），這種方法可以把影碟和電腦加以結合。例如：藉由生動的影片和電腦的聲音，來了解字母進而組成單字，最後完成造句。

(二) 愛滋病教育

愛滋病患者在勞動市場中工作，會造成一般員工和雇主的恐慌，但基於人道或法律的立場，並沒有辦法拒絕患者繼續工作。因此，必須給予感染者和周遭的同事進行某種程度的教育訓練，以減少他們的焦慮，並使員工能在團隊中合作。

因此，許多公司設立了愛滋病教育課程，除了介紹愛滋病的詳細資料外，也提供討論及提問問題。此方法可以使員工更加了解愛滋病，並澄清一些原先錯誤的觀念，同時可增加員工對他人的關懷。

(三) 多樣化的訓練

隨著人力愈來愈多樣化，組織也發現有必要實施多樣化的訓練課程。多樣化的訓練常包括培養非主管人員較佳的敏銳性，以期創造出公司與員工之間更和諧的工作關係。

(四) 團隊合作與加強的訓練

由於現今已有許多工作是以團隊的形式來進行，因此團隊合作的價值觀便成爲團隊合作中，相當重要的一個因素。有些公司會利用戶外訓練建立團隊合作，也就是將訓練的場地拉至戶外，給予一個任務或目標，要團隊的成員發揮團隊合作的精神，並學習信任和依賴同伴，以相互幫助的方式來達成目標。

5-5 訓練成果評估

受訓者完成了訓練課程，就必須評估訓練目標的達成度到底如何，而此步驟的目的在於評定訓練對訓練目標實際產生的績效，此過程包括確認、衡量、分析以及建議等，其目的包括：

1. 可改善學習的方法或教材。
2. 增進訓練的效能。
3. 了解員工受訓後的成果。
4. 評估訓練的成本效益。

事實上，訓練的評估重點不僅在於了解訓練的成效，主要是在於回饋。因爲回饋對於企業來說是了解未來訓練實行改善的方向，使得訓練能夠眞正增進員工的工作效能，避免造成勞民傷財的情況。

評估訓練計畫包括兩項基本的主題，第一是控制下的實驗；第二是訓練結果的衡量。

一、控制下的實驗

最理想的評估訓練效果的方法是利用控制下的實驗（controlled experimentation），其方法是設置兩個小組，分別是訓練組和控制組。在開始訓練之前先收集兩組的工作績效資料，加以記錄，然後在訓練工作結束之後，再收集此兩組的資料，並加以比對，如此就可確定績效的差異是否是來自於訓練本身的效果。

二、訓練結果的衡量

目前最常使用的訓練結果衡量模式乃是源於 Kirkpatrick 在 1959 年至 1960 年發表的「評估訓練方案的技術」中的四層次模式，包含了反應（reaction）、學習（learning）、行爲（behavior）、結果（result）。

(一) 反應層次

所謂的反應指的是受訓者對訓練的喜愛和感覺，主要爲衡量受訓者對於整個訓練的感覺，也就是滿意程度，包括訓練方案內容、師資、訓練設備、教材、行政支援與服務等。

反應層次一般以問卷調查、觀察法等方式評估，評估的時機可以在訓練結束時，或訓練結束後數週到數個月，評估也較爲容易且花費不多。

(二) 學習層次

所謂的學習指的是受訓者經由訓練課程而改變的態度、增進的知識或技術，主要是衡量受訓者在訓練結束後，對於訓練課程瞭解的程度，以及相關工作知識所吸收的程度，也就是評量受訓者從訓練課程中所學習到的專業知識及技能的程度。

測量學習層次的方式可用筆試、口試以及課堂表現來檢視，其結果經分析後有助於日後訓練課程的修訂與調整。

(三) 行為層次

行爲層次主要是觀察受訓者接受訓練後，是否能將學習成果移轉到工作上，並且評估此訓練對其工作行爲所產生的改變，亦即針對受訓者在接受訓練後，其工作態度與工作行爲是否改變所進行的評估。

行爲層次的評估通常在訓練後一段時間才進行，主要是希望能讓受訓者有充分的時間將訓練時所學習的知識與技術，應用到工作中。

(四) 結果層次

結果層次的評估指的是評估受訓者在經由訓練後，對組織所產生的具體貢獻，來瞭解訓練對組織績效的影響。由於影響組織績效的因素實在太多，無法明確分辨出是否是因爲訓練課程而影響到績效，故此層次的評估困難度最高。

5-6 結語

訓練員工主要是希望藉由一系列的方法，來提供他們所需要的知識與技能，使他們能順利完成組織設定的目標。因此，一個良好的訓練計畫對於企業來說應該不是費用，而是投資。一個訓練計畫包含了事前的需求分析、訓練過程中的控制，以及訓練完成的評估。因此，人力資源部門的任務並不是單單提供訓練，而是制定一個系統化的過程。

如何培育國際人才

在全球競爭的時代中，企業朝向國際化發展，許多亞洲的企業致力於全球擴張策略，而過程中企業面臨培育國際人才的關鍵問題。因為不論在日常的教育訓練中告知員工多少全球化的議題及趨勢，員工很難有切身的感受，也無法面對問題的真實情境。因此國際人才培育的議題受到企業高度重視，包括國際人才的培育及外派人員的甄選及培訓等議題。

但如何成為一個國際級企業要的人才呢？奇異公司（General Electric）被譽為是一個孕育出許多最高效能人才的組織，日本奇異股份有限公司董事長安　聖司指出要在全球型舞台上擁抱成功，要掌握五個要點：「你是誰？你有什麼興趣？你有什麼想法？你怎麼會這樣想？你為什麼不大聲說出來？」。亦即用自己的腦袋思考，並兼具包容力，才能夠和不同國家的人員溝通並展現出個人的價值。奇異透過上述的五大要點鼓勵員工站上全球舞台，並教導員工如何面對問題、如何處理問題、用什麼方法迎戰。

一般而言，企業培育國際人才的方法，多數是派遣員工至國外進修或是執行業務，由企業安排住宿地點及相關的教育訓練課程以期提升員工的全球視野及外語能力，也讓員工探索當地的文化及進行第一線的市場調查，以期外派人員的海外經驗可以成為其未來職場發展的重要優勢。因此，企業會將外派人員的回任及職涯發展等議題視為是企業人力資源管理的重要工作，牽涉到外派人員回國協議的契約簽訂、保證人、職業諮詢、財務支持及適應計畫的擬定等工作。

事實上，企業派遣人員至海外培訓的成本非常高昂，越來越多的企業開始關注外派職位及成本結構，舉凡外派人員的薪酬成本、機票艙等、住宿補助、當地交通工具、陪同家人的學費補助等，都是企業評估外派人員成本的項目。企業必須妥善評估國際人才培訓的效益與成本之間的平衡，因此外派人才的甄選及條件，亦成為國際人才培育的基礎，找到對的人，讓他們去海外親身體驗，面對實際的國際市場。

而國際品牌「MUJI 無印良品」培育全球型人才的思維與一般企業大不同，企業派遣員工至海外培訓時，不但不會安排計畫，也不會安排住宿及交通，在進修期間總公司也不會追蹤外派人員的狀況。無印良品讓員工自己一個人到國外去，堪稱是武者修行的進修內容。其主要的培訓目的是希望員工具備思考及解決問題的能力。雖然看似嚴酷，但是無印良品宣稱截至目前為止，所有的外派人員皆已安全回國，且比過去更加強韌。

綜合上述，雖然企業培育國際人才的方法不同，但是不可否認的，國際人才的培育對企業及個人的發展都扮演重要的角色，特別是高階人才及企業的幹部人選，可以透過外派海外的期間累積經驗，並練就解決問題的能力，同時可以貼近當地的文化及生活，帶回當地市場調查的資訊，據以提升企業的國際人才競爭力。

資料來源：

江裕真譯（2015），《無印良品培育人才秘笈》，天下文化。

劉錦秀譯（2016），《奇異 GE 如何把人力變人才？》，大是文化。

不景氣是企業練兵的最佳時機

回顧 2008 年金融海嘯的時候，許多企業因為抵不過景氣寒冬的侵襲，而吹起熄燈號，或是大放「無薪假」。2009 年持續面對景氣衰退，至 2012 年經濟也因為美國經濟尚未回溫，及歐債危機的衝擊，使企業面對嚴峻的挑戰。2018 年零售業也開始因應數位化的環境變化進行人力資源配置的調整，例如：瑞典組合式家具龍頭宜家家居（IKEA）在 2018 月 11 進行大幅的組織人力調整，裁撤約 7,500 個工作，主要是公關、人力資源和行政等職務，同時亦擴增約 30 家門市，增加物流配送及數位化的工作，預計會創造 1 萬個以上的新工作。可知企業在不景氣的環境中，有時間可以準備企業轉型及佈局所需的人才，如同 IKEA 大舉布局電子商務平台，訓練員工以新方法滿足顧客的需求。

對企業而言，這些不景氣的時候，正是培訓人才的最佳時機，因為經濟景氣時，企業礙於人力及時間成本，無法進行完整的教育訓練，不如趁著訂單縮減的時刻，進行人才培育。但是在不景氣的時候，企業主往往會降低人力投資的意願，刪減教育訓練的費用以降低成本，但此時更應該加強人才的應變及管理能力，檢視企業的體質，培育未來的關鍵人才，才能夠幫企業找到新的出口及方向，帶領企業走出景氣寒冬。

由於人力資源是企業成長的核心關鍵，維繫高品質的人力及開發可創造未來營收的人才，是企業不可間歇的工作。因此，企業不僅須訓練員工具備執行現階段工作的能力，也應預測未來的人力需求，提早作好準備。如同勞委會及職訓局在不景氣時，積極推動各種培訓課程，例如：「立即充電計畫」及「充電加值計畫」，皆是希望透過職業訓練的強化，提供員工有酬的受訓機會，以提升就業者工作技能和競爭力。

對企業而言，雖然教育訓練會造成企業支出，但卻是不可缺少的重要活動，因此妥善運用有限的資源，維持及提升人力資源的品質，將是企業在不景氣中持續成長的關鍵。

教育訓練品質衡量關鍵

人力資源為企業發展的關鍵，而員工績效的優劣與高階主管的決策品質，決定了公司的經營成效及未來發展，因此企業為了提升經營績效，以及降低員工犯錯的機率，多數會透過員工教育訓練的方式，提升員工的技術及能力。當公司擁有完善的教育訓練體系，即可讓內部員工提升技能，並且讓管理者知道他們擁有什麼樣的技能，進而分配適當的職務。行政院在「服務發展綱領與行動方案」與「人才培訓服務產業發展措施」中，明列建立人才培訓產業品質認證制度，以確保訓練流程的可靠性與正確性，但到底有什麼關鍵的因素會影響整個員工教育訓練品質的好壞，自經濟部人才快訊中統整以下四大關鍵：

關鍵一、訓練目標與組織整體系統要成功結合

教育訓練的實施目的在於改變或增強員工產生組織所期望的行為，影響員工行為改變及組織績效的因素很多，包含了組織的願景、策略、組織結構、組織氣氛、組織文化、領導風格、管理制度、員工個別的需求與價值，以及員工完成任務所需具備的核心職能等因素，這些因子彼此互相影響，企業組織是一個動態的有機體，組織內任何一個管理活動都會牽引著另一正向或負向的結果產生，因此；培訓人員應訓練自己具備能夠洞悉「牽一髮動全身」的系統思考能力，才能夠有效地掌握問題的關鍵，達到事半功倍之效。

關鍵二、訓練策略與組織發展

訓練的核心任務為在企業達成營運發展目標的過程中，運用教育訓練的專業技術，正確尋求並解決企業問題，以協助企業組織因應新事業拓展、新設備、新技術、新據點、新商品或新人員等，期使降低管理成本，提高組織績效；因此訓練活動規劃的思維必須建立於企業發展策略的基礎上；訓練所決定的內容應配合企業的實際需要，因為今日的環境變動迅速，加上競爭激烈，實需掌握新式專業技能的訓練主題，而不致學些僵化老舊的技能與知識；在規劃課程的內容與主題時，應考慮如何與實際工作相結合。

關鍵三、訓練實施與績效評量方法要適當結合

組織績效的問題涉及的層面多元，包含欠缺適當的知識技能、環境、設備的限制或阻礙，以及缺乏適當的誘因或動機和員工的身心狀況等都可能是造成的主因，並非均能以訓練方式解決。為免訓練資源的浪費，在投入訓練之前，必須進行組織績效分析，一則著重當前績效差距問題，另一方面則需預測未來可能產生的績效差距，以確認造成組織績效問題的真正原因。

關鍵四、訓練規劃與核心職能需求要緊密結合

培訓人員在訓練實施前，便應當確實分析及掌握受訓對象產生績效的「關鍵成功因素」，才能夠規劃出具系統性、完整性以及有效性的訓練課程。職能（competency）此一名詞，首先是由美國哈佛教授 Dr. McClelland 在 1970 年初期所提出，他強調應該注重實際影響學習績效的能力，並進而發展出工作能力評估法，試圖改變以往對工作分析、工作說明書的重視，而希望從主管人員及高績效工作者身上，找出達成高績效的職能因素。進而將這些高績效工作者共同具有的能力因素加以歸納整理，即可找出此項工作的職能模式。

職能乃是指個人對執行一項職務所需具備的核心能力，並且具有提升工作績效的特性，包括知識、技能、行為，而由企業組織的層次來看，企業獲利的關鍵因素是什麼？實務上顯示，凡是具有競爭力的企業擁有 TQM（全面品質管理）的特質與能力，其中包含了重視客戶、團隊合作、上下一致的策略規劃與執行能力以及持續改善等，培訓單位只要在這些企業議題上持續努力，找出問題點，並透過導向的學習活動規劃與實施，能夠為企業組織帶來具體的訓練成果。

資料來源：Orca HCM 人才發展與管理，企業教育訓練關鍵成功因素，網址：http://orcahcm.blogspot.tw/2014/12/blog-post_16.html。

個案討論

北歐中高齡員工訓練與規劃

歐洲早在 90 年代就開始關注高齡化之議題，尤其北歐非常支持終身學習，可為歐洲之模範，北歐各國擁有高勞動參與率、高國民所得、高公共資源分享、高公共教育服務與高度的個人學習意願，北歐國家為了解決高齡化問題，在 2008 年發表「工作中積極學習與活躍老化：北歐較高齡勞工之新願景與機會（Active Learning and Ageing at Work: New Visions and Opportunities for Older workers in the Nordic Countries）」之整合性計畫，希望建立一套完整的終生學習機制，這項機制試圖從政策與社會文化中尋求解決方案。

芬蘭

以芬蘭為例，芬蘭在此整合性的計畫中，目標為提升高齡勞工工作條件，從 1996 年起開始訂定中長期 3-5 年階段性政策，其中一項政策為給予公司管理階層一項年齡管理（age management）的責任，公司必須管理各年齡層的員工，尤其須強化管理中高齡員工，一般對於中高齡員工有生產力較年輕人低、較無上進心等想法，須消除對年齡的迷思與盲點，發展出正向迎接高齡勞工的工作價值。

丹麥

丹麥則聚焦於較高齡勞工與工會合作，針對 50 歲以上具較低技術勞工，透過由下而上的管理整合模式，讓較高齡勞工得以持續留在職場，企業組織須了解內部員工的需求，並透過民主的方式與中高齡員工溝通，說服這些人參與再職訓練課程，宣導企業應保留一些名額並對外招募較高齡勞工、政策制定應以實作及行動導向為基礎，以及計劃規模之完整與全面，將有助於促進每個人的工作滿足感。

挪威

挪威則為「包容性的工作生活之團體協約（Agreement on an Inclusive Working Life, IA）」計畫。該項協約有三項主要目標，除了致力於降低員工病假日數以及提高身障者的雇用人數外，第三項項目為提高勞工期望之退休年齡。前述目標主要為了避免較高齡勞工因經濟與社會因素而被迫離開勞動市場，因此勞工與雇主應共同努力提高就業力，延長中高齡員工的職業生涯。

個案討論

從上述北歐整體性計畫為借鏡，臺灣應該要如何去學習：

1. 重新定義年齡及其價值，使用實際案例去反轉對於中高齡員工的迷思，年齡增加不代表生產力就會下降，許多研究證實，中高齡員工可為公司帶來許多好處，例如保險業中高齡員工可運用個人的人脈帶來更多的客戶，中高齡員工在工作上失誤率較低等。每個人都會老，都會面臨到此種情況，我們應接納中高齡及銀髮族勞動族群，在職場中透過職務設計，建構更為溫暖的社會與工作環境。
2. 將工作中的教育與學習結合生涯發展，企業與政府須考量人生各階段職涯發展所會面臨的障礙，透過政府安排階段性計畫，與勞動市場做結合，針對核心族群（勞雇團體、管理者與高齡勞工）集合這些人的想法提出共同主張，推動實際的方案，使高齡員工透過這些機制，使他們增加勞動參與。
3. 各公司須強化中高齡員工在工作場合中的管理能力；各組織單位須強化在職訓練體系與師資，依區域性職訓需求自辦在職訓練。除了運用區域資源之外，也進一步將年齡管理的實作案例透過公共平台分享，並以實際的數據去證實對於中高齡員工的迷思與歧視，而中高齡員工須做好心理準備，接受公司所安排之訓練課程，增進自己的技能，了解更多創新的想法與知識。

資料來源：

1. 馬財專，劉黃麗娟（民 103）促進中高齡者及銀髮族之穩定就業「在職職業訓練機制」之初探，就業安全，542.7，42-48。
2. 劉毓秀（民 100），北歐普及照顧與充分就業政策及其決策機制的臺灣轉化，女學雜誌，29，1-77。

• 基礎問題

1. 如何消除雇主對於中高齡員工之偏見？
2. 中高齡員工要如何調整心態與年輕員工競爭？

• 進階問題

企業要如何吸引中高齡員工？如何進行職務再設計？年齡管理如何實行？

• 思考方向

臺灣勞動人口短缺，政府試圖針對老年族群增加其勞動參與率，職務再設計創造出更友善的工作環境，是目前所在進行的項目，而年齡管理在臺灣並未執行過，賦予管理者這項職責，強調各種年齡層勞工都應享有的福祉與生涯發展，可以藉由中高齡生涯發展規劃，例如漸進式退休等方式導入，延後其退休時間，可朝此方向思考。

自我評量

一、選擇題

(　　) 1. 檢視員工在教育訓練當下的滿意度是屬於　(A) 反應層次　(B) 學習層次　(C) 行爲層次　(D) 結果層次。

(　　) 2. 在教導員工行銷技巧之後，評估組織的訂單是否增加，是屬於哪一個層次的教育訓練評估？　(A) 反應層次　(B) 學習層次　(C) 行爲層次　(D) 結果層次。

(　　) 3. 可以在短時間內最有效地將知識傳遞給大量受訓者的訓練方式爲　(A) 教練法　(B) 工作輪調　(C) 講授　(D) 實習。

(　　) 4. 讓員工以實際執行工作的方法來學習，稱爲　(A) 在職訓練　(B) 工作外訓練　(C) 實務訓練　(D) 交叉訓練。

(　　) 5. 教育訓練的過程，首要的工作是　(A) 設定訓練目標　(B) 評估訓練需求　(C) 進行訓練課程　(D) 評估訓練成效。

(　　) 6. 何項工作是以系統化的方法，蒐集特定工作的資料，如所從事的工作項目，爲符合績效標準所需的行爲表現，以及從事此工作所必備的知識、技術與能力？　(A) 工作分析　(B) 工作評價　(C) 工作說明　(D) 工作規範。

(　　) 7. 績效分析的重心爲何　(A) 找出績效不佳的員工，給予懲罰　(B) 找出績效優良的員工，給予獎賞　(C) 區別績效不佳是因爲沒有能力做或是沒有意願做，進而找出改善方法　(D) 建立標準作業流程。

(　　) 8. 員工在有經驗的同仁或主管的指導下從事工作學習，並對其日常的工作進行指導和經驗傳承，爲何種訓練方式？　(A) 工作輪調　(B) 講授法　(C) 教練法　(D) 程式化學習。

(　　) 9. 何種訓練方式，適用於員工於現場受訓的成本過高、十分危險，或是容易降低現場的生產力時所採用？　(A) 模擬訓練　(B) 講授法　(C) 教練法　(D) 程式化學習。

(　　) 10. 有關在職訓練的敘述，何者有誤？　(A) 又稱職內訓練　(B) 爲結構性很高的計畫　(C) 不可以用非正式的方式進行　(D) 直接讓員工從實際的工作經驗中學習到所需要的技術、知識和能力。

二、問題探討

1. 訓練的目的爲何？

2. 訓練的過程包含哪些步驟？及其內容爲何？

3. 有哪些訓練方式？

一、中文部分

1. Gary Dessler 著，張緯良編譯，《人力資源管理》，第三版，華泰書局。
2. 吳美連、林俊毅（2002），《人力資源管理：理論與實務》，第三版，智勝文化事業有限公司。
3. 陳建光（民 89），「企業教育訓練與員工生涯發展之關係研究～以 IC 產業爲例」，臺北科技大學技術與教育訓練研究所碩士論文。
4. 趙皇賓（民 91），「工作輪調對員工生涯發展結果影響之探討—以臺灣國產汽車前五大製造業爲例」，中山大學人力資源管理研究所碩士論文。
5. 鄭本竹（民 92），「中油公司在職訓練評估之研究—以中油嘉義訓練所爲例」，東華大學企業管理學研究所碩士論文。

二、英文部分

1. Minneapolis/St. Paul, MN: west Pub., 1997。

三、網路資源

1. 聯電資訊網，http://www.umc.com/hr/new_syst.asp

Chapter 6 生涯發展規劃

本章大綱

- 6-1 生涯發展的意義
- 6-2 生涯發展的重要性
- 6-3 生涯發展的相關理論
- 6-4 生涯發展的內容
- 6-5 員工生涯發展制度
- 6-6 結語

名人名句

- 在生涯發展的道路上，重要的不是你現在所處的位置，而是邁出下一步的方向。
- 在生涯發展的道路上沒有空白點；每一種環境、每一項工作都是一種鍛煉，每一個困難、每一次失敗都是一次機會。

本章主要探討員工的生涯發展，首先介紹生涯發展的定義與存在的重要性，之後再討論有關生涯發展的相關理論，進而探討一般生涯發展的內容與制度的建立。

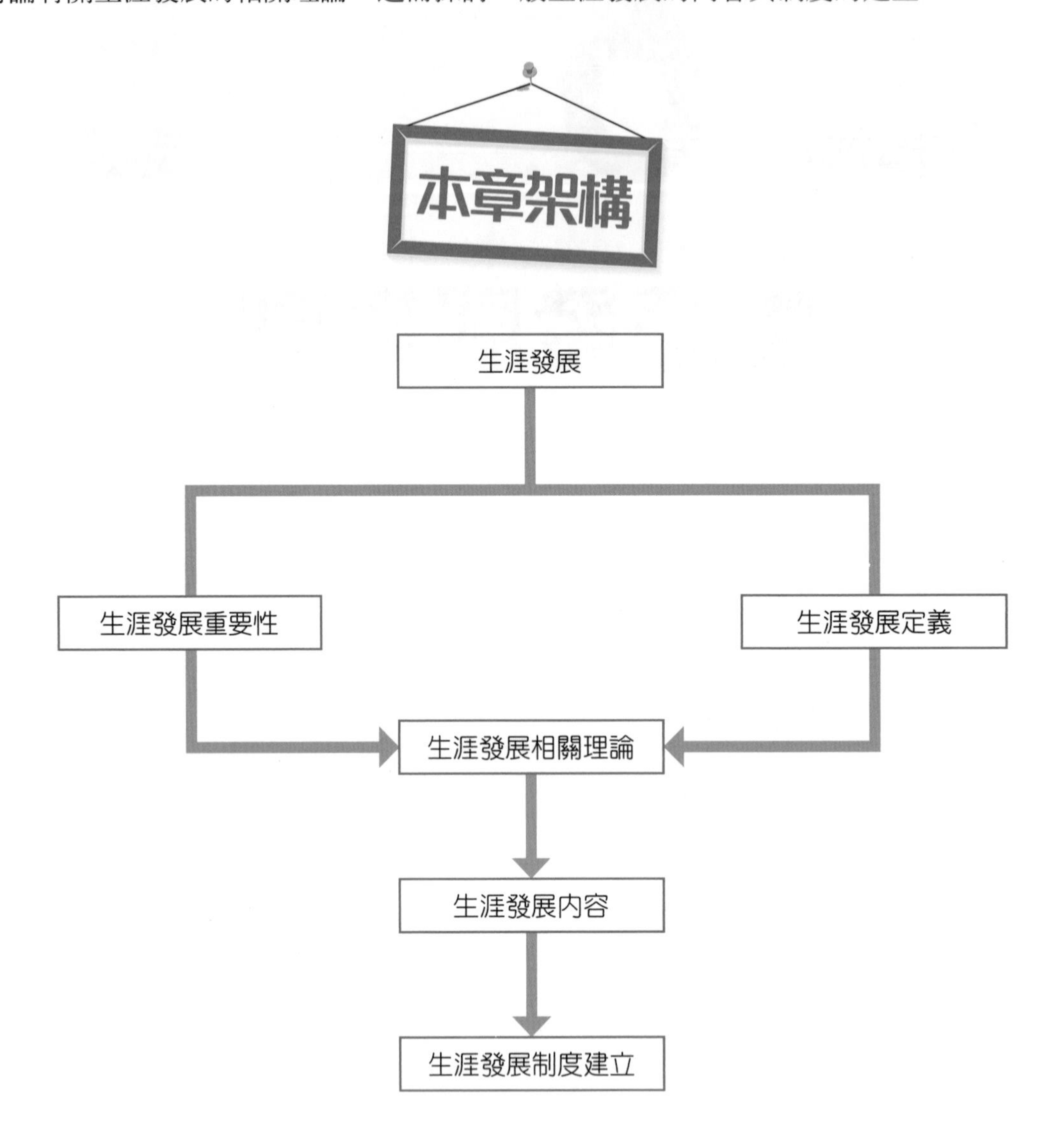

在企業中，員工追求的利益是一種經濟利益，從長遠來說更是一種良好的職業發展。而員工選擇一個企業，往往是以追求良好的職業發展為目的，因此任何企業都必須提供員工一套完善的生涯管理，以滿足員工需求，使員工素質不斷提升以滿足企業發展需要，讓員工的成長與企業的發展同時提升。

6-1 生涯發展的意義

所謂生涯（career）狹義地說是指升遷或晉升，而廣義而言，是指一個人一生工作經歷中所包含的一系列活動和行爲。生涯發展（career development）是指組織用來確保人員所具備的資格和經驗是否符合現在及未來工作的方法。

生涯發展有賴於企業環境及個人能力的相互成長，而成長的關鍵在於有效學習，因此組織爲了強化員工的專業能力，必須整合個人職涯目標與組織目標，規劃專業領域的職涯發展，才能因應當代及未來之人才需求。

由於新科技的快速發展，不僅衝擊產業變動，亦對工作者的生涯發展產生威脅，企業爲了協助員工適應新的工作內容及型態，致力於協助員工進行生涯規劃，以因應未來產業對於「變形人才」之需求。以金融業爲例，在全球 FinTech（financial and Technology）的衝擊下，公司必須利用新的技術去提供或優化金融服務，這也意味著金融業行員不能只具備商業能力或行銷能力，同時也必須學習數位科技的應用能力及因應快速變化的能力。因此重視員工生涯發展，並在過程中給予必要協助及導入適當的培訓機制，將是企業累積人才競爭力的重要基礎。

6-2 生涯發展的重要性

在人才競爭日益激烈的今天，愈來愈多企業將員工生涯發展作爲人力資源重要的戰略組成部分，以便協調員工個人的職業生涯目標與企業發展願景，這不僅有助於形成更有凝聚力的工作團隊，也會更有效地調動員工的積極性和創造性。而現代企業越來越看重員工生涯的發展，其原因可從兩方面來說明：

1. 在員工方面，由於近年來，員工教育水準提升，不論是對工作的要求或是期望都相對提升，員工變得更加有自主性，不但期望工作有豐富性、挑戰性的內容，使自己能夠發揮所學之知識、技術與能力，同時，也期望在工作中有學習新知、成長與升遷的機會，每個員工都有著自己的期望與目標。
2. 在企業方面，企業爲了提高生產力與加強競爭能力，就必須要有效地運用員工的知識與專業技能，激發出員工潛能，並滿足員工發展的需求，使員工能進一步達成自我的目標，創造出更高的績效。然而，企業在成長時往往需要高品質的人力需求，因此會視員工爲公司重要的資源；而在企業衰退或併購時，往往產生多餘或不適任的人力，此時公司就會視員工爲多餘的成本浪費，因此往往無法提供員工足夠的升遷、成長機會，而造成員工生涯成長停滯的問題。所以企業不能因公司成長與否而變動員工既定的生涯規劃，企業必須協助員工從事生涯規劃，學習多重技術，使員工能有更多元的生涯成長空間。所以，不論從員工成長或企業發展的角度來看，生涯發展在企業人力資源管理上皆扮演著相當重要的角色。

生涯發展不僅對企業成長及個人發展扮演著重要的角色，在高齡化及少子化的環境中，提升女性就業率及生產力的關鍵，在於如何解決其家庭照顧及幼兒照顧的問題。因此，企業是否可以提供適當的職涯支持策略，將攸關女性是否可以持續貢獻生產力。

從企業的角度而言，越來越多的企業重視員工在工作及生活之間的平衡，營造友善家庭氛圍，以對人才產生磁吸效應，爲企業奠定更多人力資源。例如：友達企業爲女性

打造良好的友善職場，具體作爲包括：提供孕婦專屬車位、女性在育兒及工作之間平衡的相關諮詢及協助，同時也針對留職停薪及需求教育訓練者提供相關協助與關懷方案等。另外，臺灣康寧則是針對有照顧家庭需求的員工，每週可以申請上班 3 天或彈性工時的制度，不僅使員工的生涯發展可以兼顧家庭及工作，亦使企業留住優秀人才。

6-3 生涯發展的相關理論

近年來，生涯規劃此一概念已逐漸受到重視，不僅是剛出社會的大學生或是社會新鮮人，甚至是工作十幾年的員工，也開始考慮對自己進行理性的職業生涯規劃與設計，並要求公司能提供相關的生涯發展計畫。而在這種情況下，公司應該如何選擇相關工具以輔助進行職業生涯設計呢？

過去從國外的研究當中，眞正爲職業生涯開發而編制的心理測量非常少，目前較著名的理論有下列三種：

❖ Holland 的職業興趣理論——強調興趣與職業的匹配。

❖ Myers-Brigs 的人格理論——強調職業與性格的吻合。

❖ Edgar Schein 的職業錨理論——強調價値觀、能力及興趣，甚至個性的融合。

一、Holland 的職業興趣理論

Holland 是美國著名的職業生涯指導專家，在 1976 年提出了心理成就模式（The psychological success model of career development），如圖 6-1 所示。他認爲心理成就會令人滿足，因爲它表示一個人現有能力的增進和潛能的發展，因此心理成就會幫助人們自我形象的成長、加強人們的自尊心，增進人們對工作的投入，因而導致人們追求更多、更高的目標。所以在工作上有成就的人，對工作的投入大多是一種良性或惡性循環。

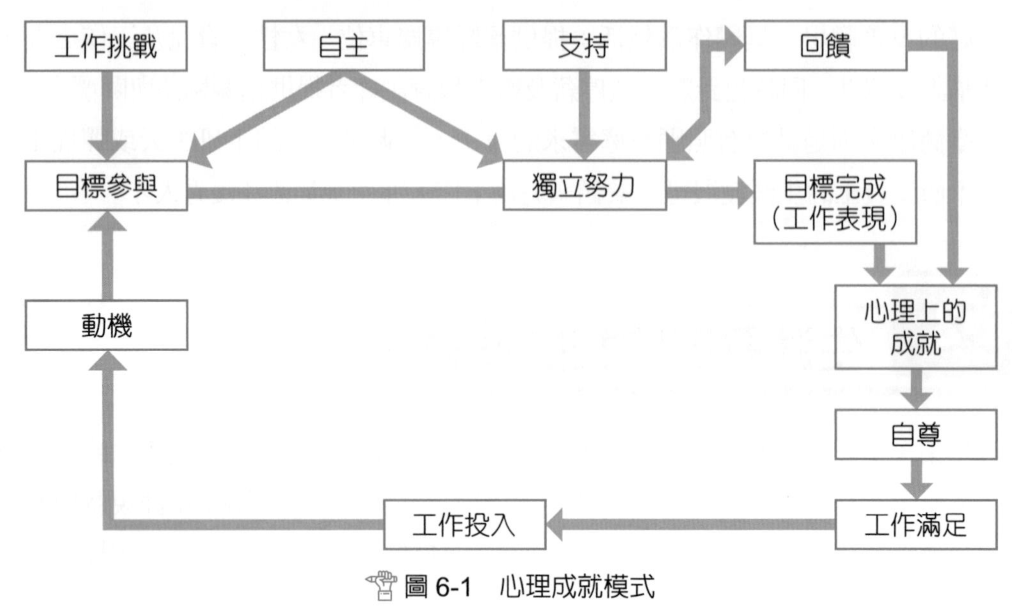

圖 6-1 心理成就模式

資料來源：D. T. Hall（1976）

而後 Holland 又提出職業選擇理論（occupational choices）並強調：同一類型的人與同一類型的職業互相結合，才能達到適應狀態。而「人」在一生中，面臨許多職業、工作及職位的選擇，這些選擇是否能與其類型相匹配，自然也是影響其成功的重要因素。簡而言之，根據 Holland 理論認爲：每個人的遺傳、社交、文化經驗塑造人的個性，使人能適應不同的工作環境，因此將職業興趣分爲六種類型：(1) 實際性；(2) 調查性；(3) 藝術性；(4) 社交性；(5) 創業性；(6) 傳統性。每個人都歸屬於職業興趣中的一種或數種類型，並發展出測量人格特徵的問卷，再進一步設定人格特徵的類型和相對應的工作種類，協助人依據自己的人格特徵找尋適合自己的工作。圖 6-2 說明六種個性和相對應工作環境的配合情形。

圖 6-2　Holland 的人格型態和職業環境模式

資料來源：S. P. Robbins and D. A. Decenzo,（2003）。

二、Myers-Brigs 的人格理論

Myers-Brigs 理論，乃以瑞士著名心理學家卡爾・容格（Carl G. Jung）的心理類型理論為基礎，後經研究並廣泛地應用於職業發展、職業諮詢、團隊建議及婚姻教育等方面，是目前國際上應用最廣的人才測評理論。

它透過了解人們在工作、獲取資訊及決策等三方面的偏好，從四個角度對人進行分析，用字母代表如下：

❖ 精力支配：外向 E ——內向 I

❖ 認識世界：感覺 S ——直覺 N

❖ 判斷事物：思維 T——情感 F

❖ 生活態度：判斷 J——知覺 P

其中兩兩組合，可以組合成 16 種人格類型。實際上這 16 種類型又可分別歸於四大類，在此將四大類型篩選，並總敘如下：

(一) SJ 型——忠誠的監護人

具有 SJ 偏愛的人，他們的共同特性是具有很強的責任心與事業心，能忠誠並按時完成任務，推崇安全、禮儀、規則和服從，他們被一種服務於社會需要的強烈動機所驅使。他們堅定、尊重權威、等級制度，持保守的價值觀，可以充當保護者、管理員、監護人的角色。大約有 50% 左右 SJ 的偏愛者爲政府部門及軍事部門的職務所吸引，並且能顯現出卓越成就。

(二) SP 型——天才的藝術家

有 SP 偏好的人具有冒險精神，反應靈敏，在任何要求技巧性強的領域中遊刃有餘，他們常常被認爲是喜歡活在危險邊緣並尋找刺激的人。他們的行爲十分衝動，而且只爲享受現在而活。約有 60% 左右 SP 偏好的人喜歡藝術、娛樂、體育和文學，他們被稱爲天才的藝術家。

(三) NT ——科學家、思想家的搖籃

NT 偏愛的人有著天生的好奇心，喜歡夢想，有獨創性、創造力、洞察力，並對獲得新知識十分感興趣，同時也有極強的分析、解決問題的能力。他們是獨立的、理性的、有能力的人。一般而言，我們稱 NT 是思想家、科學家的搖籃。大多數 NT 類型的人喜歡物理、管理、電腦、法律、金融、工程等理論性和技術性強的工作。

(四) NF ——理想主義者、精神領袖

NF 偏愛的人在精神上有極強的哲理性，他們善於辯論、充滿活力、有感染力，並擁有能影響他人的價值觀與鼓舞他人的特質。他們幫助別人成長和進步，具有煽動性，故被稱爲傳播者和催化劑。大約有一半 NF 的人在教育界、文學界及宗教界。

使用 Myers-Brigs 的人格理論進行職業生涯開發的關鍵，乃在於如何將個人的人格特點與職業特點進行結合。

三、Schein 的職業錨

職業生涯規劃領域的職業錨（Career Anchors）概念是由美國施恩（E. H. Schein）教授所提出的，此一概念最初產生於美國麻省理工學院斯隆管理學院的專門研究小組，是從斯隆管理學院畢業生的縱向研究中演繹成的。

職業錨／動機（Career Anchor）是職業生涯規劃時必須考慮的要素。是指一個人在進行職業選擇時，無論如何他都不會放棄的東西或價值觀。因此職業錨是人們選擇和發展職業時所圍繞的中心。

施恩教授在 1978 年時提出了五種類型的職業錨，隨後大量的學者對職業錨進行了廣泛的研究，並在 90 年代將職業錨劃分爲以下八種類型：

(一) 技術／職能型

技術／職能型的人追求在技術／職能領域的成長和技能的不斷提高，以及應用這種技術／職能的機會。他們對自己的認可來自於他們的專業水平，他們喜歡面對專業領域的挑戰，通常不喜歡從事一般的管理工作，因爲這意味著他們不得不放棄在技術／職能領域的成就。

(二) 管理型

管理型的人追求工作晉升，傾心於全面管理，獨立負責一個部分，可以跨部門整合其他人的努力成果。他們會承擔整體的責任，並將公司的成功與否看成自己的工作。具體的技術／職能工作僅僅被看作是通往更高、更全面管理層所必經之路。

(三) 自主／獨立型

自主／獨立型的人希望隨心所欲安排自己的工作方式、工作習慣和生活方式。他們追求能施展個人能力的工作環境，盡其所能地擺脫組織的限制和制約。他們寧願放棄提升或工作發展的機會，也不願意放棄自由與獨立。

(四) 安全／穩定型

安全／穩定型的人追求工作中的安全與穩定感。他們因爲能夠預測到穩定的將來而感到放鬆。他們關心財務安全，例如：退休金和退休計劃。穩定感包括誠實、忠誠以及完成上司交代的工作。儘管有時他們可以晉升到一個高階的職位，但他們並不關心具體的職位，而是關注於具體的工作內容。

（五）創業型

創業型的人希望用自己的能力去創建屬於自己的公司或完全屬於自己的產品（或服務），而且願意冒風險並克服可能面臨的障礙。他們想向世界證明他們靠自己的努力創建公司，雖然他們可能正在其他家公司工作，但同時也在學習並尋找新的機會，一旦時機成熟了，便會創立自己的事業。

（六）服務型

服務型的人一直追求他們認可的核心價值，例如：幫助他人，改善人們的安全，或透過新的產品消除疾病等。他們一直追尋這種機會，這意味著即使變換公司，他們也不會接受不允許其實現這種價值的變動或工作職位的提升。

（七）挑戰型

挑戰型的人喜歡解決難以解決的問題，或戰勝強硬的對手，以及克服無法克服的障礙等。對他們而言，參與工作或尋找職業的原因是工作允許他們挑戰各種不可能。他們需要新奇、變化和困難，如果事情非常容易，他們會立即感到事情非常令人厭煩。

（八）生活型

生活型的人希望將生活的各主要方面整合為一個整體，喜歡平衡個人、家庭和職業的需要，因此，生活型的人需要一個能夠提供「足夠彈性」的工作環境來實現此一目標。生活型的人甚至可以犧牲某些職業方面，例如放棄升職以換取三者的平衡。他們將成功定義得比職業成功更廣泛。相對於具體的工作環境、工作內容，生活型的人更關注自己如何生活、在哪裡居住，以及如何處理家庭事情和如何自我提升等問題。

職業錨實際上是指個人內心中的能力、動機、需要、價值觀和態度等相互作用和逐步整合的結果。在實際工作中，自己不斷自我審視，逐步明確個人的需求與價值觀，確認自己擅長之處以及今後發展的重點，並且針對適合個人需要與價值觀的工作，自動地改善、增強和發展自身的才能。經過這種整合，個人在潛意識裡找到自己長期穩定的職業定位。所以企業在輔導員工生涯發展時，可考慮員工的自我形象和發展需求，提供不同的選擇方案。

6-4 生涯發展的內容

員工生涯規劃的目的是幫助員工了解自己未來的發展方向，藉由進一步衡量內外在環境的優勢與劣勢、機會與威脅，爲員工設計出合理且可行的生涯發展目標，並且協助員工達到實現個人目標與組織目標。員工生涯是一個逐步展開的過程，它能夠促使員工學習新的知識、掌握新的技能、養成良好的工作態度和工作行爲。

員工生涯規劃一般經過以下五個步驟，如圖 6-3 所示，並說明如下：

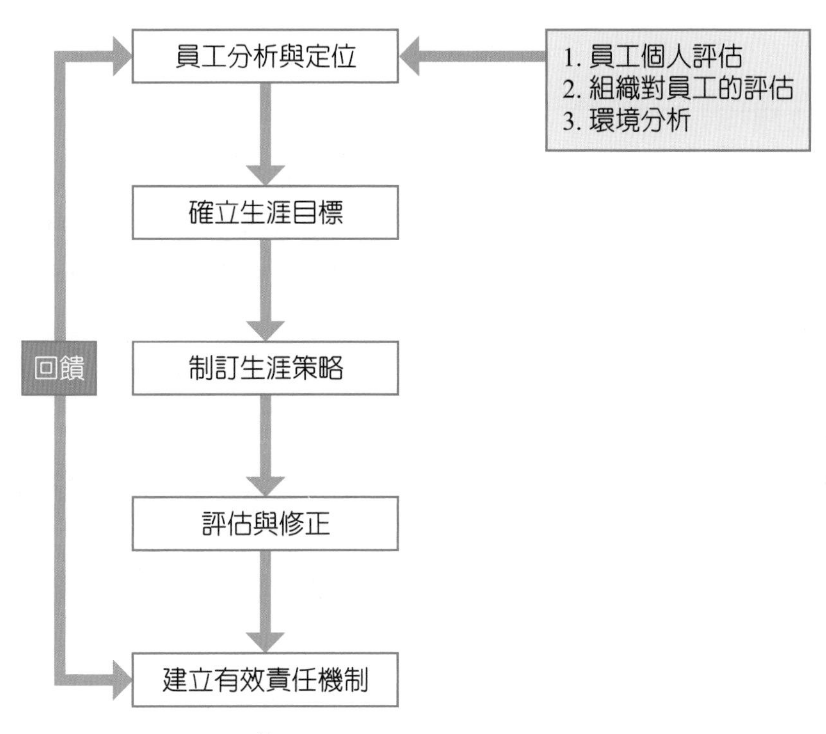

圖 6-3　員工生涯發展步驟

資料來源：本書資料整理

一、進行員工分析與定位

(一) 員工個人評估

員工生涯規劃的過程，是先從員工對自我能力、興趣、職業生涯需要及其目標的評估開始。個人評估的重點在於分析自我的條件，例如個人的個性、興趣、專長與需求等，至少應考慮到個性與職業的匹配、興趣與職業的匹配以及專長與職業的匹配。個人評估是員工生涯規劃的基礎，與員工發展成功與否相關。個人評估可採取多種方法，同時也可以應用相關的資訊軟體評估。

(二) 組織對員工的評估

企業對員工的評估是為了確定員工的生涯目標是否能有效地實現。企業藉由評估的方式了解員工的相關資訊，例如當前的工作情況，包括績效評估結果、晉升記錄以及參加各種培訓教育的活動等，之後針對個人評估的結果，對員工的能力與潛力進行評估。而目前，已有許多國際著名的公司建立或使用評估中心，來直接評估員工將來從事某種職務的潛力。

(三) 環境分析

人們是社會生活中的一部分，任何一個人都不可能離群索居。環境提供了人們活動的空間、發展的條件與成功的機會，環境分析主要是透過對組織環境、社會環境、經濟環境等相關問題的分析與探討，弄清楚環境對職業未來發展的作用、影響及要求，以便能更順利地進行職業選擇與職業目標規劃。

二、幫助員工確立生涯目標

生涯發展必須有明確的方向與目標，目標的選擇是職業發展的關鍵，其主要包括職業選擇和職業生涯路線的選擇兩個方面。職業的選擇是事業發展的起點，選擇正確與否，與事業的成敗有直接的關聯，因此組織應展開必要的職業指導活動，透過對員工能力的分析與組織職位的分析，為員工選擇適合的工作職位。而職業生涯路線是指一個人選定職業後，必須確認自己從什麼方向實現職業目標，是朝向專業技術方向發展，或是往行政管理方向發展，亦或是其他方向進行等，不同的發展方向，也就有截然不同的要求。

因此，生涯路線選擇也是人生發展的重要環節之一，而選擇的重點是組織針對生涯路線的選擇要素進行分析，協助員工確定生涯路線。值得注意的是，組織幫助員工設立的職業生涯目標可以是多層次、分階段的，同時具有彈性的機制，不但使員工保持開放靈活的心境，不必為自己未來的發展方向擔憂，並能讓員工保持相對穩定性，以提高工作效率。

三、幫助員工制定生涯策略

生涯策略是指爲爭取職業目標的達成，而採取的各種行動和措施。包括教育訓練的規劃、轉職及工作輪調等，都需要協助員工共同擬定，如此才能將目標落實。

四、生涯規劃的評估與修正

由於時間與空間的改變，因此最初組織爲員工制定的職業目標往往比較抽象且不切實際，有時甚至是錯誤的。所以經過一段時間的工作後，必須不斷地回顧員工的工作表現，檢驗員工的職業定位與職業方向是否合適。如此，在實施生涯規劃的過程中評估現有的生涯規劃，組織就可以修正對員工的認識與判斷，通過回饋與修正，調整最終目標，以增強員工實現目標的信心。

五、建立有效的責任機制

在生涯規劃與開發的過程中，透過責任機制，明確區分各級管理者和員工個人應當承擔的責任和義務，充分調動全體員工的主動性，確保生涯發展工作的實效與成果。

藉由員工的生涯規劃與發展，爲企業提供充足的人力資源保證，有效遏制企業內部人才的流失，進一步加強員工對企業的忠誠度，以實現個人生涯目標與企業發展目標的一致性。

6-5 員工生涯發展制度

一般生涯管理分爲個人層面和組織層面的生涯管理，個人生涯管理是以實現極大化的個人發展成就爲目的，藉由對個人興趣、能力和個人發展目標的有效管理，以實現個人的發展與願望。而組織生涯管理是以提高公司人力資源素質，發揮人力資源管理效率爲目的，藉由個人發展願望與組織發展需求的結合，以實現組織的發展。如圖 6-4 所示。

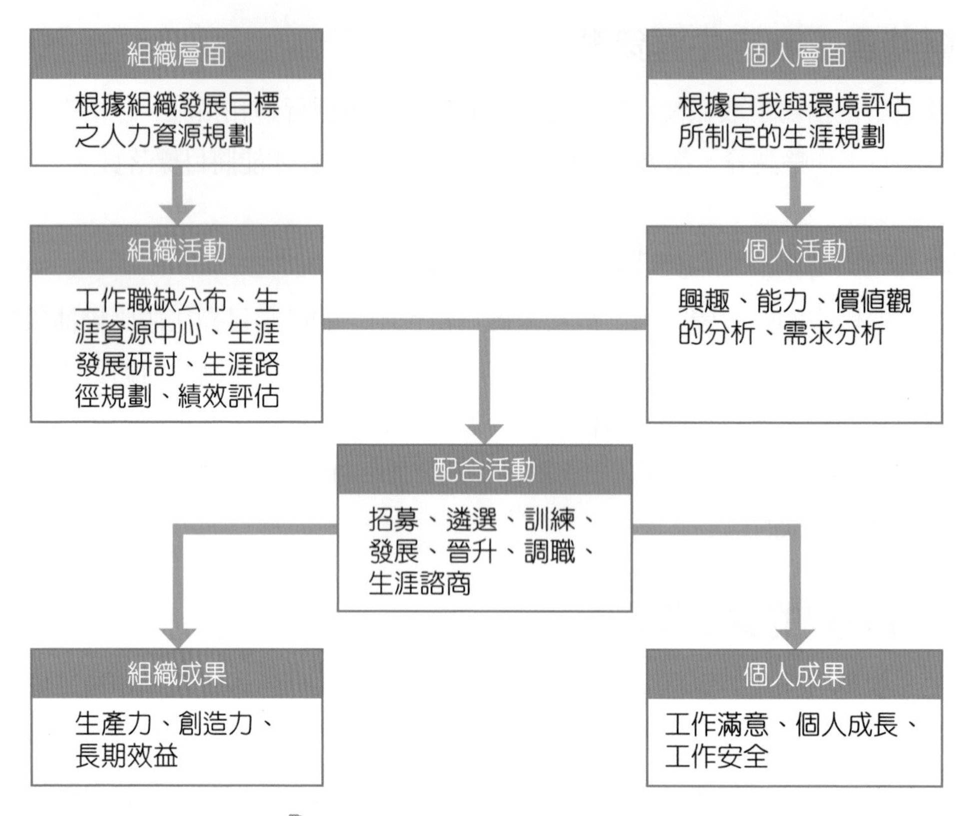

圖 6-4　員工生涯發展制度概念圖

資料來源：http://www.fortunecity.com/millenium/tinkywinky/41/hrx1.htm

6-6 結語

在企業的人力資源管理中，企業能否贏得員工的敬業和奉獻精神的關鍵因素，乃在於其能否爲自己的員工創造條件與機會，使他們能獲得一個有成就感和自我實現的職業或是工作地位。因此員工生涯管理的最終目的是希望藉由幫助員工規劃其職業生涯發展，以求組織的持續發展，實現組織目標，所以組織必須使員工能有更卓越的發展，組織的目標才有可能實現。而員工的卓越成就，則有賴於組織實施的生涯管理，是否能有效提供相關措施，讓員工有機會邁向卓越成功的一天，並將自己的專業與知識能力奉獻給組織。

不能告訴老闆的秘密！

常常聽到人們談到自己的工作時都是說：「工作只為了過生活」，一旦他們遠離工作，他們寧願不要去想，這對員工本身和組織都是個嚴重的問題。

以員工來說，他們對工作不滿意大約區分為三種類型，第一，對很多人來說，自己原本從事的工作多半是因為當時他們需要一份工作，並不是依照個人的興趣為考量的依據，漸漸地他們在工作的時候容易感到不開心，且把工作視為「不過是一份工作而已」；第二，從事同樣的工作太久，已經失去熱情了，這份工作對他們而言已經失去本來的意義，也不再享受了；第三，因為員工覺得他們的工作待遇不被公司尊重、薪資太低且工作對他們的生活品質已經帶來負面影響。

但不管員工對工作是哪類型的不滿意，都已讓員工在工作時容易感到不開心、找不到目標，呈現身心俱疲的型態，以至於員工雖然不知道自己要做什麼，卻知道自己想做一些不一樣的事情，但對員工而言卻是個問題，最常見的問題是「員工想把自己的興趣轉化成事業，並依此工作得到相當的收入養家活口，卻也擔心自己在新領域的經驗很少，可能必須接受減薪」，但當有這些問題和困擾時，何不換一個角度思考，放棄自己不感興趣的工作、做自己想做的工作，雖然可能會減薪，但熱忱與快樂更是無價之寶，且如果是自己真正想做的事，就必須得為自己和家人好好去拚一下，做自己喜歡做的事、順從本身的熱情，錢財終究也會跟著進來。

另一方面，對組織來說，沒有工作熱忱、不快樂的員工績效會較其他員工低落，更甚的話是沒有績效的，而且還會影響其他同事的熱忱、心情，相對也影響到組織的氣氛，是管理階層須重視的問題。

所以組織必須透過各種方法再度讓員工對工作充滿熱情，像是和員工溝通，或是給員工訓練計劃，讓他們了解自己還有哪些方面的可行性，並依員工的可行性訓練員工，經過訓練後再讓他們從事組織內不同的工作等方法，讓他們覺得工作不再只是一份工作，也可以讓組織成員間充滿正面向上的力量，這樣不但能營造出良好的組織氣氛和文化，也能提高組織的績效，這是很合乎企業、組織邏輯的做法，也是企業、組織留住人才該努力的方向。

資料來源：Bruce L. Katcher with Adam Snyder 著，吳書榆譯（2009）。《老闆！我死都不願意告訴你這些事》三采出版。

如何規劃自己的職涯發展？

在每個人的人生中，總會碰到職涯上的困境，自己的技能與能力無法被公司肯定，甚至影響了對工作的熱情，近幾年，年輕的工作者一直被鼓勵要找到自己的熱情，尋找自己熱愛的工作，但有時候在尋找你自己的職涯發展時，不能只是擁有熱情就足夠，並不是說擁有熱情這項事情不重要，過度追求熱情時，會忽略「工作」的本質，在思考個人的職業規劃時還須考量到，自己為什麼要做這份工作？也就是動機，這份工作是否符合你？自己本身是否具備相同的需求與能力，那如何思考未來的職涯規劃，《Fast company》提出四點具體的方向思考：

一、為什麼我那麼在乎有沒有熱情？

家長與職場導師都會鼓吹年輕人應對自己未來的工作具備熱情，有時你對此份工作沒有熱情，也許背後原因只是不喜歡現在的老闆，你應該更注重的是你的工作動機，這份工作是否適合你？是否符合你未來的規劃？擁有熱情固然重要，但更應該關心你從事這份工作的動機為何。

二、在你的理想生活中，工作扮演什麼角色？

在尋找工作或從事工作時，可以思考你理想的生活中，工作扮演什麼樣的角色？尋找出自己喜愛且能幫助你達成理想的工作，即使你需要做一些瑣碎不喜歡做的事情，而你也願意付出，這可能就是你未來從事工作的方向。

三、哪些機會讓你興奮？興奮感從哪來？

想一想在生活中或工作中哪些機會會讓你想嘗試、努力去突破，把你想要嘗試的工作與生活記錄並統整，歸納出他們的共同點是什麼，抓住共通點尋找適合的工作。

四、哪些是你希望熟練上手的技能？

當你熟練一項技能時，你可以從容不迫地應對，可以輕鬆地解決你面對的問題，使你快樂地去面對你的工作，並獲得別人肯定，這樣會不斷地正向循環，增加你對工作的意願，所以在職涯規劃時，先確定自己專精的技能為何？再尋找你接下來想學習的技能為何？以此標準來發展自己的職涯路徑，更容易找到自己想要的工作。

五、面臨職涯抉擇時，你願意犧牲什麼？

有時你必須在工作方面做取捨，比方說你願意領較高的薪水但必須犧牲個人時間，確定你可以願意犧牲的東西有哪幾項，釐清自己下一步該往哪走。

資料來源：Allison, J.（2015）. “5 career questions to ask yourself instead of, "what's my passion?", Fast company. http://www.fastcompany.com/3050942/5-career-questions-to-ask-yourself-instead-of-whats-my-passion。

個案討論

「Google 式」個人管理術

持續的終身學習即是生涯發展規劃中的基石，但是在忙碌的生活中，如何持續學習？將考驗著你我的智慧。羅塔爾 · 塞維特（2012）在《簡化時間，讓你更自由》一書中指出，聰明地利用現代化的工具，將有助於時間管理，特別是在網際網路與智慧型手機發達的現代，有更多的工具可協助我們以更有效率及效能的方式做好時間管理，以下就讓我們來談談「Google 式」的個人管理術。

成功運用「Google 式」個人管理術讓日常生活變得有效率，更把網路虛擬世界中的人脈全部變成個人競爭力的著名代表就是——勝間和代。勝間和代充分利用資訊技術 Web 2.0 的資源，將自己所出版的《十倍速的知識生產術》與《別把錢存在銀行》推上暢銷排行榜，在 2008 年日本亞馬遜書店的暢銷排行榜冠、亞軍，更是日本有史以來最年輕的會計師，但應該有人會問「勝間和代」是誰？為什麼勝間和代會是著名代表？為什麼我們要關注勝間和代？勝間和代有什麼我們值得學習的？

答案揭曉！在 2005 年時勝間和代入選《華爾街日報》「值得矚目的 50 位女性」（50 Women to Watch），不只如此，勝間和代在求學階段就已有亮眼的成績，她畢業於慶應義塾大學、早稻田大學，且在學時就考上會計師資格，成為日本最年輕的會計師，並陸續在麥肯錫、JP 摩根證券任職，但勝間和代主要負責網路科技業，且要熟悉網路的運用和操作以及資料蒐集與分析整理。

因此，勝間和代致力於推廣兩件事，第一是閱讀對個人生涯發展的重要性，第二是在朋友、工作夥伴、客戶等人脈之外，個人要如何善用網路的資源、技術等特性做自我管理，並拓展到人際交往方面，做到「Google 式」的個人管理。

在勝間和代致力推廣閱讀對個人生涯發展的重要性方面，認為網路只有「資訊」，並沒有「知識」，真正的知識必須從書籍中尋求，但知識、學問是博大精深的，已累積相當多的書籍供我們閱讀，該從何讀起變成一大問題！因此可用圖解式思考（Mind Map）來幫助我們理出頭緒：

個案討論

1. 列出自己閱讀的目的、想達成什麼目標，例如：考專業證照、增強外語能力、訓練邏輯思考的能力、了解經濟動態、認識國外的在地文化。
2. 在每個目的中，列出所有目的次項和細節並加以分類，例如：想考取什麼專業證照、想增強哪種外國語言、想了解哪種類型的經濟動態、想認識哪個國家的在地文化？
3. 在這些次項和細節中，有哪些經典書籍、集大成的專家、專精的研究機構、國內與國外各有哪些？
4. 這些集大成的專家與專精的研究機構有出版哪些作品？
5. 分辨這些作品哪些是初階的、哪些是進階的？
6. 依據個人的程度或需求，從哪一本書開始閱讀會比較合適？

且勝間和代也鼓勵每個讀者列出自己印象最深刻的書，包括：書名、閱讀時的年齡、為什麼當時要讀那本書、當時閱讀完的感覺、對個人的益處（內心或外在）、日後是否會對自己造成某種影響、是否會推薦身邊的親朋好友看。逐一列出後，可以發現自己的閱讀歷程，並從自己的閱讀歷程思考自己從書中獲得多少、讀得夠不夠和用心夠不夠多、是不是太專注於某一類的書籍而不夠廣泛閱讀、是否需要再閱讀不同領域的書籍充實自己。

而勝間和代也非常強調在 Web 2.0 的時代，個人要如何善用網路的資源、技術等特性做自我管理，並拓展到人際交往方面，做到「Google 式」的個人管理。並列出一個「檢驗你的 Google 度」量表，其中包括：是否有使用電子郵件、知道如何運用搜尋引擎快速而精確地找到所需的資訊、是否有使用部落格記錄日常生活等、是否有使用社群網站、出門會隨身攜帶筆記型電腦、聽到即時新聞會不會迅速地上網查看詳細資料等。

所以勝間和代在整理資料方面，特別介紹麥肯錫在訓練新人用的資料整理方面的初步訓練法——「MECE 法」（Mutually Exclusive, Collectively Exhaustive），意思是「彼此獨立，互無遺漏」。並以「空、雨、傘」理論為例來說明：「天空看起來有很多烏雲，好像快要下雨，所以要帶傘。」要如何整理這句話？其中，「天空看起來有很多烏雲」是客觀事實，「好像快要下雨」是個人的解釋或推論，「所以要帶傘」則是採取對應的行動。基於 MECE 法，就可以分析出「大家愈來愈關心環境」、「很多人決定要買車」、「市場上漸漸會有愈來愈多新車具備環保功能」這些資料的關係。勝間和代運用自己的商業專長，加上長期熟悉網路運用所歸納的心得，提出許多個人管理的實質建議，值得學習。

個案討論

資料來源：

1. 賴靜雅譯（2012），《簡化時間，讓你更自由：跟「沒時間」、「趕時間」的煩惱說掰掰，輕鬆工作，享受人生》，原著：Lothar Seiwert，平安文化出版。
2. 張漢宜（2008），「Google 式」個人管理術，天下雜誌網。
   網址：http://www.cw.com.tw/article/article.action?id=34284，擷取日期：2018/12/20。

• 基礎問題

1. 從眾多書籍中要如何挑選出對個人生涯發展有益的書籍閱讀？
2. 除了閱讀和蒐集資料外，還有什麼學習方式有益於生涯發展？

• 思考方向

不侷限在書本或電子科技來源的方式，試想想日常生活中還有什麼樣的學習方式，像是親自參與自己感興趣的活動以累積豐富經驗等。

一、選擇題

( ) 1. 組織用來確保人員所具備的資格和經驗能符合現在及未來工作的方法，稱爲 (A) 教育訓練 (B) 績效考核 (C) 生涯發展 (D) 員工作用。

( ) 2. 根據 Holland 理論，認爲每個人的遺傳、社交、文化經驗塑造人的個性，使人能適應不同的工作環境，因此將職業興趣分爲六種類型，其中「具有企圖心，較喜好具體的工作任務，不善社交，適合技術性行業」之特質者，適合從事哪一種類型的工作？ (A) 實際性 (B) 調查性 (C) 藝術性 (D) 社交性。

( ) 3. 根據 Holland 理論，具備外向、企圖心及冒險性的特質，喜歡擔任領導角色，具有自信及說服力者，適合的職業類型爲 (A) 實際性 (B) 調查性 (C) 藝術性 (D) 創業性。

( ) 4. 職業生涯規劃時必須考慮的要素，當一個人在進行職業選擇時，無論如何他都不會放棄的東西或價值觀，是指 (A) 職涯發展需求 (B) 職業錨 (C) 職業目標 (D) 職業中心。

( ) 5. 員工生涯規劃的目的，何者爲非？ (A) 幫助員工了解自己未來的發展方向 (B) 衡量內外在環境的優勢與劣勢、機會與威脅，爲員工設計出合理且可行的生涯發展目標 (C) 透過生涯規劃分析的目的在於調整薪資 (D) 協助員工實現個人目標與組織目標。

( ) 6. 員工生涯規劃的首要工作是 (A) 進行員工分析與定位 (B) 幫助員工確立生涯目標 (C) 幫助員工制定生涯策略 (D) 生涯規劃的評估與修正。

( ) 7. 企業對員工進行職涯評估的目的是 (A) 分析個人的自我條件 (B) 確定員工的生涯目標是否能有效實現 (C) 確保個人的性格與職業之配適。

( ) 8. 生涯管理分爲個人層面和組織層面的生涯管理，個人生涯管理的目標是 (A) 提高公司人力資源素質 (B) 發揮人力資源管理效率 (C) 藉由個人發展願望與組織發展需求的結合，以實現組織的發展 (D) 實現極大化的個人發展成就爲目的。

(　　) 9. 企業贏得員工的敬業和奉獻精神的關鍵因素爲：　(A) 制定嚴格的規則及規定　(B) 給予優沃的薪資　(C) 爲員工創造條件與機會，使他們能獲得一個有成就感和自我實現的職業　(D) 透過績效評估，控制員工績效。

(　　) 10. 組織生涯管理的目標是：　(A) 極大化的個人發展與成就　(B) 整合個人興趣、能力和個人發展目標　(C) 實現個人的目標　(D) 結合個人及組織需求，協助組織發展。

二、問題探討

1. 何謂生涯、生涯發展與規劃？
2. 生涯發展的重要性爲何？
3. 請說明有關 Halland 所提出的理論與模式分析？
4. 試描述一般生涯發展的步驟爲何？

一、中文部分

1. 王祿旺譯（2002），《人力資源管理》，第八版，臺北：培生教育出版。
2. 吳美連、林俊毅著（2002），《人力資源管理：理論與實務》，第三版，臺北：智勝出版社。
3. 張火燦著（1998），《策略性人力資源管理》，第二版，臺北：揚智出版社。
4. Gary Dessler 原著，方世榮編譯（2001），《人力資源管理》，第八版，華泰文化事業公司。

二、英文部分

1. 5.S. P. Robbins and D. A. Decenzo, （2003） Fundamentals of Management, Fourth Edition, Pearson_Prentice Hall, p.238。
2. D. T. Hall, Careers in Organizations （Glenview, III: Scott, Foresman and Company, 1976）, p. 126。
3. S. P. Robbins and D. A. Decenzo, （2003） Fundamentals of Management, Fourth Edition, Pearson_Prentice Hall, p.238。
4. Locke, E. A. （1969）, The Nature and Causes of Job Satisfaction, Handbook of Industrial and Organizational Psychology, Chicago: Rand Mc Nally College.
5. Chen, T. Y., Chang, P. L., and Yeh, C. W. （2003）, "Sequare of correspondence between career needs and career development programs for R&D personnel," Journal of High Technology Management Research, Vol.14, pp.189-211.

三、網路資源

1. http://manage.org.cn/zixun/
2. http://www.szceo.com/
3. http://www.fesco.com.cn/

Note

Chapter 7

績效評估

本章大綱

名人名句

「營運績效」是指「執行同樣作業，其效率優於競爭對手。」

麥克．波特（Michael E. Porter）哈佛管理學院教授在本章中，我們討論績效評估在企業人力資源管理中所扮演的角色，並提出一般企業在進行績效評估時所採用的各種方法，同時列出這些工具的優缺點再加以比較。其後，針對績效評估經常出現的問題，建議如何避免的方法。最後說明如何與部屬共同檢視績效。因此讀完本章後，可以清楚瞭解績效評估在企業經營中的地位與實際運作的過程。

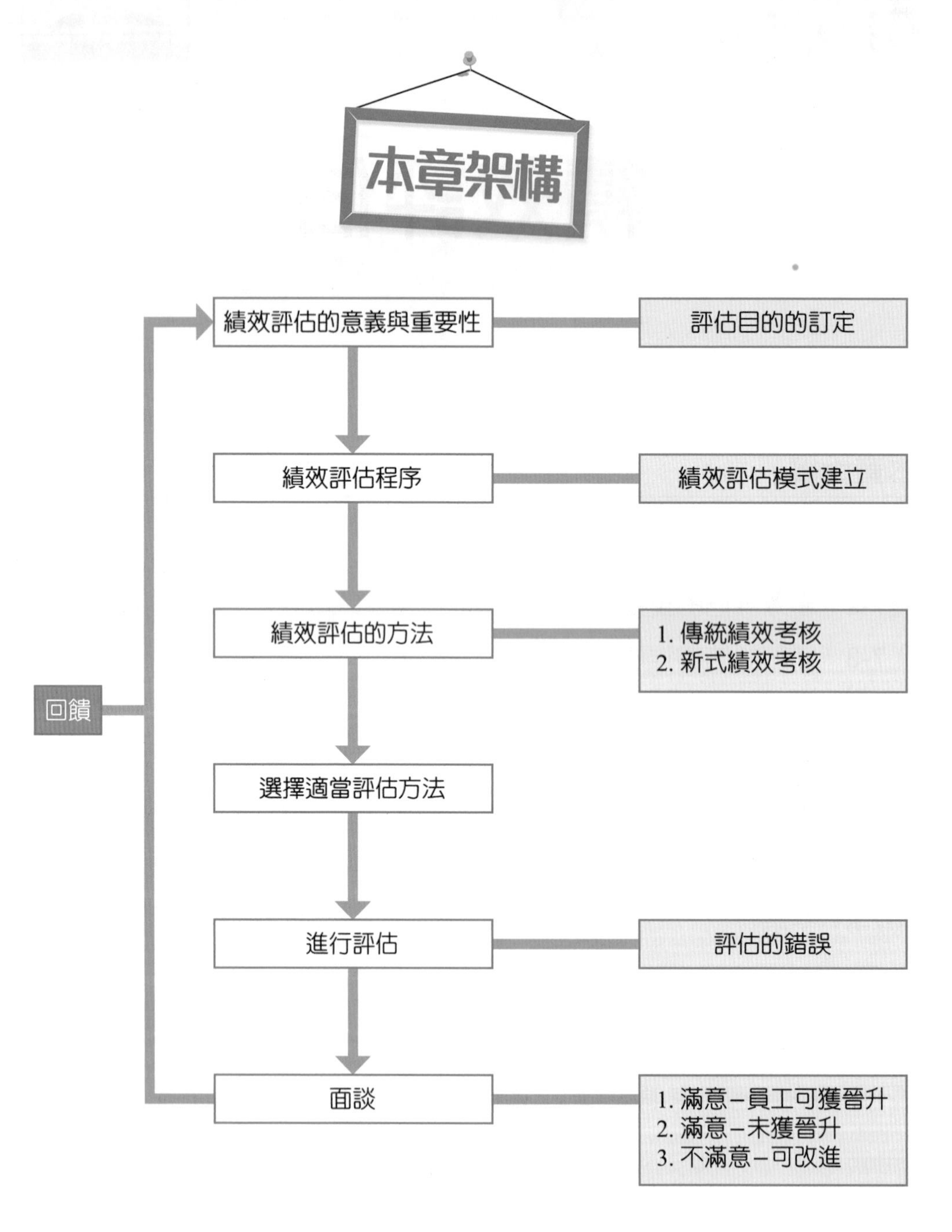

隨著社會經濟快速變遷，現今員工意識逐漸抬頭，服務觀念的改變，企業若要在競爭的經營環境中求生存並取得優勢，必須有效地掌握經營績效，此乃有賴組織控制活動的發揮，而績效評估即為其中重要的方法，幫助企業吸引和保有優秀的員工，提供足以滿足員工的需要，使員工替組織效力時有個公平合理的回報。所以企業可藉由績效評估制度引導管理者和員工，使其個人努力目標和組織目標趨於一致，達到行動與目標一致化的目的。故在人力資源管理體系中，績效評估乃是居整合性地位與角色的一種功能。換言之，績效評估的良窳，將影響人力資源管理的整體表現。

7-1 績效評估的意義與目的

績效評估（Performance Appraisal）是一種對員工的評估管理的過程，按照一定的標準，採用科學及有系統的方法來評定和測量員工在職務上的工作行為和工作成果，檢查和評定企業員工對職位所規定的職責的履行程度，以確定其工作成績的管理方法，它是企業管理者與員工之間的一項管理溝通活動。

績效評估的結果可以直接影響到薪酬調整、獎金發放及職務升遷等諸多員工的切身利益。而對員工實施績效評估的目的主要在於透過對員工全面綜合的評估，判斷他們是否稱職，並以此作為企業人力資源管理的基本依據，確實保證員工的報酬、晉升、調動、職業技能開發、激勵、辭退等工作的科學性。同時，也可以檢查企業管理各項政策，如人員配置、員工培訓等方面是否有失誤。其評估目的有以下四項：

1. 提供升遷與加薪決策所需的資料，可作為薪酬、職務調整的依據。
2. 提供一個檢視員工優缺點的機會，藉此檢討其工作和規劃生涯，並協助主管了解部屬。
3. 組織中使用績效評估的資訊，將有助於管理且改善組織的績效。
4. 對工作計畫、預算評估和人力資源規劃提供相關訊息。

以整個人力資源管理體系來看，績效管理不應該只是一個單獨的方案或計畫，而是整個體系的一部分。因此要能向上、向下及水平的整合，而績效管理的整合可分為向上、水平及向下三個方向。

1. 向上整合：績效管理往上整合為目標管理，例如目標的達成，即實際的績效，而再往上整合為策略規劃。
2. 向下整合：績效管理往下整合為員工發展，再往下整合為教育訓練。
3. 水平整合：績效管理的水平整合為公司預算編列。

因為公司的資源有限，若無一個良好的全面性整合，則不論在成本、人員上皆會造成浪費。1998 年《管理雜誌》做了一項調查：「經理人最常使用的管理工具？」調查結果顯示有 97% 的人，認為績效管理是很重要的管理工具，並且有 72% 的人眞正運用，然而眞正能掌握績效管理精髓，並將之運用得得心應手的企業並不太多。

7-2 績效評估的重要性

績效評估所得的結果，是許多人事決策的依據，而且人力資源管理已從過去支援性的地位，變成與組織策略性目標緊密結合，因此一個設計良好的績效評估制度便顯得更為重要。績效評估做得好，可以增強員工工作動機，更能使員工了解自己和工作，有利於主管與部屬間的相互了解和溝通，以及組織目標將更為清楚和被接受等，這些效果對企業的發展與個人的成長，均有正面積極的作用。績效評估若做得不好，會導致員工的離職、自尊心受損，與主管的關係惡化及時間與金錢的浪費等不良的後果，對企業與個人均是潛伏性的危機。

績效評估的目的是為了正確評估員工績效，並根據評估結果提供員工適當的培訓及協助，以期創造更好的績效。但是績效評估若只是照表操課，流於形式，則難以精進績效。網際網路搜索引擎龍頭—— Google 的績效管理制度始終是以「目標設定」為起點，著重「關鍵成果」，所謂的關鍵成果必須明確具體且可衡量及驗證。其自創立以來，建立「目標與關鍵結果（Objectives and Key Results, OKR）」的員工評估系統，透過個人成長帶動組織整體績效成長的方式，取代關鍵績效指標達成率的評估模式，並將績效考核的結果作為加薪及分紅等企業資源分配的依據。

因此，Google 每季會先設定公司 OKR，員工會依據企業的 OKR 設定個人的 OKR，使個人及企業的目標趨於一致，提升績效。同時，Google 特別將績效考核與員工發展徹底分開，員工升遷由委員會決定，員工發展致力於使每一位成員持續學習及成長，使企業持續精進。有鑑於內在動機是個人成長的最佳動力，但是加入升遷及加薪的外在動機，往往會使學習成長的效果下降，特別是將員工的考核結果與薪酬的決策放在一起討論時，員工可能過度關注外在獎勵而忽視個人成長目標。因此 Google 將薪酬和員工發展分開討論，可以減少員工在評等制度上花費過多的心力，而更關注個人的學習及成長。

績效評估的重要性，可分為以下四點：

1. 公平公正的績效評估制度，可以協助員工精進表現，支持員工發展機制，特別是達成績效目標的成就感乃是個人成長的關鍵。
2. 透過績效評估制度，除了可以告訴員工組織期待的表現外，也可以依據評核結果教導員工如何進步。管理者依據績效評估的結果，指導員工或提出教育訓練計畫，以提升或改善員工的績效表現。
3. 績效評估制度，可以協助企業進行有效的人力規劃。企業可以根據員工的成長價值及業績，思考如何配置員工的角色及位置。
4. 透過績效考核項目，使受考核的員工了解個人的哪一項表現優於公司預期、哪一項符合公司預期、哪一項未達到預期。

7-3 績效評估的程序

有效的績效評估制度必須妥善規劃、設計完善，並徹底執行，因此，績效評估應遵循以下幾個步驟（如圖 7-1 所示）：(1) 確認績效目標；(2) 進行工作分析；(3) 建立評估準則及標準；(4) 進行組織內部員工溝通；(5) 選擇並訓練評估者；(6) 回饋與教導；(7) 進行評估；(8) 進行績效面談。

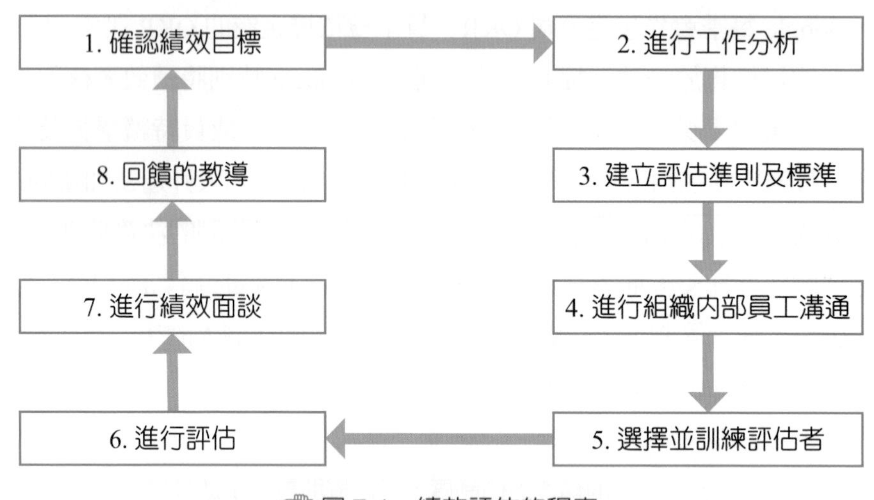

圖 7-1　績效評估的程序

資料來源：本書資料整理

首先確認績效目標是績效評估過程的起點，爲確保績效評估能順利進行，因此必須事先制定計畫，在明確評估目的前提下，要求選擇評估的對象、內容、時間。若每個評估系統都要能適用於每個所期許的目的是不太可能的，因此，管理階層必須選擇對組織而言，是最重要且合適的，而實際上可達到的特殊評估目標。例如，一些保險公司可能較注重員工發展，而其他傳統公司或許注重在行政決策上（如薪資調整）。當確立特定的目標後，再實際從分析組織內的工作開始進行績效評估，了解各種工作必備的能力、知識和技術，以及此工作所要求的績效標準，員工必須了解公司對他們的工作期望。評估者與員工將共同檢討工作績效，並依所確立的績效標準進行評估，而評估者要將評估之結果回饋給員工知道，並建立下一次的績效目標。

而績效評估的指針有下列八點：

(一) 預先準備安排

在績效評估前，必須了解員工之工作說明書、確定其績效衡量標準及衡量項目。

(二) 創造使員工安心的支持環境

執行評估時，會使員工產生一些情緒，而員工的努力應該被肯定，使員工容易接受他人建設性的回饋。

(三)向員工說明評鑑目標

確認員工眞正知道執行評估的目的與評估運作的過程，以及可能帶來的後果。

(四)評估討論應有員工參與，其中包括自我評估

評估績效不應該只是單向的溝通事件，員工應有充足的機會去討論他們的工作表現，對評估者所列出的問題提出質疑。

(五)應把討論焦點集中在工作行為而非員工本身

對事不對人，將問題的焦點放在員工所創造的工作績效表現上。

(六)用明確的例子支持評價

運用實例，使員工更清楚了解其應當的行爲表現與公司要求達到的標準爲何。

(七)給予正負面的回饋

績效評估不需要全部都針對負面，雖然在評估過程中有一定比例是負面的，但也應該稱讚員工表現良好的部分，如同負面的回饋，正面的肯定也是有助於員工更了解他們的工作表現。

(八)確認員工真正了解有關評估的討論

在評估的結束階段，特別是某些被提到要改進的地方，應該要求徵詢員工在會談中所討論的內容，這可以使我們確認是否有從員工那裡獲得有關評估的相關資訊。

7-4 績效評估的方法

績效評估的方法會影響績效考核的成效與考核結果的正確性，通常一項優良績效考核的方法必須具備客觀性、公平性與正確性。而績效評估的方法從過去的研究到現在已相當成熟，我們以時間點分爲兩大類詳加探討，如圖 7-2 所示：

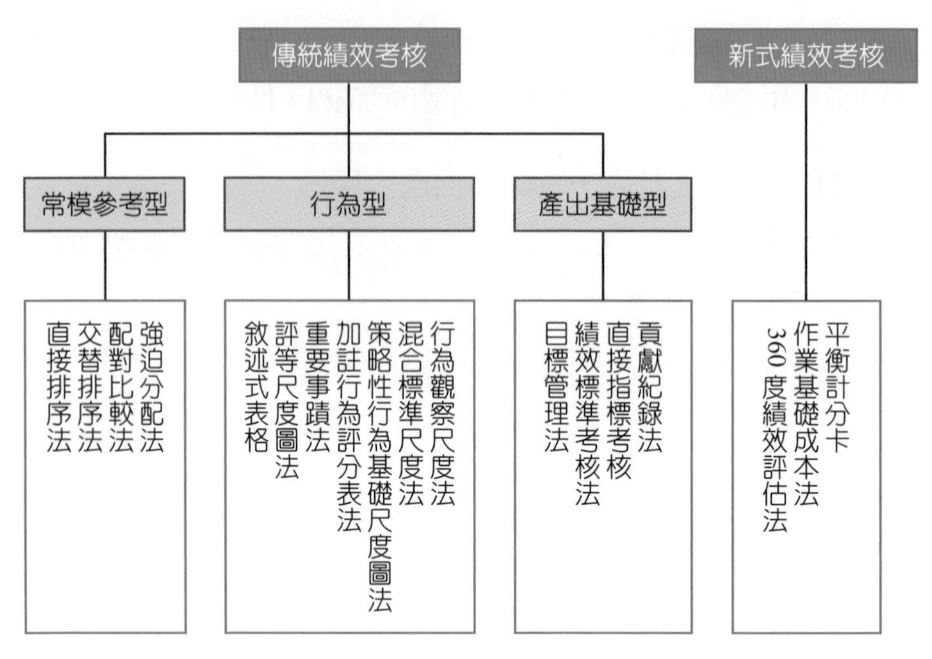

圖 7-2 績效評估的方法

資料來源：本書資料整理

一、傳統績效考核

(一) 常模參考型

通常是將員工依其好壞比較後加以排序，可能是由最佳者開始排列，也可能是由最差者開始排序，以決定員工之間誰能夠升職或是用以分配員工的職位及工作等人力資源的決策。而常模參考型一般分爲直接排序法、交替排序法、配對比較法、強迫配分法四類型。

1. 直接排序法

在直接排序法（Straight Ranking Method）中，主管以員工整體績效爲基礎，將員工由最佳排序至最差。如果是小型公司，主管可以依員工職務的績效排序。但是，在大型公司中，由於員工人數較多，要比較員工績效相對於小型公司而言，便較費時也更加的困難；此方法其優點在於簡便易行，完全避免趨中或嚴格／寬鬆的誤差。但缺點在於標準單一，不同部門之間難以比較，且在評估的公平性上較缺乏客觀性。

2. 交替排序法

交替排序法（Alternative Ranking Method）主要是依照某一種（或某些）屬性，在所有員工中，選出此一特質表現最佳者及最差者，並將二者分別置於排序表中的第一位及最後一位。接著以此類推，再從剩下的員工中再選出次佳及次差者，分別將其置於排序表中的第二位及倒數第二位，直到排完所有員工，最後完成的排序者是在所有員工中表現中等的人，如圖 7-3 所示。此法不但比對全部員工一個接一個加以排序來得簡單，也使主管較易辨別員工表現的差異性。因爲區分最差的與最好的員工比對員工評分較爲容易，因此交替排序法是較受歡迎的。

交替排序表

請依下列10位員工平時工作的配合度上，選出表現最佳的人，將其姓名填在第一欄的空格上，將評分最差的員工之姓名填在第10欄的空格上；然後從剩下的員工中再選出次佳的填在第2欄空格上，並將次差的員工填在第9欄的空格上；依此類推，直到排完所有員工。

最佳 1.	________	6.	________
次佳 2.	________	7.	________
3.	________	8.	________
4.	________	次差 9.	________
5.	________	最差 10.	________

圖 7-3　交替排序表

資料來源：Gary Dessler《人力資源管理》第八版

3. 配對比較法

配對比較法（Paired-Comparison Method）是針對每一屬性，將每位員工與團體中的其他每一位成員相比，並在每次配對比較中記錄績效較佳與較差者，待全部配對比較完畢後，即可根據每位員工所獲得的較佳次數，得到整體的評等，參見表 7-1。而配對比較法也由於每次只須比較二名員工的好壞，不用比較每一員工和所有員工的好壞，使其比直接排序更便利、更簡易。不過，若員工人數眾多，配對比較法一樣容易出現管理不易的情形。

表 7-1　配對比較法範例

配對比較法範例					
屬性：服務態度					
員工評分					
相對於：	1. 張三	2. 李四	3. 王五	4. 趙六	5. 丁一
1. 張三		+	+	−	−
2. 李四	−		−	−	−
3. 王五	−	+		+	−
4. 趙六	+	+	−		+
5. 丁一	+	+	+	−	
李四最佳					

資料來源：Gary Dessler《人力資源管理》第八版

4. 強迫分配法

此種方法為克服排序法的缺點所衍生而來。強迫分配法（Forced Distribution Method）主要是類似於「以常態分配來分等」，即將限定範圍內的員工按照某一機率分布，劃分到有限數量的幾種類型上的一種方法。例如，假定員工工作表現大致服從常態分布，評價者按預先確定的機率（比如共分五個類型，優秀占 5%，良好占 15%，合格占 60%，稍差占 15%，不合格占 5%）把員工劃分到不同類型中。這種方法有效地減少了趨中或嚴格 / 寬鬆的誤差，但問題在於假設不符合實際，各部門中不同類型員工的機率不可能一致。

以上四種方法皆假設員工的表現具有差異性，但是，有時在實務上員工的表現若完全相同較無法分辨出差異時，便無法以此種類型的方法做出公平及正確的考核。

(二) 行為型

在常模參考型的考核方式下，主管必須以員工相對於其他員工的表現完成評估工作。而行為型考核的不同處是主管可以依據行為準則單獨考核每一員工。一般分為敘述式表格、評等尺度圖法、重要事件法、加註行為評分表法、策略性行為基礎尺度圖法、混合標準尺度法、行為觀察尺度法等七種類型。

1. 敘述式表格

在敘述式表格（Narrative Forms）中，主管會先針對每一項績效要素或技能來評估員工績效。接著，列出績效的特殊範例並設計改善計畫，協助員工了解其優缺點，然後尋求改善。最後，針對績效評估加以彙總、討論，且專注於問題的解決。其目的主要爲藉著評估員工在其職務上的進步及工作情形來達到績效的改善。

2. 評等尺度圖法

評等尺度圖法（Graphic Rating Scale）是最受歡迎的考核方式之一。利用結構化的測量表，依評等要素評分，最後再加總得分即可，如圖 7-4 所示。評等尺度圖法考核表可依據多種考核構面來設計，如人格特質、工作相關屬性或實際工作行爲等。人格特質可以包括積極性、獨立性、成熟度及可靠性等。許多考核表也採用產出指標，如：績效質與量。評等尺度圖法的工具很容易發展，故受到廣泛使用。但缺點在於表內的各項評等因素不易涵蓋周全，而且評比的結果，在詮釋上會因評估者而異。

評等尺度圖法的範例

說明事項

請利用下列的評分量表來測量員工的各項特質：

5= 傑出：最佳員工之一

4= 良好：符合所有的工作標準，有些甚至超越標準

3= 中等：符合所有的工作標準

2= 需要改進：某些方面需要改進

1= 不能令人滿意：無法接受

A.專業知識	1	2	3	4	5
B.自信	1	2	3	4	5
C.可靠性	1	2	3	4	5
D.主動性	1	2	3	4	5
E.工作態度	1	2	3	4	5
F.配合度	1	2	3	4	5

圖 7-4　評等尺度圖法範例

資料來源：Gary Dessler《人力資源管理》第八版

3. 重要事蹟法

重要事蹟法（Critical Incidents Method）首先要求主管觀察及記錄員工行為，尤其是與有效完成工作有關的重要行為。然後，主管再依據特定行為給予回饋，如表 7-2 所示。所以，當採行重要事蹟法時，主管會擁有每位部屬的工作相關行為的事件或案例之紀錄，包括表現良好或不佳的事蹟，然後，大約每六個月左右，主管會與部屬面談，並使用這些特殊的事蹟來討論部屬的績效。也因為如此，重要事蹟法可彌補評等尺度法不具有發展性的缺點。此法的考核重心是員工行為（事蹟），而非員工個人的特質，但主管所作的評估結果也較全面性，非僅根據員工近期的表現。重要事蹟法可以使員工很清楚自己應有的表現及有機會改善不良的表現，但缺點在於容易造成主管與部屬間的緊張關係，因為員工會認為主管時時監視他們，或認為自己被列入黑名單而影響士氣。而且，此方法對於員工之間的比較或薪資決策的判定，並沒有太多的直接相關性。

表 7-2　重要事蹟法範例

某副廠長的重要事績範例		
平時的責任	目標	特殊事蹟
安排生產流程	充分利用人員與機器；準時交貨	設置新的生產流程；上個月減少延誤交貨 10%；上個月提高機器利用率 20%
督導機器維修	不因機器故障而停工	設置新的維護保養制度；發現零件損壞，使某部機器免於故障

資料來源：Gary Dessler《人力資源管理》第八版

4. 加註行為評分表法

加註行為評分表（Behaviorally Anchored Rating Scales，BARS）是重要事蹟法的重大改良方式，是在重要事蹟法的考核表中，加上評等尺度圖法並給予更多回饋，如圖 7-5 所示。它可說是融合了敘述式、重要事件及量化的評分法等優點。加註行為評分表法的發展須歷經五個步驟：

(1) 產生重要的事件：首先了解工作內容的人（當事人或主管），描繪出績效好壞的特定事例（重要事件）。

(2) 發展績效構面：將這些事件分成若干個績效構面，然後定義每個構面。

(3) 重新分派事件：由一群對該工作內容了解的人，重新將最初的重要事件加以分類；他們事先知道各組構面的定義與重要事件，然後依自己的看法將事件重新配適到各個構面上。一般而言，若這群人有某個比例（通常為 50% ～ 80%），對某事件的歸類與第二步驟的群體相同時，則該事件可予以保留。

(4) 決定各事件的尺度：通常由第二群的人就各事件所描述的行為，決定各構面之適當分數（一般為七或九點尺度），以代表績效之良窳。

(5) 發展最後的衡量工具：每一構面使用一組事件（通常為六或七件事蹟），做為行為的註解。

依照不同的準據及每一準據有不同權重，上司可以很清楚評估部屬績效。但由於很多評估表都只採用有限的績效準據，考核者可能會找不到可以描述員工行為的重要事蹟；另外，就算可以找到相關的事蹟，也有可能因為事蹟敘述的方式與員工行為不一定完全相似，易增加主管在評估上的困擾。

大學教授工作BARS範例

層面：教室教學技巧

評等	分數	事蹟
優良	7	老師以清楚、簡潔，以及正確的方式來回答學生的問題。
		老師在試著強調一個重點時，用例子加以輔助。
	6	老師以清楚且能夠讓人了解的方式說話。
	5	
尚可	4	
		老師在講課時，表現出許多讓人厭煩的習慣。
	3	
		老師對於一些學生給予不合理的批評。
	2	
極差	1	

圖 7-5　加註行為評分表法範例

資料來源：Lawrence S. Kleiman

5. 策略性行爲基礎尺度圖法

策略性行爲基礎尺度圖法（Strategic Behaviorally Based Rating）主要是透過對加註行爲評分表法的改良，使其能配合組織策略的需求。例如，組織若採取顧客導向策略（在服務業中是指強化品質），如果希望策略執行成功，那麼員工的績效（服務品質）便要有所改變。而在考核表中詳細描述員工該有的行爲，顧客服務代表們可以藉由評估表中知道自己該做什麼及哪些行爲與公司策略息息相關。

6. 混合標準尺度法

混合標準尺度法（Mixed-standard Rating Scales）的設計是爲了減少加註行爲評分表法的一些缺點。表中特定績效構面，有高、中、低三種不同描述，每個項目都依照加註行爲評分表法給予不同的評分尺度。每個構面的三種描述，以隨機的方式出現在表中。混合標準尺度圖法在加註行爲上並未註明分數，考核者只在高、中、低三種描述中選擇。考核者不用管任何分數，這是優點，因此可以避免前面許多考核方式中常見的錯誤，如趨中傾向。至於其缺點則是無法得知尺度分數，因爲它無法具有發展性考核目的。

7. 行爲觀察尺度法

行爲觀察尺度法（Behavioral Observation Scales）是行爲尺度法的另一種型態。與其他行爲尺度法一樣，以工作行爲中的重要事蹟爲基礎發展評估項目。所不同的是，行爲觀察尺度法要求工作專家描述的是行爲的頻率，而不是績效水準，並根據行爲頻率來評定分數，參見圖 7-6 之範例。例如：「2」分可能表示行爲幾乎是經常可以觀察得到。各項得分最好可以加總，亦可根據每個構面的重要性加權。行爲觀察尺度法的優點有五點：(1) 根據系統化工作分析爲基礎；(2) 清楚界定各行爲項目及描述加註行爲；(3) 評估構面發展過程中，有員工參與，可增加員工的了解與接受；(4) 特定目標可以利用評分表示，並提供績效回饋與改善；(5) 符合信度及效度的統一原則。行爲觀察尺度法的使用限制與其優點有關。第一項限制爲發展評估表花費的時間與成本較其他的方法高；第二項限制爲許多與目標完成有關的行爲構面可能被忽略。此外，這種方法需要更多績效行爲的觀察，如果控制幅度太大時，績效考核可能是主管無法負荷得了的工作。

行為觀察尺度法範例
說明事項
藉著指出員工從事下列各項行為的頻率，來評估工作行為使用下列的量表，將你的評分填在空白處：
5= 總是
4= 常常
3= 有時
2= 偶爾
1= 很少或從不
工作知識
對病患與同事抱持同理心與無條件的正面關切
藉著設立可供測量的目標，對每位病患提供徹底的紀錄與回饋
臨床技巧
快速評估病患的心理狀態，並開始適當的互動
人際關係技巧
與醫院中的所有同仁都保持開放的溝通
利用適當的溝通管道

圖 7-6　行為觀察尺度法範例

資料來源：Lawrence S. Kleiman

(三) 產出基礎型

以產出爲考核基礎的方法有四種：目標管理法、績效標準考核法、直接指標考核、貢獻記錄法等。

1. 目標管理法

目標管理法（Management by Objectives，MBO）乃是要求管理者與每位員工設定一個具體可衡量的目標，然後定期討論其目標的達成度。主管可以與員工一起建立目標，並定期提供回饋的方式，以發展一般的目標管理計畫。目標管理的前提是組織特定期間的目標，可以由上至下，依序分化爲各部門、各單位及個人的目標。目標設定過程中，員工有參與決策的機會，目標管理的中心議題是目標的一致性，即個人目標與其他部門及組織的目標必須能夠協調一致。目標管理被採用及接受，主要是因爲這個方法肯定人性的價值，能夠提供員工內在報酬，並可使管理者無須花費太多時間去做與組織目標無關的努力。而目標管理法一般包括六個主要的步驟，如圖 7-7 所示：

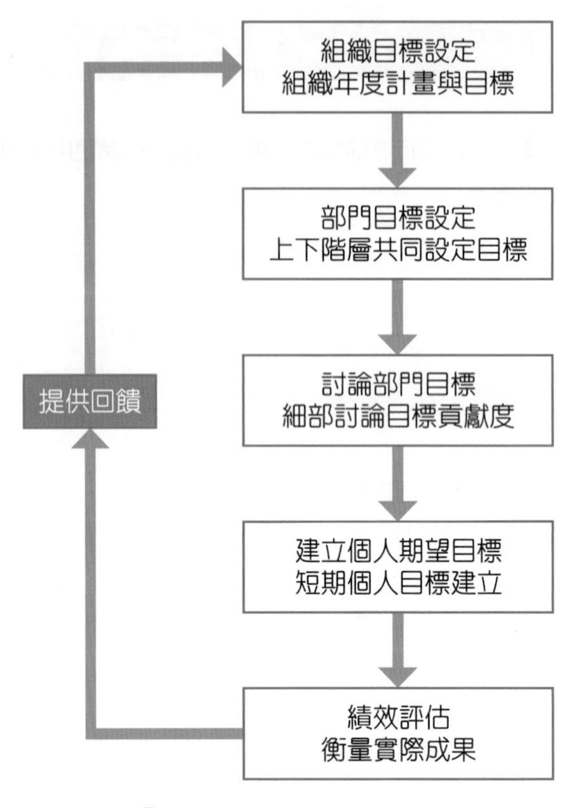

圖 7-7　目標管理法步驟

資料來源：本書資料整理

在許多組織中，管理者與部屬共同制定目標，而目標可以很清楚地以預期結果表示，並註明達成結果所利用的方法。目標也可以是日常例行活動、問題解決的方法或是創新的作法。但是不管如何，任何一個有效目標應具備下列特色，整理於表 7-3，並說明如下：

表 7-3　目標特色整理

目標的特色	說明
明確	清楚指明應有多好的表現，或有多高的產出，才能被接受
時間	目標的達成必須有明確的時間限制
狀況	詳細說明達成目標可能發生的狀況與因應方式
優先順序	了解任務的重要性，依其優先順序加以執行
結果	具體說明目標達成，可能產生的結果為何
目標一致	確認個人目標與組織的目標是否有一致性衝突

資料來源：本書資料整理

目標的特色在「明確」性中應清楚指明要有多好的表現，或有多高的產出才能被接受；「時間」指目標的達成必須有明確的時間限制；在「狀況」中應詳細說明達成目標可能發生的狀況與因應方式；「優先順序」指排序上應了解任務的重要性，依其優先順序加以執行；「結果」必須具體說明目標達成，可能產生的結果爲何；「目標一致」則是確認個人目標與組織目標是否有一致性，然而以衝突目標的達成作爲員工考核的基礎，雖然是有效激勵員工的作法，但有鑑於員工如果以不道德或非法手段完成個人銷售目標，則有損組織形象以及很難爲所有人設定相同難度目標這兩項缺點，使 MBO 無法將所有產出目標納入評估表中，亦無法考核員工行爲。此外，採用此法的高階主管必須投入大量心力，以求得長短期目標的平衡。

2. 績效標準考核法

績效標準考核法（Performance Standards Appraisal）與目標管理法相似，直接衡量績效的好壞，通常用在考核管理人員上。考核的標準如目標一般，亦須具有明確、時間、狀態、優先順序及與組織目標一致性的特色。與目標不同的是，標準通常有許多項，並且目標更詳細。組織也會爲各個不同的標準，賦予不同的權重。所以，當就每個標準分別評分後，得分要再乘以權數；最後，再加計所有得分。如此的考核方式，使員工在不同領域中的表現可以互補。績效標準考核法的優點是它能夠提供清楚的回饋，不論是表現突出者或是表現平庸者都能很清楚地知道自己的工作結果。而在一項研究中發現，若是標準愈明確時，與評估無關的因素，如評估的順序及目前的薪資水準，較不會影響評估者的考核判斷。反之，若標準模糊不清楚，以上的因素常會導致評估的偏差。績效標準考核法的缺點是工具的發展得耗費極長時間及成本很高，同時也需要組織成員的合作才行。如同目標管理法，重要工作內涵無法一一設定標準並評定之。結果，有些重要工作行爲將被忽略。此外，目標及標準的設定雖然有激勵員工的作用，卻也有鼓勵彼此競爭的用意。因此，若員工不致於因爲競爭而導致不當後果，且員工又願意配合目標設計，那麼使用此方法則具高度的激勵作用。

3. 直接指標考核

直接指標考核（Direct Index Appraisal）並非只有考核員工績效，它還要評估其他準據，如生產力及出缺勤記錄。**管理者的績效可能要由其部屬的辭職率或缺勤率來評估，非管理者則由其生產力及工作品質來看。品質的衡量則包括廢料產生率、顧客抱怨率、不良產品率等。生產力的衡量則是取決於每小時產出量、新顧客的訂單及銷售額等。**

4. 貢獻紀錄法

貢獻紀錄法（Accomplishment Records）是由專業人員依據相關工作構面，將自己完成的一切工作，登錄在貢獻紀錄表中，再由主管驗明紀錄的正確性，然後，由外界專家組成的考核小組評估貢獻的整體價值。**貢獻紀錄法通常用於考核專業人員，尤其是針對「紀錄代表一切績效」或是很難訂定標準的專業人員。雖然這種考核方法十分耗時，且成本極高，但是，被專家認為是具有效度且合適的績效考核方式。**

茲將各項評估方法之優缺點整理於表 7-4 中：

表 7-4　各項評估方法之優缺點一覽表

類型	方法	優點	缺點
常模參考型	直接排序法	1. 概念清楚簡單。 2. 避免月暈偏誤。	1. 評估者一個人在做比較時，很難會同時考慮到所有受評者之間的差異情況。 2. 評估過程中，易受接近誤差影響。
	交替排序法	1. 易於發展與施行，可行性高。 2. 主管易於辨別員工表現的差異性。 3. 可避免集中趨勢與評估尺度的其他問題。	可能不被員工接受，且當所有員工的能力都非常接近時，會造成主管評比不易，而導致不公平的問題產生。
	配對比較法	1. 概念清楚。 2. 方法進步。	1. 過程繁瑣。 2. 要做的比較次數多。
	強迫分配法	符合統計學上之常態分配，可避免評估者之偏惡現象。	1. 以一定比例強迫評估者，評估實有失公平。 2. 強迫選擇的方式，易引起員工之不滿。 3. 被考核者增加，則考核者的作業方式就愈複雜。

類型	方法	優點	缺點
行為型	敘述式表格	在受評核者填完「績效分析表」後，評核者即會在短時間內和受評核者進行討論，對於受評核者的績效能夠做立即的回饋與改善。	被考核者增加，則考核者在績效分析及例證方面，勢必要蒐集很多被考核者的資料以做評定，將會耗費許多時間。
	評等尺度圖法	1. 設計簡便，既經濟又易瞭解。 2. 評分時有較明確的範圍可遵循。最後評定採計算方式，較公平與準確。	1. 評估者易受其主觀格式所限定，難以表示真實意見。 2. 各項因素的採用，很難完全適合受評者的工作特性。 3. 評估者對各項考績向度的評分標準可能不同，所以評估評定上易有爭議。
	重要事蹟法	1. 給予員工與工作有關的回饋。 2. 將具體的事實提供給主管作為輔導員工的參考。	1. 量表的發展需要蒐集很多重要事件並判斷各個重要事件的好壞，須花費許多時間在此。 2. 主管平時就要針對員工表現加以記錄，故主管日常業務中，花費在評估的時間比重可能就會增加。
	加註行為評分表法	1. 尺度更正確。 2. 標準更明確。 3. 可提供具體的回饋。 4. 有系統地將重要事件分成各個構面，可使各構面更獨立。 5. 使用行為定向法時，不同的評估者對同一員工的評估較能得到一致相同的結果，較為一致可靠。	1. 量表的發展需要蒐集很多重要事件並判斷各個重要事件的好壞，須花費許多時間在此。 2. 主管平時就要針對員工表現加以記錄，故主管日常業務中，花費在評估的時間比重可能就會增加。
	策略性行為基礎尺度圖法	1. 能夠配合組織策略的需求。 2. 考核表中詳細描述受評核者該有的行為，提供員工清楚的回饋，使受評核者知道自己該做什麼及哪些行為與上司策略息息相關。	1. 所須耗費的時間長。 2. 未必能夠描述與組織策略相關的員工行為，可能會增加評核者在評核時的困擾。
	混合標準尺度法	考核者只須從高、中、低三種描述中選擇，考核者不用管任何分數，可以避免發生中央傾向等常見的考核偏見發生。	1. 無法得知尺度分數。 2. 不具有發展性考核目的。

類型	方法	優點	缺點
行為型	行為觀察尺度法	1. 根據系統化工作分析為基礎。 2. 清楚界定各行為項目及描述加註行為。 3. 評估構面發展過程中，有員工參與，可增加員工的瞭解與接受。 4. 特定目標可以利用評分表示，並提供績效回饋與改善。 5. 符合信度及效度的統一原則。	1. 花費的時間與成本較其他方法高。 2. 許多與目標完成有關的行為構面可能被忽略。 3. 此種方法須要更多績效行為的觀察。因此，當控制幅度太大時，績效考核可能是主管無法負荷得了的工作。
產出基礎型	目標管理法	1. 以目標管理激勵員工的工作表現。 2. 績效評估標準明確，員工表現達到目標即表現佳，未達目標即表現有待加強。	1. 目標訂定的難度掌握不易。 2. 目標達成有時會受外在環境影響。
	績效標準考核法	1. 標準具有明確、時間性、狀態、優先順序及與組織目標一致性的特色，且其標準比目標管理法更詳細。 2. 能夠提供清楚的回饋，使每位被評核者都能很清楚的知道自己的工作結果。 3. 開放員工參與目標與標準的設定，有激勵員工的作用。	1. 工具的發展耗費時間長且成本很高。 2. 工作項目過多時，會無法將每一工作內涵都一一設定標準，可能有些重要工作行為會被忽略。
	直接指標考核法	1. 標準明確。 2. 評估的指標涵蓋的準據多，不會有以一概全的情形發生，能夠確實評估出受評核者的整體績效。	可能會導致受評核者著重於短期的目標，而忽略了長期的目標，所以應每隔一段時間做固定的考核，但卻也會導致成本增加。
	貢獻紀錄法	貢獻紀錄表是先由主管驗明其正確性，再由外界專家組成的考核小組評估。所以兼具效度與信度，且其結果較易被評估者所接受。	考核方法十分耗時，且成本極高。

二、新式績效考核

(一) 360 度績效評估法

是績效評估制度中，運用多元評估者進行績效評估，包含受評者自己、上司、部屬、同儕、供應商及顧客，其乃結合了績效考核與調查回饋，爲多元角度的全方位績效回饋方法，詳見圖 7-8。360 度績效評估法（360 Degree Performance Appraisal）結合了多元評核者的角度，與傳統的績效評估方式有部分相似：兩者都使用績效量表進行評估，所以仍有評估工具的信度與效度的問題存在。而與傳統的績效評估方式也有相異之處：(1) 傳統的績效評估往往只有上司是評估者，無法兼顧受評者多方面的能力表現；但是藉由 360 度績效評估制度，企業可蒐集多方面的評估資訊，提供公正的評估標準。(2) 將顧客納入評估者的角色，更可協助決策者得到更多的資訊以供參考。所以，360 度績效評估制度，不僅能得到較客觀與全面性的評估外，還可以凝聚各單位的共識，相互合力解決問題。

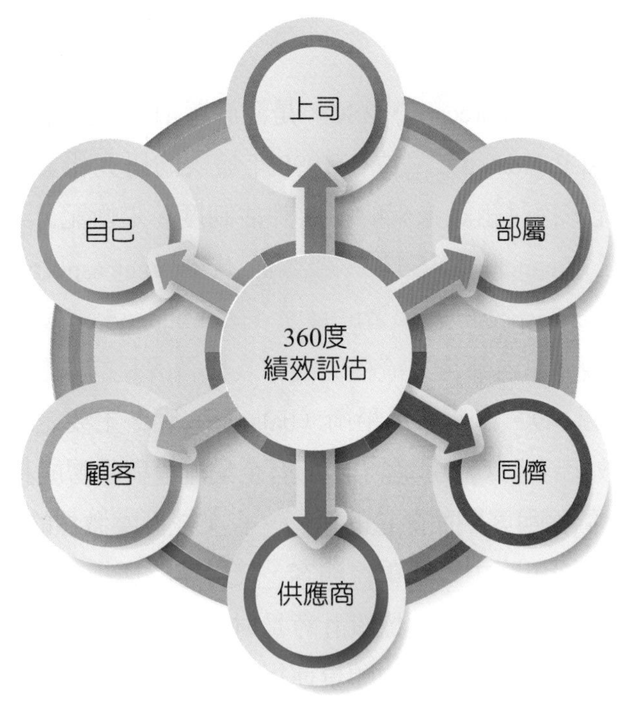

圖 7-8　360 度績效評估圖

(二) 作業基礎成本法

傳統的會計制度是將個別作業的成本計算後，加總即爲生產總成本。但是作業基礎成本法（Activity-Based Costing，ABC）則是考量到整個製程的成本，從原料、零組件、耗材、工具到最終產品生產運輸到客戶手中，甚至是安裝與售後服務等，這一系列的過程才是產品的完整成本。所以實施作業基礎成本法，將以往獨立的價值分析、製程分析、品質管理及成本分析等作業，整合成一個完整的分析。彼得 ・ 杜拉克認爲運用 ABC 可以在未來 10 ～ 15 年內，發展出可靠的工具，提供經營者評估、管理大部分以知識爲基礎及服務的工作成本，如研發人員及客服人員等，並建立成本與績效間的關係。使用作業基礎成本法，乍看之下，以爲會計制度與績效並無關聯，可是當 ABC 運作之後，可以讓經理人在擬定決策時，以公司的最佳成本及作業方式來考量。當全公司的運行，皆能考量到產品整體的成本時，自然能顯現出經營績效，也就是說 ABC 需要全公司的共識與投入，以 ABC 的數字做爲績效評估的標準，讓所有人了解當他們的觀念、作業改變，就會替產品節省很多成本時，自然公司的績效就會提升。

(三) 平衡記分卡

平衡記分卡（Balanced Scorecard，BSC）是源於羅柏 ・ 克普蘭（Robert S. Kaplan）和大衛 ・ 諾頓（David P. Norton）二位在 1998 年發表的研究報告。此計畫主要是針對美國 12 家公司做研究，探討組織未來的績效評估制度。平衡記分卡是一套指標，指標有四個層面：財務面（financial aspect）、顧客面（customer aspect）、內部企業流程面（internal business process aspect）及學習成長面（learning and growth aspect），也就是從財務的觀點、顧客的觀點、內部企業流程的觀點及學習成長的觀點，提供經理人必要的決策資訊，其架構見圖 7-9。爲何稱爲平衡（balance）呢？主要是此套指標考量了：(1) 外部與內部面平衡，外部有財務及顧客，內部有企業流程與學習成長；(2) 過去結果與未來發展的平衡；(3) 主觀面與客觀面衡量的平衡。企業在面臨激烈的競爭環境下，單單僅注重財務面的數字，卻在策略中宣示重視顧客，使得策略與績效評估無法結合，導致經營問題無法釐清，而平衡記分卡的指標設計考量財務評估外，尙考量到顧客、企業內部及企業成長性，且其中心是繞著企業的願景運行，使員工了解企業的經營方向，也讓經理人更明瞭經營績效。

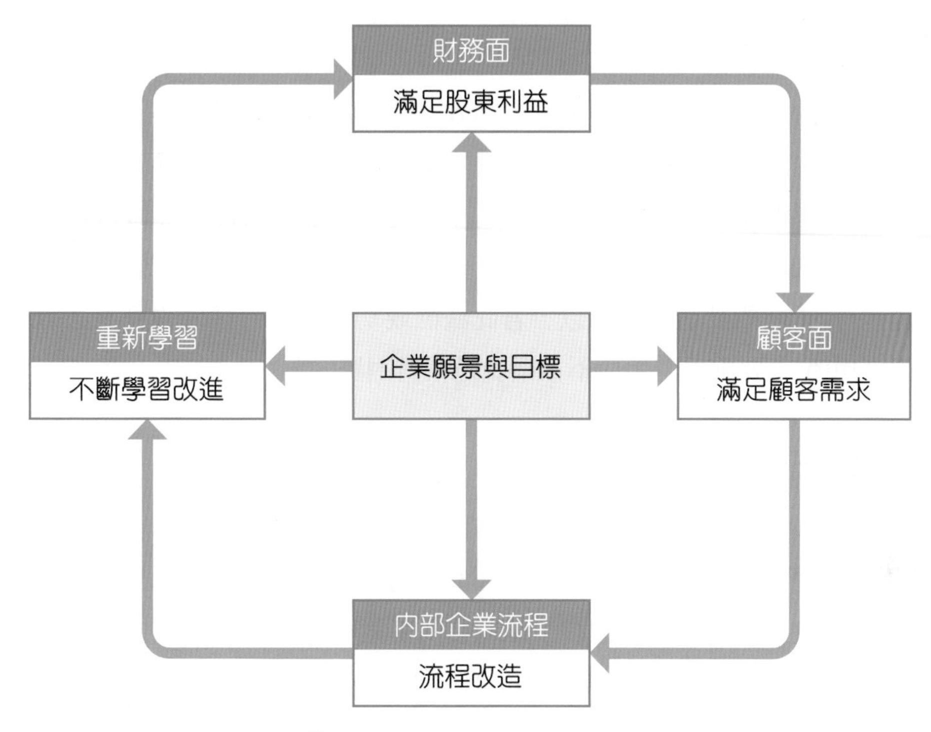

圖 7-9　平衡計分卡架構圖

資料來源：朱道凱譯，Robert S. Kaplan, David P. Norton（1999）

7-5 評估者的定位

在進行評估時，一般企業大都是由上對下的評估方式，進行評估。然而隨著企業的成長與外在環境的改變，許多企業的評估者定位並不只有在主管的身上，愈來愈多企業的評估者定位都傾向於全面性的評估。也就是說，不只是上對下的關係，更能是下對上、同儕、自我與其他外部的相關組織等，其詳細說明如下：

一、由直屬主管來評估

大部分的企業都是由員工的直屬主管來評估（Immediate Supervisor）各員工的績效，因爲直屬主管最了解員工每天的工作情形，較能眞實、客觀、公平的評估員工的績效；相對於其他評估者，主管評估較爲容易且有意義，因此主管擁有觀察或評估其屬下工作績效的最佳立場。

二、由部屬來評估

由部屬來評估（Subordinates）主管的績效，稱之為向上回饋（up-ward feedback），公司會採取此方法的目的在於幫助主管改善本身及幫助組織評估主管人員的管理領導能力。運用此方法可促使主管特別關注員工的工作需求，並將管理工作做得更好，因此藉由雙向互評的方式，相互鼓勵並追求成長，但也會產生負面的反應，例如因為害怕主管的報復而給予較正面的評估等。所以，若此法欲成功，則進行評估的員工必須匿名，但在員工較少的單位，要確保匿名而不被察覺是相當困難的。

三、同儕評估

同儕評估（Peers）是指由同事來相互評估。因為同儕之間彼此了解對方的工作績效，能使管理者發現部屬的潛在領導力，因此使得評估更為精準，而且可涵括多方面的意見，而非單一決議。但同儕評估有一個重要的問題，就是同事間可能會發生評分上的協議而產生相互掩護的行為，造成績效評估的不公平。

四、自我評估

所謂自我評估（Self-appraisal）即是由員工自己來做評分，但常會與主管評估的方式結合進行比較。由於員工的自我評估相較於主管或同事的評估會來得高，這種情形突顯出評估者與受評者在評定標準與價值觀上的差異性，可能導致主管與部屬間立場及關係的僵化。當然未必每位員工給予自己的績效考核都是正面的，針對群體非個別來進行績效評估，群體成員可能會一致性地給予整個群體較高的績效。而自我評估的主要目的在於使員工發現本身的優缺點，進而設定目標改善，是一種自我發展的工具。

五、評估委員會

評估委員會（Rating-committees）的組成分子大約是由員工的直屬主管及其他主管來擔任，由於個別評分有差異，以綜合評分的結果會較具可靠性、公平性及有效性，因擁有數位評估者且其中有非直接關係的主管來評估時，可排除在評估過程中易產生的偏見及暈輪效應兩個問題，而且在不同階層中透過不同職等之評估者，可以觀察受評者在績效上不同的層面，評估過程中更可確實反映員工績效上的差距。

7-6 績效評估的偏誤

每家公司要做好績效評估，除了事前設計準備動作之外，在進行評估時的過程更是重要，因此必須避免一般在評估時所發生常見的錯誤，如以下所敘：

一、不同標準的問題

不同標準的問題（Various Standards）乃指在評估相似的工作時，應避免以不同的標準來考核員工，而當評估方法是使用模糊的準則及主觀較重時，容易產生此問題。故評估的設計，應在公平的基礎上，針對相似的工作發展一套較客觀的評估工具。

二、月暈效果

月暈效果（Halo Effect）是指評估者僅以一個特質來評估員工所有表現的高低，例如一位員工很少缺勤，則主管很可能在他的其他考評項目上給予較佳的全面性評價。因此必須要求評估者針對每一評估項目確實評估，則將有助於此效果之減低。

三、近因問題

近因問題（Recent Problems）是指績效評估容易受員工在考核前最近的表現影響，特別是當考核日期將近時，問題更加顯著。但績效評估通常包括某特定的期限，而評估個人的績效應將其全期的表現納入考量，因此可輔以重大事件紀錄，或主管以記日誌或週記方式記載員工平時的表現，將可以協助評估者避免這種問題。

四、趨中傾向

趨中傾向（Central Tendency）意味著所有員工皆被評爲績效「中等」，這種做法主要是評估者爲避免引起爭議及部屬對主管的反彈，因此往往以平均數來評估部屬的工作表現。排序法可避免這個問題，因爲每個員工均排成序列，也就沒有所謂的「中等」。

五、評估者的偏差

評估者的偏差（Rater's Bias）意指評估者本人於知覺過程中所產生的偏見，如受評者的年齡、年資、性別、外表、宗教不同時，會影響評等的公正與準確，使其績效與實際不符。此偏差很難克服，特別是評估者很難察覺自己有此偏見，亦或許是不願意承認。故評估者之高階主管若時常檢查其評估過程與結果，能幫助此偏差之減少。

六、對比錯誤

對比錯誤（Contrast Error）乃指主管評估某員工時，以別的員工為比較基礎，而非以此員工之績效為考評標準。訓練評估者針對此問題之警覺，也有助於減少此錯誤產生。

七、寬容苛刻偏差

寬容苛刻偏差（Leniency / Strictness）係指寬容偏差與嚴苛偏差的評估行為。其中寬容偏差是指給予員工過高的評估，這種行為通常是肇因於避免評估所引起的爭議。常見於極度主觀且難以辯解的績效標準，以及評估者必須與員工討論評估結果時。而過度批判員工的工作績效稱為嚴苛偏差。訓練評估者意識到此問題，以及嚴格定義評估的項目與強制規定評估分數的分散，將可減少此種偏差的出現。

7-7 評估面談

一般而言，員工對評估結果的反應是一種零和遊戲，抱持著評估是非輸即贏的心態，故特別無法接受負面結果。若在評估時，主管持續強調評估是針對員工發展與自我改進的指標，且藉由建設性的回饋與員工雙向溝通，將有助於減少零和反應。因此績效評估若要能激勵員工、提高生產力，評估者就必須把評估結果和員工討論，使員工能清楚他們自己的表現如何，也能讓管理者清楚員工對績效評估結果的反應。

一、安排績效評估面談

主管一般都會在員工績效評估期的最後，安排一個正式的績效評估面談。其步驟如下：(1) 收集資料，研究該員工的工作說明書，將員工的績效與標準比較，並查閱員工過去績效的紀錄。(2) 讓員工有充分的準備，讓他們自行評估其工作表現、閱讀其工作說明書、分析問題、收集問題及意見。(3) 選擇時間與地點，找出彼此適合的時間，並保留充足的面談時間；面談地點必須選在隱密而不受干擾的場所。

二、評估面談的目的

一個成功的績效面談應使主管與部屬明瞭其目的在於改善員工績效，而非專注在尋找錯誤，所以在規劃績效面談時，應考量三個基本目的：

1. 檢討員工的工作職責以及完成的程度。
2. 協助員工設定工作目標及個人前程規劃。
3. 建議達成目標的方法，包括來自主管與公司的輔助。

而評估面談的目的，除了了解員工在工作上的表現之外，更應該去關心員工的未來，幫助員工達成目標，使員工能更願意爲公司付出。

三、評估面談的型態

一般而言，評估的終極目標即是評估面談，由主管與部屬一起討論評估的問題，並制定計畫來矯正缺點或強化優點。對部屬績效的滿意度與上司可能的作爲綜合起來，績效評估面談基本上可分爲三種類型且各有其目標，如表 7-5 所示：

表 7-5　評估面談的類型

評估面談的類型	評估面談的目標
滿意：員工可獲得晉升	擬定發展計畫，達成個人目標
滿意：未獲晉升	維持績效，並積極向上
不滿意：可改進	建立改進計畫，協助改善

資料來源：本書資料整理

如果主管對員工的績效不滿意且無法改進時，則通常不需要進行評估面談，此時應思索：到目前爲止該員工之不良績效是否尙可容忍或應將其解僱。

(一) 滿意——員工可獲晉升

此種情況下，員工的績效令人非常滿意，且有獲得晉升的機會，此爲三種評估面談中最簡單、最容易進行的一種。評估面談的目標乃在於討論該員工之生涯規劃，並爲其所需的教育及專業，發展一套特別的計畫，使其較能勝任下一個職務。

(二) 滿意——未獲晉升

此種情況是指員工的績效雖然令人滿意，但目前尚無晉升機會，也許是因爲公司目前尚無空缺的職位，但亦有可能員工對目前的職位很滿意而無意晉升。此時，評估面談的目標並非在於改善績效或爲他建立發展計畫，而是維持目前令人滿意的績效。然而，此一工作並不容易，最好的作法是找出能激勵該員工的酬償方式，一方面這些激勵對他而言是重要的，另一方面又能維持其令人滿意的績效；可行的作法包括額外的休假、小額獎金、給予額外的授權，讓他可以處理範圍較大的工作等來強化其工作績效。

(三) 不滿意——可改進

當此員工的績效雖然令人不滿意但尚有改進的空間時，面談的目標在於擬定一個改進其績效的改善方案。

四、評估面談的進行

評估面談的主管必須是較具有經驗及有耐性的，最好先接受評估訓練。面談時有幾點建議如下：

1. 強調面談目標在於改進績效而非批評。
2. 以客觀的工作資料作爲討論的基礎，檢討的重點應在於事情而非針對個人。
3. 將員工的績效與標準進行比較，而不是與他人相比較。
4. 避免進行毫無建設性的批評或個人化的批評，應儘量減低打擊員工的自尊心。
5. 設定可達成的目標，比討論一般性的目標更能改善績效。
6. 在面談中，允許員工訴說自己的意見。
7. 在面談的最後，主管、員工雙方應訂定一個檢視日期，以確定問題是否獲得解決。

五、評估面談總結

評估面談最理想的結局莫過於員工能帶著對公司、管理者、工作及本身正面的心情離開會議室。但如果員工被評估後的結果是降職或解僱，則該員工應在收到書面說明時，其中就已詳列其重要工作的行爲表現不被接受的因素。如果員工感到不公正，應被允許採取口頭或書面的反應行動。

7-8 結語

近年來網際網路快速崛起，不僅產品服務和解決方案的生命週期變短，企業績效也面臨前所未有的嚴苛挑戰。過去傳統上所謂的「績效考核」多半是在年終時才針對員工「打分數」，然後據此決定調薪及年終獎金的發放。這樣的做法常常會造成與員工預期有所不同，而對公司產生不好的印象，然而現今的績效評估乃傾向全方位的績效管理制度，將員工的目標及行爲與營運策略連結一起，經由年中及年底的檢視過程，即時與員工溝通協調，回饋工作表現，同時給予未來個人改善與成長的建議，最後將員工績效確實反應在獎酬上；因此在變動快速的環境中，透過有效的管理員工績效，企業才得以持續獲利與成長。

強迫排名

強迫排名（Forced Ranking）在管理領域中不斷地被討論，但強迫排名為何會被受重視與討論呢？原因在於強迫排名要求管理階層將組織內部的人才區分高下，以便幫助組織找出優秀人才並留住他們，培養成未來的領導者，並處理員工表現不佳的問題；執行強迫排名的管理階層是依據員工之間的相對績效區分組織內人才的高下，而不是員工的目標達成度，且在使用得當的情況下強迫排名確實能幫助企業提升組織的生產能力和獲利，也幫助企業解決組織常見的問題，例如：不確實的評價和錯誤的評鑑流程等，但要如何建立公平且有效的強迫排名制度，將是企業關切的焦點。

使用強迫排名績效評估程序最著名的企業是奇異公司（General Electric），擔任過奇異公司執行長的 Jack Welch，曾公開解釋奇異公司的強迫排名績效評估程序並大力讚揚、推廣，Jack Welch 說：「奇異公司將組織內的員工分成前段、中段、後段三等份，前 20%、中 70% 及落後的 10%，也從精神與薪資兩個層面看待這三等份員工，將前 20% 的員工留住並培訓、後 10% 績效不佳的員工以人性化的方式解雇，且必須每年執行，如此就能建立組織真正的菁英團隊」。美國五百大企業中百分之 30 的企業採用強迫排名，除了前述的奇異公司之外，還包括惠普、微軟、3M 等公司。

既然強迫排名有如此好的效用，為什麼還會受人爭議？我們可從另一家使用強迫排名的公司——安隆（Enron）來探討，因為安隆公司的制度設計不良且執行成效不佳，使得安隆（Enron）公司爆發破產後，讓許多人對強迫排名抱持著「不公平」的負面看法。

儘管有許多負面的看法，但若能將強迫排名設計與執行得當，將可能為組織帶來意想不到的極大效益，否則不會被奇異、惠普、百事等知名企業所用並維持多年的商業地位，因此以下將一一列出實行強迫排名的好處：

1. 可以看出績效是否平等、是否遭人灌水，使績效更具真實性。
2. 讓組織內的資訊更透明公開，並將透明公開的資訊導入績效管理。
3. 能做為組織整體人才管理的有效輔助工具。
4. 減少偏袒護短、裙帶關係及根據績效以外的因素做出升遷決定與獎勵的情況。
5. 讓組織所有重要的人事決策有合理的判斷準則，包括薪資的調整、升遷機會、分紅比例、任務指派、進修機會、資遣及解雇。
6. 讓管理階層與組織不再自滿。

相對的，強迫排名能帶來上述好處，但也可能存在缺點，以下也將一一列出執行強迫排名可能帶來的十大風險：

1. 可能會衝擊原本的組織文化，造成過度競爭，員工難以相互合作、企業目標被忽視。
2. 員工士氣低落並產生抗拒心態。
3. 在強迫排名程序中做出的評斷有主觀性的顧慮。
4. 可能使管理階層只專心培養有潛力的員工。
5. 可能會不公平地開除績效表現不佳員工的管理階層與部門。
6. 不可能持續提高標準。
7. 不適用於全是有潛力員工的組織。
8. 在齊頭式的平等下比較，就是不公平。
9. 可能錯失表現越來越好的人，而高估舌粲蓮花的人。
10. 排名偏低的員工可能認為排名是非法歧視員工。

資料來源：

1. 百度文庫（2012），強迫排名。網址：http://wenku.baidu.com/view/c3909836a32d7375a41780b4.html，擷取日期：2012/6/8。
2. 曾沁音譯（2006），強迫排名：讓績效管理奏效，找出未來領導人，原著：Dick Grote，臉譜出版。

績效評估之謬誤

企業在每年底就會開始針對各部門與員工做績效評估，但要如何有效地評估，一直以來都是老闆傷腦筋的地方，企業通常訂有年度和長期獎勵計畫，如果營運單位高階主管超越財務目標，就可以獲得獎勵，但問題是，經理人在編製預算時有可能壓低績效目標，且盈餘和其他會計數字，與創造股東價值的長期現金流量無關，特別是用這些會計數字作為單季和年度指標，所以針對上面的問題作者阿佛列德・拉波特（Alfred Rappaort） 在《10 Ways to Create Shareholder Value》第七誡中提出了幾點：

一、設計不同的評估工具

不該用股價看個別營運單位的績效，如果只以單一股價來看各個單位的績效顯失公平，有些單位會坐享其成、連帶獲利，並不會激勵到他們的工作士氣，所以必須設計不同的工具，例如股東附加價值（Shareholder Value Added, SVA）。SVA 的計算，是用標準的折現法，把因為銷售成長和營業利益而帶來的預估營業現金流量換算成現值，然後減去那段期間所做的投資。由於 SVA 完全根據現金流量計算而得，所以不受會計方法的扭曲，明顯優於傳統的評量方法。

二、獎勵計畫可以保留一部分獎金，以便將來績效不彰時，仍能獎勵主管

獎金不應該一次全部發放給員工，不可能每一年都會達到如此好的績效，所以應保留部分的獎金，在績效狀況不好時也能夠給予獎勵。

三、年度和長期獎勵計畫合而為一

將年度和長期獎勵計畫合而為一，不需訂定兩套計畫。公司不必根據預算來訂定獎金發放門檻，而是針對逐年提高績效的優異表現、同業標竿比較，甚至股價代表的績效期望來設定標準。

資料來源：

1. Rappaport, A.（2006）. Ways to Create Shareholder Value. Harvard Business Review, September, 67-77。

http://www.hbrtaiwan.com/article_content_AR0000003.html，檢索日期：2018/12/21。

IBM 的高績效考核制度

成立超過 100 年的 IBM，全球大約有 40 萬名員工，新世紀中 IBM 成功地從硬體製造轉型為資訊服務業，其關鍵的因素就是擁有高品質的人力，並能持續創新，透過彈性的管理制度，激發員工潛力，實為全球首席的人才製造機（林立綺，2012）。

IBM 的組織文化強調高績效，因此 IBM 的績效考核制度呈現以工作結果論，並依結果作為獎勵的依據，反映在個人薪資上，藉以激勵員工，期望員工能達到「超越自我！比原本能夠做到的再多一點」，也因為有良好的績效管理制度，IBM 才能成為高績效公司，且在電子科技市場上占有一席之地，所以 IBM 的績效管理制度是值得學習的對象，以下將介紹 IBM 公司績效管理的五大原則：

一、雙向溝通原則

溝通是了解的開始，有充分的了解才有合作的開始，這道理不管是在同事與同事之間，還是上司與下屬之間，只有建立起良好的溝通管道和相互了解，才能使組織內的工作氣氛更加協調，進而提升工作效率。因而 IBM 的組織文化強調雙向溝通，且在 IBM 的組織文化和員工至少有四個溝通管道下，可以讓員工盡情地提出個人想法，使公司內部沒有單方面的指示和有屈不能申的情況發生，充分地尊重公司員工和實踐企業信念。上述有提到 IBM 的員工至少有四個溝通管道，如下：

1. 與高層管理人員面談（Executive Interview）。
2. 員工意見調查（Employee Opinion Survey）。
3. 有話直說（Speak up）。
4. 員工申述（Open door）。

個案討論

二、透明原則

IBM 要求業績評估的結果由管理階層在第一時間內與員工溝通，將資訊提供給員工，消除彼此之間的猜忌，且對員工而言，公司內部資訊的流通不僅可以滿足員工對公司的知情權，也讓員工充分地了解公司目前的狀況以及如何能使公司變得更好，使得員工容易從工作中得到成就感並願意接受挑戰，且激發出員工對工作的熱情和鬥志。

三、指標精練原則

將複雜的事情簡化，簡化後留下來的往往是核心的本質。因此精要、簡確地設定三到五個績效指標，將會比設定數十個或者更多績效指標的效果來得好。因此 IBM 只在乎銷售收入、存貨周轉、品質、顧客滿意度和利潤等幾個指標的績效。

四、強調執行原則

溝通常常會被口語表達能力強、人際互動關係好，或擁有很多資源、影響力的人，或為了獲得更好的評估績效的人所利用，那種類型的人通常擅於把「想」做的事情表達得很有理想、遠見，但實際上卻沒有一點執行能力。因此，IBM 的績效管理原則是，必須根據員工的承諾與實際完成的進度一起進行評估，而不僅僅只是天花亂墜的報告。

五、正面激勵原則

IBM 對員工基本上只有獎勵、沒有懲罰；工作做得好會分配獎金、漲薪，若沒做好雖不會減薪但也分配不到獎金，員工自然而然地就會意識到沒有漲薪、獎金是一種警訊或懲罰，這種激勵文化必須有自我實現意識、企業文化的認同感很高的員工，而 IBM 正是建立在此種高素質員工的基礎上，因為 IBM 整體的企業文化是尊重他人，追求臻至，激發員工的潛在能力，以達到高績效。

而 IBM 的績效考核是以什麼為準則？問起 IBM 的員工，常會聽到「讓業績說話（Performance Says）」，因此，可知 IBM 的績效考核是以個人業務承諾（Personal Business Commitments, PBC）為準則，所有員工都需依「力求勝利、快速執行、團隊精神」的價值觀，設定各自的「個人業務承諾」準則，所以每年年初每個員工都要充分了解公司新設定的業績目標和具體的關鍵績效指標（Key Performance Indication, KPI），並在管理階層的指導下制定自己的 PBC，也需列舉為實現這些目標需採取的具體行動，個人業務承諾具體細節如下：

個案討論

1. 必勝（Win）：不放過任何可以成功的機會，用堅強的意志完成任何事。例如：市場佔有率是最重要的績效評等考量。
2. 執行（Execute）：強調不光是坐而言，必須起而行、即時行動。
3. 團隊（Team）：單位間不容許衝突，絕不讓顧客產生疑惑。

IBM 將績效做為給予員工公平待遇及升遷的依據，為了加強報酬制度的激勵效果，增加工作績效獎金，並減少固定薪資的比重，績效好的人自然可以得到較好的報酬，這樣以個人對公司貢獻度多寡的給付制度，帶領 IBM 整體朝向高績效前進。另外，IBM 強調經理人和員工之間有效地雙向溝通，透過工作評估、績效規劃與評估、薪資計畫準則及門戶開放政策等制度，確保 IBM 員工能夠獲得公平的薪資待遇。

資料來源：

1. 林立綺（2012），IBM 實戰經驗打造全球整合型人才，能力雜誌，2012 年 3 月號。
2. 王曉玟（2009），三大機制找到 IBM 領導人，天下雜誌，431 期。
3. 丁志達（2003），績效管理，揚智出版。

• 基礎問題

1. IBM 公司的績效管理有哪五大原則？
2. 還有哪些公司具備著名的績效管理制度？試著簡略地敘述出其績效管理制度，並比較 IBM 與該公司的績效管理制度有何不同，並試著列出各自的優缺點。

• 思考方向

可針對 IBM 的競爭對手，例如：Apple、Dell 戴爾電腦、HP 惠普等公司的績效管理制度分析，列出優點及缺點，以進行比較。

一、選擇題

(　　) 1. 強迫排名是屬於哪一種績效評估方法：(A) 常模參考型　(B) 行爲型　(C) 產出基礎型　(D)ABC 作業成本法。

(　　) 2. 請問王品餐飲集團，在顧客用餐後，請顧客針對服務人員填寫顧客滿意度評分表，此爲何種績效評估方法：(A) 直接排序法　(B)360 度績效評估法　(C) 加註行爲評分表法　(D) 目標管理法。

(　　) 3. 以行爲頻率作爲績效評估的重點，此爲：(A) 目標管理法　(B) 加註行爲評分表法　(C) 行爲觀察尺度法　(D) 混合標準尺度法。

(　　) 4. 平衡計分卡同時考量過去結果及未來發展的平衡，其中的過去結果是指：(A) 財務面　(B) 顧客面　(C) 內部流程面　(D) 學習成長。

(　　) 5. 企業可以由哪兩個面向評估員工的績效：(A) 工作行爲及工作成果　(B) 工作頻率及工作行爲　(C) 工作成果及工作內容　(D) 工作態度及工作時間。

(　　) 6. 績效評估制度必須妥善規劃、設計完善，並徹底執行，首要的步驟爲：(A) 回饋與教導　(B) 進行工作分析　(C) 進行評估　(D) 確認績效目標。

(　　) 7. 將員工依其好壞比較後加以排序，包括直接排序法、交替排序法、配對比較法、強迫配分法四類型，是何種績效考核：(A) 行爲型績效考核　(B) 產出基礎型績效考核　(C) 常模參考型績效考核　(D) 貢獻記錄法。

(　　) 8. 何種排序法最容易使主管較易辨別員工表現的差異性：(A) 直接排序法　(B) 交替排序法　(C) 配對比較法　(D) 強迫配分法。

(　　) 9. 何種評估方法的工具較容易發展，受到廣泛使用。但缺點在於表內的各項評等因素不易周全涵蓋，而且評比的結果，在詮釋上會因評估者而異：(A) 敘述式表格　(B) 評等尺度圖法　(C) 重要事蹟法　(D) 加註行爲評分表法。

(　　) 10. 何種績效考核法，概念清楚簡單，且可避免月暈偏誤？(A) 直接排序法　(B) 強迫分配法　(C) 策略性行爲基礎尺度圖法　(D) 目標管理法。

二、問題探討

1. 說明績效評估的意義與目的及其重要性？
2. 描述績效評估的程序？
3. 討論績效評估的方法及其優缺點？
4. 說明績效評估時所應避免的問題？
5. 討論各種不同的評估者評估績效的利與弊？
6. 說明如何執行一個評估面談與應注意事項？

參考文獻

一、中文部分

1. 王祿旺譯（2002）。《人力資源管理》，第八版，臺北：培生教育出版。
2. 吳美連、林俊毅著（1999）。《人力資源管理：理論與實務》，第二版，臺北：智勝出版社。
3. 張火燦著（1998）。《策略性人力資源管理》，第二版，臺北：揚智出版社。
4. 黃英忠、曹國雄、黃同圳、張火燦、王秉鈞著（2002）。《人力資源管理》，第二版，臺北：華泰文化事業公司。
5. Bock, L. 著，連育德譯（2018）。《Google 超級用人學》，第二版，臺北：遠見天下文化出版股份有限公司。
6. Dessler, G. 著，方世榮譯（2001）。《人力資源管理》，第八版，臺北：華泰文化事業公司。
7. Lawrence S. Kleiman 著，劉秀娟、湯志安譯（2001）。《人力資源管理：取得競爭優勢之利器》，初版，臺北：揚智出版社。
8. Robert S. Kaplan, David P. Norton 著，朱道凱譯（1999）。《平衡計分卡：資訊時代的策略管理工具》，初版，臉譜文化出版。

Chapter 8

薪資管理

本章大綱

名人名句

降低薪資不會降低成本，反而會增加成本；低成本的方法乃是支付高薪予高水準的人力。

亨利　福特 (Henry Ford) 美國工業家與汽車業先驅

薪資管理是人力資源管理中一個重要的環節，其主要目的是決定員工的薪酬，激勵員工的工作績效，進而發揮人力效用的最大效益。而在本章節中我們將討論的重點放在薪資體系、薪資結構及薪資政策等三個構面，之後再藉由工作評價來分析各工作的相對價值，並發展薪資散布圖及建立薪資等級，用以評定每項工作的價值。

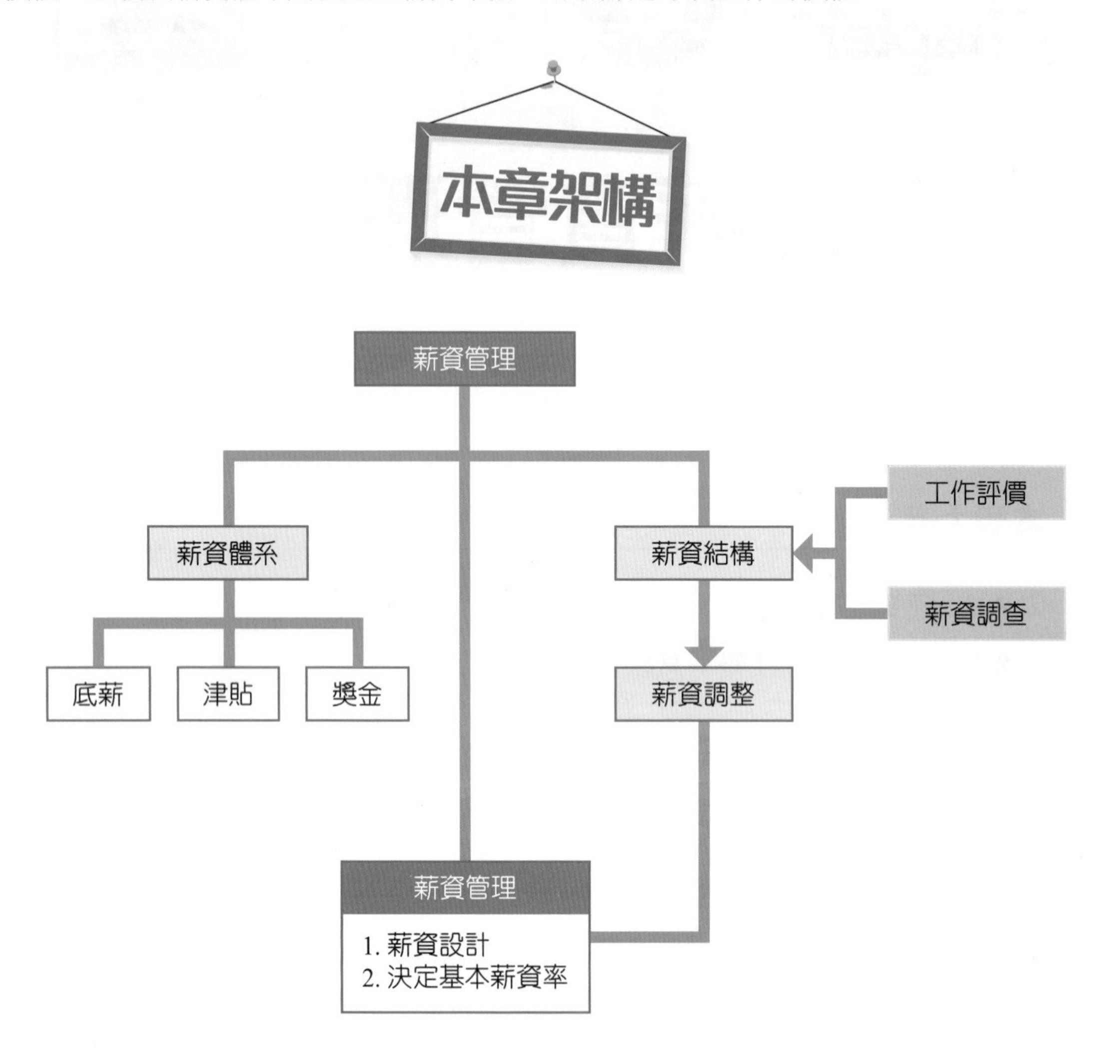

在競爭日益激烈的商業環境中，國內外企業均不斷地追求提升經營績效的創新管理方式。企業若能運用一套有效的薪資管理制度，不但能激勵員工符合公司成本，更能進一步建立企業文化，吸引並留住優秀人才，提高組織的士氣，並提升公司經營績效。因此，薪資管理乃是企業成長與永續經營的基礎，究竟企業要如何利用有限的資源，讓薪資發揮最大的效用，將是企業經營成功的重要關鍵之一。

8-1 薪資管理的觀念

一、薪資的意義及目的

良好的企業和良好的薪資管理是分不開的。每個職位和每個員工都對企業發展有重大的影響，良好的薪資管理將有利於提高員工忠誠度，並使企業保持長久的活力。美式大賣場 Costco（好市多）是全球第 3 大零售商，其在電子商務盛行的今日，營業額依然逐年成長，除了高 CP 值的商品受到消費者喜愛之外，具備高度忠誠度及生產力的員工亦爲營業額蒸蒸日上的關鍵。此乃有賴於好市多提供員工高於業界標準的薪資水準，同時還幫員工投保健康保險及提供退休金計畫，儘管員工的薪資福利成本高昂，但是好市多每名員工可以爲企業帶來的營業利潤亦高於同業，其離職率亦爲同業最低，可知良好薪資及福利制度，有助於穩定人力及提高生產力，爲企業創造更多利潤。

薪資一詞乃源自英文薪水（Salary）與工資（Wage）的通稱。嚴格來說，兩者有所區別，薪水是指從事腦力工作的勞心者或白領階級之報酬；而工資是指從事體力工作的勞力者或藍領階級之報酬。但在生產日趨機械化與自動化的今日，工作人員往往需要同時應用體力與智力及管理的人性化，所謂的薪水與工資亦難區分，故薪資一詞二者皆通用。

而薪資乃是指組織對於員工提供的服務所支付的報酬。薪資不僅滿足人的基本需求，同時也代表個人的成就、權力的象徵與社會的地位；此外，薪資也代表員工在組織中的價值，使得個人可從中建立自尊。

然而薪資的給付除了上述的意義之外，我們將一般組織支付給員工薪資的目的整理出下列幾點：

(一) 酬償員工之服務

員工在組織內爲企業服務，因而對組織產生貢獻，因此組織必須給予一定的回饋，因而提供薪資酬勞以酬償其服務。

(二) 維繫員工之地位價值

員工在組織內服務，爲組織貢獻心力，勞心勞力地付出，在組織中必受團體的愛戴，而創造了其價值地位。因此，組織應給付員工薪資，以利維繫其存在地位的價值。

(三) 滿足員工的需求

每個員工都有其生理與心理的需求，然而要滿足這些需求，勢必透過薪資的給付完成其滿足需求之心願。於是，組織支付員工薪資，不僅可以滿足員工對薪資之需求，更能滿足其生理與心理需求。

二、薪資管理的意義

薪資管理（Pay Management）爲人力資源管理中相當重要的一環，其目的主要在於訂定公平而合理的薪資政策，滿足員工的生理及心理需求，吸收優秀人才，使員工無後顧之憂且獲得激勵，進而對工作全力以赴，提升工作品質及效率，發揮最大的效益，提高企業競爭力。當然，良好的薪資管理也能促進和諧的勞資關係，對人力資源發展也有正面的意義。

三、薪資管理的原則

一般而言，薪資管理需要把握下列兩項原則：

(一) 公正性的原則

所謂薪資的公正性是指員工所獲的薪資與自己的工作成果的關係，相較於其他同仁覺得公平合理。假若員工有不公平的感覺存在，對組織的士氣及績效將有負面的影響。

(二) 勞資互惠原則

良好的薪資管理不但可以促進工會與管理當局的和諧，而且也可以增進勞資雙方的相互合作，共謀企業的成功。因此，一個公平而合理的薪資制度必須能夠使勞資雙方互蒙其利，故提高薪資與增加生產應齊頭並進。

8-2 薪資設計的背景：激勵

對大多數的員工而言，薪資乃是生活所必需，如果所給付的薪資過高或過低時，將造成組織內部許多不必要的紛爭，例如薪資過高時，可能會造成企業的經營成本負擔，反之則可能無法吸引與留下公司的人才。因此，在薪資設計時必須考慮到激勵的因素，不但能促使員工更具向心力與士氣來爲組織付出，更可以有效留下人才，因此我們以圖 8-1 表示之。然而一般相關的管理書籍對激勵理論已有一定程度的介紹，我們在此就不加贅述。

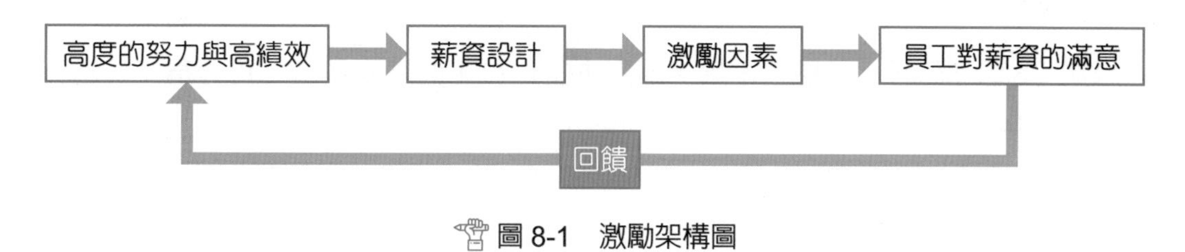

圖 8-1　激勵架構圖

資料來源：本書資料整理

8-3 薪資體系

薪資體系是構成薪資總額的各類項目，如圖 8-2 所示。一般而言，企業支付給員工的薪資項目包括基本薪資與獎金兩種。基本薪資實際上是底薪加上各種津貼或加給，是一種經常性給付的薪酬，爲企業組織薪酬支出的固定部分，而獎金則是浮動的酬償部分。

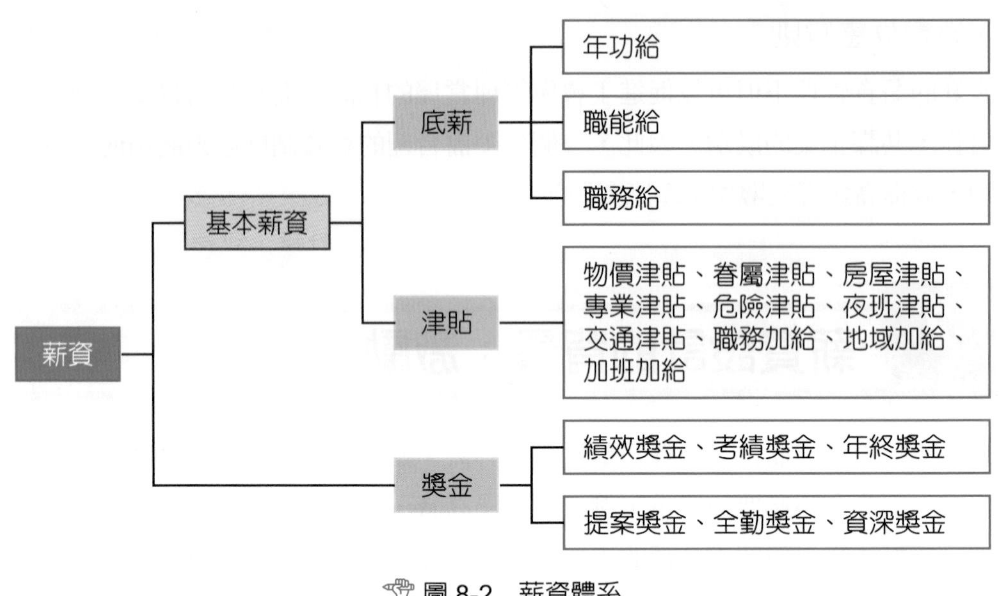

圖 8-2　薪資體系

資料來源：本書資料整理

一、底薪

底薪（Base Salary）又稱基本給，即雇主支付員工的基本薪資，可分爲年功給、職務給、職能給三種。

(一) 年功給

一般是根據員工個人的學歷、年資或經驗等個人的條件，加以決定薪資的等級，而此制度在亞洲國家較廣爲採用。

(二) 職務給

主要是依據個人工作之品質與數量的相對價值來決定薪資。而所謂相對價值是指工作所負的責任度、困難度、危險度與複雜度等因素，經過工作分析與評價之後所得出的給付標準，再依其標準給付，亦即依「同工同酬」的原則來決定薪資，此制度在歐美國家較爲盛行。

(三)職能給

主要是依員工個人在工作職務上的表現能力或貢獻度，來決定薪資給付標準。其意義與職務給類似，只是職務給的評價對象是職務，而職能給的評價對象是工作能力，包括員工的基本能力（知識、技能、體力）、意志力（規律性、協調性、積極性）與精神能力（理解力、判斷力、企劃能力）等。

二、津貼

津貼是針對員工在特殊勞動條件下，爲企業所付出的額外勞動消耗、生活費支付及對身體健康的損害所給予的物質補償。津貼的種類繁多，每個企業的情況不一樣，所能提供的津貼需求也不一樣，主要可歸納如下幾種：

1. 物價津貼：爲因應外在環境的變動，所給予的津貼，例如因通貨膨脹及物價波動等因素而給予之。
2. 眷屬津貼：可能因員工之眷屬人數多寡，而給予適當的津貼或實物配給。
3. 房屋津貼：主要是針對未配有宿舍之員工給予之。
4. 專業津貼：針對擁有特殊技術的專業人員或技術人員給予之。
5. 危險津貼：對於所擔任的工作或較有危險性的員工給予之。
6. 夜班津貼：由於輪夜班的人員較可能產生疲勞狀況，因此給予之。
7. 交通津貼：對於遠地通勤人員，或未搭乘交通車人員，或對外務人員給予之。
8. 職務加給：對於主管人員或職務較重者給予之。
9. 地域加給：由於服務偏遠、深山，此種交通極爲不便的地區人員給予之。
10. 加班加給：即加班費，對於超過規定工作時間者，按超時之時數給予之。

三、獎金

獎金是一種補充性薪酬形式，它是針對雇員超額勞動所給予增加收入或減少支出的一種報酬形式。員工在創造了超過正常勞動定額以外的勞動成果之後，企業會以物質的形式給予補償，並依外在環境的變動而加以彈性調整，但通常以貨幣形式——也就是獎金的方式，給予補償，一般分爲績效獎金、考績獎金、年終獎金、提案獎金、全勤獎金及資深獎金等。

(一) 績效獎金

主要是因爲在工作績效上有突出的表現，所給予的獎金，而其獎金的多寡則視其直接參與營運之績效、生產績效、作業績效之高低而給予之，或稱盈餘獎金，或紅利。企業在年終或一定期間結算後而有盈餘時，依盈餘多寡分配給員工，有的企業規定員工分得盈餘獎金後，作爲入股資金，建立員工即股東的制度。一般績效獎金對於提高員工工作效率與激勵士氣，有很大的幫助。

(二) 考績獎金

企業會定期將員工之工作表現作一考核，成績優秀者除了可能在職位晉級外，並另外給予獎金以資鼓勵。

(三) 年終獎金

企業於年終時，將會檢討過去公司一年裡的營運成果，給予員工一筆獎金，而獎金的多寡通常視企業營運成果而定。

(四) 提案獎金

主要是針對員工在工作上，有所建議或特別的提案，且具有採行價值，或經採行後對公司有一定貢獻者，給予獎金。獎金的多寡應依提案的價值而定。

(五) 全勤獎金

是指員工在一定期間（1 個月或 1 年）內，無請假，亦無曠職、遲到、早退者，給予獎金。全勤獎金數目不宜太大，否則對有事而必須請假的員工是不公平的。

(六) 資深獎金

主要是針對公司內部服務較爲資深的員工，如在同一公司達一定年限，20 年、30 年者，給予獎金，以答謝資深員工。

8-4 薪資結構

薪資管理的最終目的即是希望公司能有一套完善的薪資政策；然而在制定薪資政策之前的主要工作是規劃薪資結構（Pay Structure）。關於薪資結構的規劃，我們以戴斯勒（Dessler）於 1988 年所提出的四個步驟加以說明建構的過程，如圖 8-3 所示。首先是進行薪資調查，蒐集有關同業或該地區產業等的薪資資料，然後加以分析整理，以便比較同業的薪資差異，然後將調查的資料予以比較，以作為設定薪資給付的標準，之後再衡量企業本身所面臨的外在環境因素和內部實際的需要，決定薪資率，進而完成薪資政策。

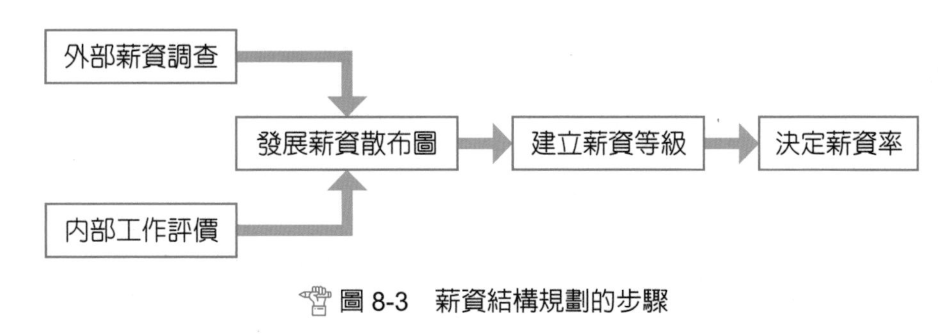

圖 8-3　薪資結構規劃的步驟

資料來源：本書資料整理

一、外部薪資調查

今日的企業都生存在一個高度競爭的勞力市場，若想要吸引優秀員工，則企業必須調查當地其他企業相同或類似之工作薪資，與自己企業現行的薪資相互比較，而依據自己企業之其他條件，調整薪資結構，以確保企業的競爭地位。因此薪資調查（salary survey）是指一種資料蒐集方法，主要是針對同業或相近企業有關薪資標準進行調查與比較，其目的是希望能瞭解目前同業的給付水準，以供自己參考調整之用。而一般薪資調查的內容不外乎為工作的起薪、底薪、加班費、津貼、休假等。進行調查時如果能同時提供該工作的工作說明書與分析，將可確保調查工作的準確性。

薪資調查的方式有許多種，根據過去的一項研究指出，大多數的資料來源是以雇主與雇主間薪資資料交換為主；而有的業者會定期檢視報紙中的廣告，作為蒐集資料的方法；另外有人會詢問職業介紹機構以決定其工作的薪資；最後，少數雇主會以正式問卷的方式向其他雇主詢問。因此當我們已完成外部的薪資調查之後，則將薪資調查所得的資料與公司內部工作評價所得的點數進行綜合分析，可得一同業的市場薪資散布圖，而依此圖所繪出的市場薪資線，可求得公司內各工作等級的薪資範圍，或稱薪距（Pay Range），並訂定薪資結構表。

二、內部工作評價

工作評價是提供組織透過分析評價方法，釐清工作職掌與工作角色，藉由適當的評等，再配合外部薪資水準調查資料，同時考量薪資架構中可能產生的薪資擠壓、競爭性與升遷空間，再以正式而有系統的方式對各項工作進行比較，以決定每一個工作的相對價值，進而決定工資或薪資的等級，是規劃薪資結構時最重要的步驟，也是薪資管理的基礎。工作評價所使用的主要資料來自於工作分析後所得的工作說明書與工作規範，依據工作技能、責任輕重、努力程度、知識能力與工作條件等「工作內容」，決定一個工作在組織中的相對價值。所謂工作內容即稱爲「報酬因素」（compensation factor）。

(一) 工作評價程序

工作評價程序有下列五個步驟，如圖 8-4 所示，並詳細說明如下：

1. 擬定計畫

   要實施工作評價，首先要訂定評價計畫，諸如確定評價目標、決定所要評價的計畫範圍，或決定所要評價的對象，另外，決定由誰負責籌劃與實施，最後編列整體的預算。

2. 蒐集資料

   計畫擬定後，接著要蒐集相關之評價資料，包括評價之因素、工作類別、職等、薪資及員工工作情況，以做爲施行評價之參考。任何一項工作資料的蒐集均可從該工作之執行者或其直屬主管獲得。

3. 工作分析

   資料蒐集後，便要進行工作分析，借助於一定的分析手段確定工作的性質與結構，再對每項工作做詳細的瞭解，予以分析與研究，然後撰寫工作說明書；並於說明書中正確地指出工作的任務、責任及所需的能力等。然後據此撰寫工作規範，以規定能圓滿執行某項工作所需的條件。

4. 審核及評價

   根據工作分析的結果，對每項已說明的工作進行評價。評估人員在最初可以獨立地評價每一項工作，然後集體開會，共同研商，以解決相異之處。

5. 歸等

   利用已得的工作資料，依據工作說明書，衡量每項工作的價值，評定每一職位的總分數；然後依據總分數之高低，與職等對照表對照，即可得知其相對價值，並比較各項工作的地位。

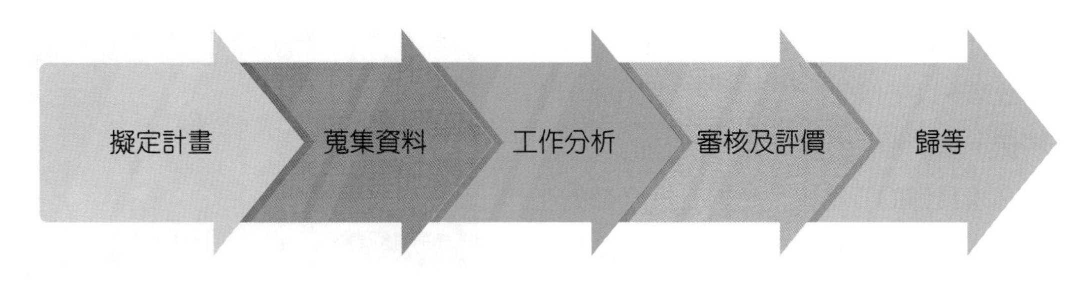

圖 8-4 工作評價程序圖

資料來源：本書資料整理

(二) 工作評價的方法

工作評價的主要目的在於建立薪資制度，以客觀的職位與職位間評定其對組織的相對重要性與貢獻度，進行對薪資制度建立的基礎，使薪資制度更能符合內部及外部公平性與合理性，因此可說是人力資源管理制度建構的基礎。而工作評價一般而言，大致分爲兩類共四種方法，第一類是工作與工作比較，此類又分爲主觀非量化的排列法與客觀而數量化的因素比較法。第二類則由工作與預定之標準進行比較，此類亦以主觀非量化的工作分類法及客觀而數量化的加權點數法兩種分法，基本上，工作評價多以排列型與評價型兩種作法。

所謂排列型係依工作特徵的相似點進行比較，而評價型則將工作細分爲數項因素，再依各別因素建立其價值區分。總之，一般工作評價有下列四項基本方法，前 2 種屬於主觀非量化的方法，後 2 種屬於客觀的數量化方法：

1. 排序法

最簡單的工作評價方法就是排序法（Ranking Method），主要是根據各項工作的難易程度、價值或貢獻，將所有工作價值由高至低依次排列，分為各種等級排列比較，一般適用於工作性質單純、種類不多的職務。排序法的優點為簡單、方便及容易使用，相對缺點則是排列出的順序因沒有訂定之間的差異程度，而無法對所評估的工作之價值提供客觀的標準，由於主觀性太強，隨著分析法在工作評價中的應用，它將逐步被淘汰。

2. 工作分類法

工作分類法（Job Grading Method）是排列法的改革，以工作分析為基礎，按工作的性質、特徵、繁簡難易程度、工作責任的大小和人員必須具備的資格條件，對企業全部的工作進行多層次的劃分，即先確定等級結構，然後再根據工作內容對工作進行分類。

而此方法中，最關鍵的一項工作是確定等級標準。各等級標準應明確反映出實際上各種工作在技能、責任、知識、經驗上存在的不同水平。在確定不同等級要求之前，要選擇出構成工作基本內容的基礎因素，但如何選擇因素或選取多少則依據工作性質來決定。確認各工作基礎因素之後可將組織內所有工作分成約五到十五個等級，再將等級排列比較而得出等級說明書。其執行評價程序乃先比較某工作的工作說明書與等級說明書，決定此工作是歸於哪一個等級而得出此工作的相對價值。此法的優點是比較簡單，所需的經費、人員和時間也相對較少，較適用於工作內容不太複雜的部門，能在較短的時間內得到滿意的結果。因為等級標準都參照了制定因素，使得結果比排列法更準確、客觀。而其缺點則是確定等級標準上的困難，對於不同性質的工作評比存在相當大的主觀性，因而導致許多難以定論的爭議。

3. 加權點數法

加權點數法（Point Method）的主要原理是將工作職務分解成幾個要素，這幾個要素是全公司所有的職務。而後再依公司的業務內容和對不同要素的重視程度，確定這些要素在職務評價過程中所應占的比重。再將各個要素依其重要程度或難易度劃分出幾個等級，各等級賦予不同的點數。最後，即可進行職務的評價。它的步驟包括：

(1) 決定各種工作所包含的因素，並將每一個因素分爲若干級數；(2) 確定所評價的工作中這些因素所屬的等級；(3) 分配權重於各因素及其等級中，再按各因素的權重分配點數；(4) 根據點數的高低決定此工作的相對價值。

加權點數法的優點是把每一種工作的相對價值以較準確的分數表示，利用量化的方式來衡量，故較爲客觀性；缺點則是計算過程較爲複雜，且衡量工作的價值因素及因素權重不易確定，因此，可能要花費較多的成本與時間。

4. 因素比較法

尤金·班恩（Eugene Benge）在 1926 年發展因素比較法（Factor Comparison Method），此法類似加權點數法與排序法的結合，是依決定的評價因素對選定的標準工作進行評分分級，制定出標準的工作分級表，把非標準的工作與標準工作分級表對比並評價相對位置的方法。其步驟包括：

(1) 選出公司內若干種代表性的工作，並確定工作評價標準所需的各項因素。

(2) 將各因素根據所選定的工作加以排等。

(3) 將每個因素配以權重。

(4) 藉由與代表性的工作相比較，評價所有其他非代表性工作。

此方法的優點是評價之結果較爲公正，因爲將各種不同工作中的相同因素相互比較，然後再將各種因素的工資累計，則可降低主觀性。而在時間的耗費上也較少，由於進行評定時，所選定的影響因素較少，不但避免重複，也簡化了評價工作的內容，縮短評價時間，同時也減少了工作量，因爲已先確定標準工作的等級，然後以此爲基礎，分別對其他各類工作再進行評定，大大減少了工作量。而此法的缺點則是在各影響因素的相對價值占總價值中的百分比，完全是憑藉考評人員的直覺判斷，因此必然會影響評定的精確度，且操作起來相對比較複雜。

一般我們在選擇適當的工作評價法時，可以依據下列三項效標來考量（Hills, 1989）：

(1) 複雜程度與費用：排序法最簡單，花費亦最低，適用於小型企業；加權點數法較複雜，花費亦高，適用於大型企業。

(2) 合法性：排序法的爭議性較大；加權點數法較理性，較有系統，爭議亦較少。

(3) 理解性：加權點數法最易理解；排序法與因素比較法較難理解，也較主觀，且不易被接受。

此外，選擇方法時尚須顧及組織本身的特性，通常企業組織內會有許多不同的工作群，很難找到共同或普遍性的評價因素。因此，企業大多是根據不同的工作群，採用不同的工作評價法，或用不同的工作因素來評價，也就是以多元的工作評價方式來運作。而表 8-1 為各種工作評價方法的優缺點比較。

表 8-1　工作評價方法優缺點比較

評價方法	優點	缺點
排序法	1. 簡單容易使用 2. 成本低	1. 主觀判斷 2. 缺乏可信度
工作分類法	1. 簡單有彈性 2. 經費成本少	1. 主觀性高 2. 缺乏量化
加權點數法	1. 具客觀性 2. 較具精確度	1. 耗時 2. 成本高 3. 計算過程複雜
因素比較法	1. 客觀性高 2. 較具精確度 3. 時間耗費少	1. 操作相對複雜 2. 彈性不高

資料來源：本書資料整理

三、發展薪資散布圖及建立薪資等級與薪資範圍

經過工作評價決定了每項工作的相對價值之後，可將類似價值的工作組成一職等，每一職等則對應一薪資等級，或稱為薪級（Pay Grades）。再將薪資調查資料與工作評價所得的分數當作兩個構面，可繪成一散布圖，如圖 8-5 所示，在散布點上劃一最佳配適直線，是為市場線（Market Line）。

當散布圖繪出，薪級建立後，薪資範圍也可同時建立。方法是用市場線做中點，往上與往下推 10 ～ 30%，可得薪級的最大與最小值，即薪資範圍或薪距。換言之，薪資結構就是將工作評價後所得出的工作相對價值劃分成各職級，再依員工的學歷、工作經驗、技能等條件，決定員工應在哪一等級，可拿多少薪水，如此公司內每位成員的薪資便有一清楚的標準，此即為公司的薪資結構。

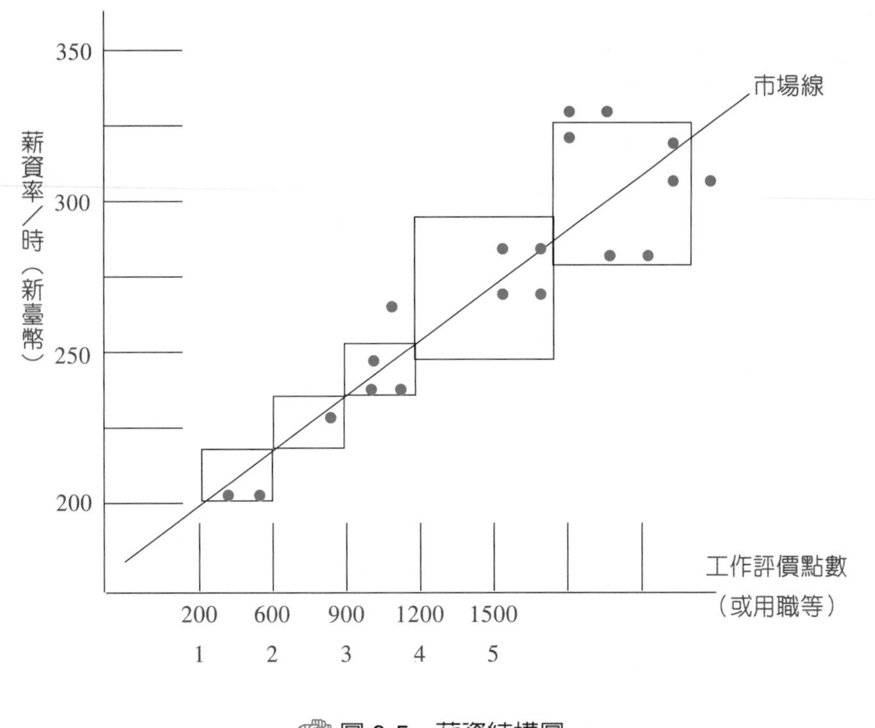

圖 8-5　薪資結構圖

資料來源：本書資料整理

四、決定薪資率完成整體規劃

當我們完成了薪資等級表之後，最後即是決定各員工的薪資報酬，而且企業必須定期對內部雇員的工資結構進行調整，主要是參考市場工資率的變動，而工資等級的調整是基於企業管理的需要。然而調薪的目的是希望能建立更公平的報酬制度，以因應外在環境的變動與提高員工滿足。

決定薪資給付基本因素大致分爲外在因素、工作因素、組織因素及個人因素。

外在因素包括市場因素、地區及產業的薪資差異、政府法律以及社會的期待。組織因素包括給付薪資的能力與利潤，組織內資本密集、知識技術的要求，責任的複雜性、工作經驗、工作熟練度、社會技術及領導等。個人因素包括工作績效、生產力，經驗與年資，以及潛能或發展能力。

8-5 薪資政策

薪資政策是公司管理其薪資體系的一般性指導原則，也是組織的重大管理決策，因此對於企業招募、任用、留才各方面有絕對的影響，在制定時組織需要考量本身能支付多少薪資給員工，故訂定薪資政策時可從市場競爭力與薪資保密或公開政策切入，且在薪資策略的考量下，擬訂出薪資政策的方針。而一般制定薪資政策大都是由企業中、高階經營層來加以制定，因此，爲求政策的健全性，在制定時對於一切相關的因素，都必須詳加調查和分析，再依據該等資料確定企業本身的薪資標準，釐訂員工待遇。而薪資政策制定的流程參見圖 8-6。

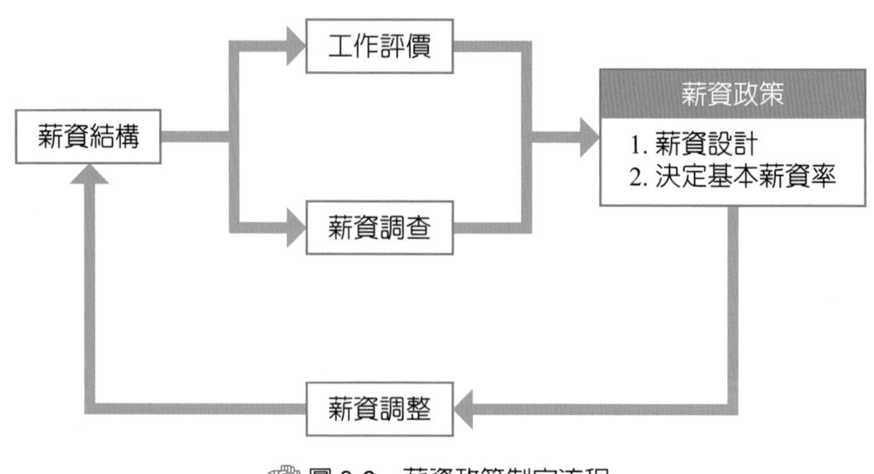

圖 8-6　薪資政策制定流程

資料來源：本書資料整理

一、薪資政策的要件

在制定薪資政策之前，我們必須先瞭解薪資政策制定的四項要件：

(一) 政策的確實性

在制定政策時必須考慮到公司現有的資源與能力，以確保公司政策目標的可行性，能否有效地實行。

(二) 政策的適應性

政策必須因應外在環境改變與公司內部的需求變化，而有所調整，因此必須不斷地改善，並以彈性變動的方式，適應整個環境與組織的變化，確保政策的時效性，避免政策過時，而無法有效發揮其功能。

(三) 政策的簡明性

在政策的制定上，主要的目的是希望能讓公司全體員工有所瞭解並接受所制定的政策，當員工不瞭解時，便很難去接受此政策。因此，擬定政策時必須以簡單、明確的文字敘述其內容，讓員工容易溝通和明瞭並接受該政策。

(四) 政策的公平性

要讓所有員工均能獲得其應有的報酬制度，就必須建立一個均衡而合理公平的分級薪資結構，以發揮激勵的作用，提高工作生產力與員工滿意度。

二、薪資的決定

決定基本薪資率主要是以先前所介紹的薪資結構的分析與調查爲依據，再更進一步地制定出明確的薪資給付額，而一般的程序爲決定基本薪資率再設計薪資幅度。其流程參見圖 8-7。

圖 8-7　薪資決定流程

資料來源：本書資料整理

(一) 決定基本薪資率

普通使用的薪資率有兩種，一種是單一薪率（single or flat rate），另一種是可變薪率（varying rate）。所謂單一薪率即固定薪額的等級，每一職等只有一種薪額，凡屬同職等之員工均獲同一報酬。反之，可變薪率則是在每一職等內有不同的薪級；員工得依其年資、能力、考績或技術之熟練度等基礎，在同職等內支領不同薪資。

(二) 設計薪資幅度

設計薪資幅度，首先須考慮幅度大小的問題。幅度的大小或其間的數目可按工作等級的多寡來決定。幅度的差距相等或相近，是薪資結構的重要原則。薪幅不得過低，否則會失去激勵的作用。但薪幅過寬，則可能導致晉級的機會減少。其次考慮的是各職等薪資幅度間是否重疊的問題。薪資幅度重疊與否各有其優點，一般多以某一職等之薪額中點作爲次高職等的最低薪資。

(三) 薪資設計

薪資設計必須依照公司所訂定的薪資政策而設計，而「時間」與「產量」是設計時的兩大基礎，且必須同時考量職務、地區與個人等因素所產生的差異。因此我們參考學者湯姆斯．默罕尼（Thomas Mahoney）於 1989 年所提的薪資設計模式，了解薪資制度的給付基礎與企業薪資變異的現象。默罕尼將薪資設計上的關鍵性要素歸納成三個構面，每個構面有不同的薪資制度：

1. 工作

   透過工作評價的方法衡量工作在組織中的相對價值，以此價值做爲決定薪資的依據。依此構面所設計出的薪資制度如薪水制（Salary）、計時工資制（Hourly Wage）等。

2. 績效

   以員工的績效表現做爲決定薪資的依據，依此構面所設計出的薪資制度如計件制（Piece-Rate）、佣金制（Commission）、利益分享制（Gain Sharing）、提案獎金制（Suggestion Awards）等。

3. 個人

   以員工的年資、教育或技能等因素做爲決定薪資的依據，依此構面所設計出的薪資制度如年資薪資（Seniority Pay）、技能基準薪資（Skill-Based）等。

(四) 薪資設計的原則

除上述應用工作、績效與個人三個構面來設計薪資制度外，在設計薪資制度時應注意下列幾點原則：

1. 具體、明確、公開

   因爲薪資是勞動的主要條件，在員工開始工作，訂定勞動契約前，就應由人管部門說明支薪的標準、發放方式，讓員工瞭解每一項收入的來源。如果雇主刻意隱瞞，可能會傷害勞資關係，甚至破壞良好的薪資制度。

2. 公平原則

合理的薪資制度必須是公平的，需要能滿足外部公平、內部公平與個人公平。所謂外部公平是指公司的薪資能符合外部市場對類似工作所給予的薪資水準，透過薪資調查，公司可以把市場「行情」納入薪資設計的考量中，而達到與外部公平的目標。所謂內部公平是指公司內某項工作的薪資與其在公司內的相對價值能吻合，換言之，內部公平是著重在勞力本身的價值，包括員工的技術水準、努力程度及訓練等。所謂個人公平是指雇主給付員工的薪資應以個人的績效爲依據，換言之，對同樣工作而言，績效較佳的人應該獲得較高的薪資。

3. 彈性原則

良好的薪資制度應保持部分固定、部分變動的彈性。固定的部分是指在正常情形下的工作報酬，可透過工作分析、工作評價及市場調查得出合理的數字。變動的部分則需考慮工作性質的難易、責任輕重與職位高低而給予不同的彈性運用。

4. 與工作績效密切結合

員工任職前須先被告知其詳細的工作內容和被期待的工作標準，而後將員工的工作績效予以具體化、客觀化、數量化的衡量，讓員工清楚知道自己的工作表現與實現雇主期望的程度和支薪的相對關係。

8-6 結語

現代的企業競爭與人力資源的聯結越來越緊密，依靠人力資源管理的工具爲企業提供了最關鍵的價值，而薪資管理乃是人力資源管理中所扮演的角色，可說是企業內部經營機制中重要的核心所在，它並不只是單純地提供薪資給付而已，更應該考慮如何有效地管理，進而成爲企業成功要素之一。因此如何讓薪資管理發揮其最大的功效，使員工能更加服從公司與鼓舞員工提升士氣，將會是人力資源管理的核心議題之一。

公司的薪資獎勵錯了嗎？

薪資不僅是企業的成本支出，同時也是企業激勵員工的法寶。但是否意謂著員工薪水愈高，工作動機愈強？其實不然，必須有賴妥善的薪資管理與設計，否則只會培養出短視近利的員工，以下以汽車業為例說明。

汽車公司最重視的就是業績和顧客的滿意程度，因此每家汽車公司都會要求經銷商達到公司所訂定的業績和顧客滿意度，並依此評估經銷商的等級和獎勵，因而經銷商會要求業務員「使命必達」。但這樣做真的是對的嗎？業務人員在背負著龐大的業績壓力下，會產生過度的關注，反而容易引起顧客的反感！以下就是一則真實的故事：

曾經有一位顧客到汽車經銷商購買新車，業務員的服務都很好，整個購車過程都很讓這位顧客滿意。而成交之後，業務員請這位顧客在公司針對整個購車經驗的調查中務必幫他說好話，並強調不只對他個人重要，也會影響所處經銷商的等級，所以這位顧客很樂意地答應了，因為他原本就很滿意此業務員的服務，也了解業務員所處的情形和心情。

但就在顧客回家後的幾天內，業務員打了很多通電話提醒此顧客務必要為經銷商和他美言幾句，殊不知，顧客已經覺得自己被騷擾了且被業務員的過度關注惹惱了。

上述的故事就是 Emory University 商學院教授—赫特（Gary Hecht）的親身經驗，因此他提醒公司，評估員工表現，可能會在不知不覺的情況下影響員工本身良好的表現，使得員工變得短視近利、目光如豆，尤其是在員工的薪資只跟單個評估方法相關時，就更容易出現這個問題。

而 Emory University 的網路周刊，也報導了赫特（Gary Hecht）的一項研究實驗，如下：

此實驗邀請七十九名商學院研究生一起玩一個遊戲。玩遊戲的最大目標是創造一個各方面能力都很強的人。而遊戲規則是：

1. 每位學生有五百元。
2. 決定要讓「被創造人」學習什麼能力，並以五百元支付。
3. 可學習唱歌、跳舞、姿勢與人際關係四大能力。
4. 判斷這四大能力對所創造的人最後成功與失敗的重要性。

並將學生分成三組：第一組，「被創造人」只要有四大能力中的任何一個能力，每個人都可以拿到十美元；第二組，依照他們「被創造人」的唱歌能力為評估標準，唱歌能力每升一個等級，每個人都可以拿到兩美元；第三組，依照他們「被創造人」的唱歌、跳舞與人際關係三種能力為評估標準，各個能力升一等級，學生可以拿到一美元，最後，赫特（Gary Hecht）依照遊戲的最大目標——創造一個各方面能力都很強的人來進行排名，且讓前幾名學生獲得獎勵。

結果，在唱歌能力方面，第二組比第一組較為注重，甚至會出現為了提高「被創造人」的唱歌能力，不惜犧牲總能力；依照三種能力發錢的第三組，也出現相同情況，但會比較注意到生物的總能力。

從這個實驗可以顯示，公司的獎勵制度和評估績效的方法，會影響員工對目標的注意力，因此赫特（Gary Hecht）建議，把獎勵制度與多元化評估績效的方法結合，比較能夠達成公司訂定的目標。

資料來源：

1. EMBA 雜誌編輯部（2010），公司的薪資獎勵錯了嗎？EMBA 雜誌，
網址：http://www.emba.com.tw/ShowArticleCon.asp?artid=7855，擷取日期：2018/12/20。
2. 陳芳旒（2006），員工薪水愈高，工作動機愈強，經理人月刊，
網址：http://www.managertoday.com.tw/?p=220，擷取日期：2018/12/20。

薪資管理的迷失

哈佛商業評論於 1998 年發表「六個薪資管理的迷思（Six Dangerous Myths About Pay）」，至今仍然被熱門地討論，其中以二個個案為起點，內容如下：

個案一：某一家公司想要競逐低價、陽春型服務的美國本土市場，基於顯著的理由，要想在這種市場競爭，勞工生產力與工作效率是重要的制勝關鍵。但是這家公司對於個別員工的才能或優異表現幾乎不給予實質或財務獎勵，它有可能成功嗎？

個案二：一家以軟體研發為主的軟體公司，它所處的競爭環境是異常激烈的，但是這家公司不但不支付其銷售人員佣金、針對研發工程師也不發放個別員工紅利或是提供股票選擇權，換句話說，所有高科技公司慣用來吸引和保留程式設計人才的獎勵措施，這家公司都不提供，你會想要投資這樣的公司嗎？

上述的二家公司，前者就是現在鼎鼎有名、被無數企管書籍討論的西南航空（Southwest Airlines），後者則是 SAS Institute，一家很有名的統計軟體公司。其中指出有關薪資的謬誤如下：

迷思 1：針對個人表現給予金錢獎勵，可以提升績效；

迷思 2：人們工作的最主要誘因是金錢。

針對這二項迷思，Jeffrey Pfeffer（1998）指出，事實上有許多研究都證實，針對員工個人表現給予差異化的金錢獎酬，反而會傷害團隊表現、鼓勵短期目標，甚至會因為績效管理制度的設計不當，導致許多員工認為薪資與工作表現無關，而是跟個人關係與逢迎拍馬有關。更不用說，現代的企業組織其實非常難把某一個營運成果歸諸於少數個人，所以只獎勵某部份人的做法反而會造成組織內爭執。至於後者，文章中指出員工工作當然是要獲得報酬，但是在金錢的報酬之外，其實還有許多更重要的因素，比方說以 SAS Institute 為例，員工參與組織決策、研發軟體的成就感、對員工生活與家庭的照顧，一直是 SAS Institute 賴以留才的重要工具。甚至於有一些研究指出，那些不會只因為略高的金錢就跳槽到其他公司的員工，才是企業真正應該吸引並且留住的人才。

資料來源：Pfeffer, J.（1998）, Six dangerous myths about pay. Harvard Business Review 76（3）: 109–120。

員工分紅費用化

一、員工費用化定義

員工分紅是指根據公司章程訂定分配的成數，以稅後盈餘作為分配基礎，提撥一定比率的盈餘分給員工，一般有「現金」與「股票」兩種。「員工分紅費用化」是把公司用紅利名義發給員工的股票（也就是俗稱的員工分紅入股），依其市場價值列為公司的支出，作為損益表的減項。

二、員工分紅費用化的背景

員工分紅費用化的推動，在國內主要是導因於下列四項因素：

1. 我國《商業會計法》第 64 條規定：商業盈餘之分配，如股息紅利等不得作為費用或損失。
2. 《促進產業升級條例修正草案》第 19-1 條明文規定：員工分紅配股採面額課徵所得稅。
3. 近年來，由於國內企業發行 ADR、GDR，產生財報與國際接軌之需求，以及外資批評臺灣員工分紅不必列費用造成財報盈餘虛胖情形，使相關議題屢成關注焦點。
4. 高額員工分紅配股制度，為我國高科技業吸引人才特有之方式，惟現行相關會計處理方式與美國及國際會計準則之相關規定並不相符。

除了上述四項國內所形成的推動因素以外，也是為了因應國際準則之趨勢，經過產官學界多方研議，2007 年已先促成立院三讀通過《商業會計法修正案》，刪除「股息、紅利等不得作為費用或損失」的規定，自此法令不再規定員工分紅不得列為費用。2007 年 8 月 28 日，金管會公布「員工分紅費用化之相關會計處理及配套措施」，擬於 2008 年 1 月 1 日實施員工分紅費用化新制。

三、新制的影響

員工分紅費用化實施前，公司將年度稅後盈餘提撥一定比率作員工分紅配股，每股以面額 10 元計價，僅列於公司資產負債表作為股東權益的減項而未見於損益表，故公司無須負擔配股成本，且僅以股票面額 10 元課徵員工之綜合所得稅，導致股票分紅成為企業獎勵員工之利器。

個案討論

員工分紅費用化實施後影響所及，企業除了須考量財務報表反應員工酬勞成本後的影響，以及如何建置更合適的員工獎酬制度，以留住及激勵人才，更重要的是，如何創造股東價值最大化。

四、企業因應之道

企業為了因應員工分紅費用化的政策，已提出相關的因應之道，包括調高員工薪資；員工分紅改多發現金，少配股票；發行員工認股權憑證、買回庫藏股轉讓予員工；大股東以其股票信託方式酬勞員工；將部門分割出去成立子公司及發行限制型股票。

五、案例解析

大方公司章程有關盈餘分配案規定如下，本公司年度總決算如有盈餘：

1. 應先繳稅款，彌補以往年度虧損。
2. 次提 10% 法定盈餘公積，必要時依法提列或迴轉特別盈餘公積。
3. 其餘加回年度決算中已作為費用之員工紅利暨董事、監察人酬勞。
4. 按下列比例擬訂分配議案提請股東會決議分派：(1) 股東股息紅利 80%；(2) 員工紅利 15%；(3) 董事、監察人酬勞 5%。

（一）案例解析一（實施前）

95 年底稅前純益	3,000,000
減：所得稅	750,000
稅後純益	2,250,000
減：提列 10% 法定盈餘公積	225,000
可供分配盈餘	2,025,000
分配項目：	
股東股息紅利（2,025,000 X80%= 1,620,000）	1,620,000
員工紅利（2,025,000 X15%=303,750）	303,750
董監酬勞（2,025,000 X5%=101,250）	101,250

個案討論

（二）案例解析二（實施後）

95 年底稅前純益（未扣員工紅利及董監酬勞前）	3,000,000
減：員工紅利及董監酬勞	433,155
稅前純益（已扣員工紅利及董監酬勞）	2,566,845
減：所得稅	641,711
稅後純益	1,925,134
減：提列 10% 法定盈餘公積	192,513
可供分配盈餘	1,732,621
分配項目：	
股東股息紅利	1,732,621

註 :{[3,000,000-(A+B)]X(1-25%)X(1-10%)+(A+B)}X20%=(A+B）

員工紅利 =A, 董監酬勞 =B （A+B）=433,155

資料來源：本書資料整理

• 基礎問題

1. 您是否可以舉一個實例，說明企業如何因應員工分紅費用化的問題？
2. 您認為員工分紅費用化後，是否會使高科技產業無法留住優秀專業人才？

• 思考方向

例如鴻海、華碩等企業創辦人，已陸續將部分自有股票交付信託，並將股利孳息拿來作員工分紅之用，這種創新的作法可能成為其他企業效法對象。

• 進階問題

政府推動員工分紅費用化政策下，是否有相關的配套措施？

• 思考方向

為了提供替代留才之管道，金管會已放寬員工認股權、庫藏股等相關法令，且業界也在考慮促請政府引進美國的限制性配股制度（特色為企業與員工訂約，可依員工當年度的表現績效給予配股數量的調整，且分紅配股的數額可分好幾年實施，而非一次發放完畢）。

自我評量

一、選擇題

(　　) 1. 王先生及林小姐皆於行銷企劃部門工作，但是因爲王先生的規劃能力優於林小姐，因此其薪資高於林小姐，請問該公司給予員工基本薪資的標準爲　(A) 年功給　(B) 職務給　(C) 職能給　(D) 標準型。

(　　) 2. 依據臺灣目前中小企業提供給員工的津貼中，以什麼津貼的給付最頻繁？(A) 物價津貼　(B) 交通津貼　(C) 午餐津貼　(D) 危險津貼。

(　　) 3. 薪資管理的目的是　(A) 訂定公平合理的薪資政策　(B) 滿足員工生理及心理需求　(C) 激勵員工　(D) 以上皆是。

(　　) 4. 薪資體系不包括以下何者？　(A) 福利　(B) 底薪　(C) 津貼　(D) 獎金。

(　　) 5. 組織支付給員工薪資的目的，不包含以下何者？　(A) 酬償員工之服務　(B) 提升員工士氣　(C) 維繫員工之地位價值　(D) 滿足員工的需求。

(　　) 6. 何者非薪資管理的意義？　(A) 以薪資管理作爲提升員工績效的手段　(B) 訂定公平而合理的薪資政策，滿足員工的生理及心理需求　(C) 使員工無後顧之憂且獲得激勵，進而對工作全力以赴　(D) 促進和諧的勞資關係。

(　　) 7. 何者非薪資管理的原則？　(A) 透明性　(B) 公正性　(C) 勞資互惠　(D) 增進勞資雙方的相互合作。

(　　) 8. 績效獎金、考績獎金、年終獎金等，屬於薪資結構中的　(A) 底薪　(B) 津貼　(C) 獎金　(D) 其它。

(　　) 9. 依據個人工作之品質與數量的相對價值來決定薪資，屬於何種底薪制度？(A) 年功給　(B) 職務給　(C) 職能給　(D) 標準型。

(　　) 10. 何種工作評價方法具客觀性及精確度？　(A) 排序法　(B) 工作分類法　(C) 因素比較法　(D) 加權點數法。

二、問題探討

1. 一般在探討薪資體系的組成要素爲何？
2. 規劃薪資結構的步驟有哪些？
3. 各種工作評價的方法及其利與弊？
4. 指出薪資政策在制定的流程與要件？
5. 薪資設計有哪些原則？

一、中文部分

1. 王祿旺譯（2002）。《人力資源管理》，第八版，臺北：培生教育出版。
2. 李長貴著（2000）。《人力資源管理—組織的生產力與競爭力》，初版，臺北：華泰文化事業公司。
3. 吳美連、林俊毅著（1999）。《人力資源管理：理論與實務》，第二版，臺北：智勝出版社。
4. 張火燦著（1998）。《策略性人力資源管理》，第二版，臺北：揚智出版社。
5. 黃英忠、曹國雄、黃同圳、張火燦、王秉鈞著（2002）。《人力資源管理》，第二版，臺北：華泰文化事業公司。

Chapter 9

員工福利與獎勵制度

本章大綱

名人名句

數賞者，窘也；數罰者，困也。

孫子兵法—行軍篇／孫子

本章將員工福利概分爲政府法令規定的福利事項與非政府法令規定的福利事項，說明其中所對應之強制性福利與非強制性福利包含之內容。而員工獎勵制度依照個人及團體不同的性質，提出現行企業依照不同職務的員工採用不同獎勵制度，企業應視本身公司的整體狀況及外在環境的變化，配合激勵理論及績效考核，制定一套公平且因時制宜的員工福利與獎勵制度。

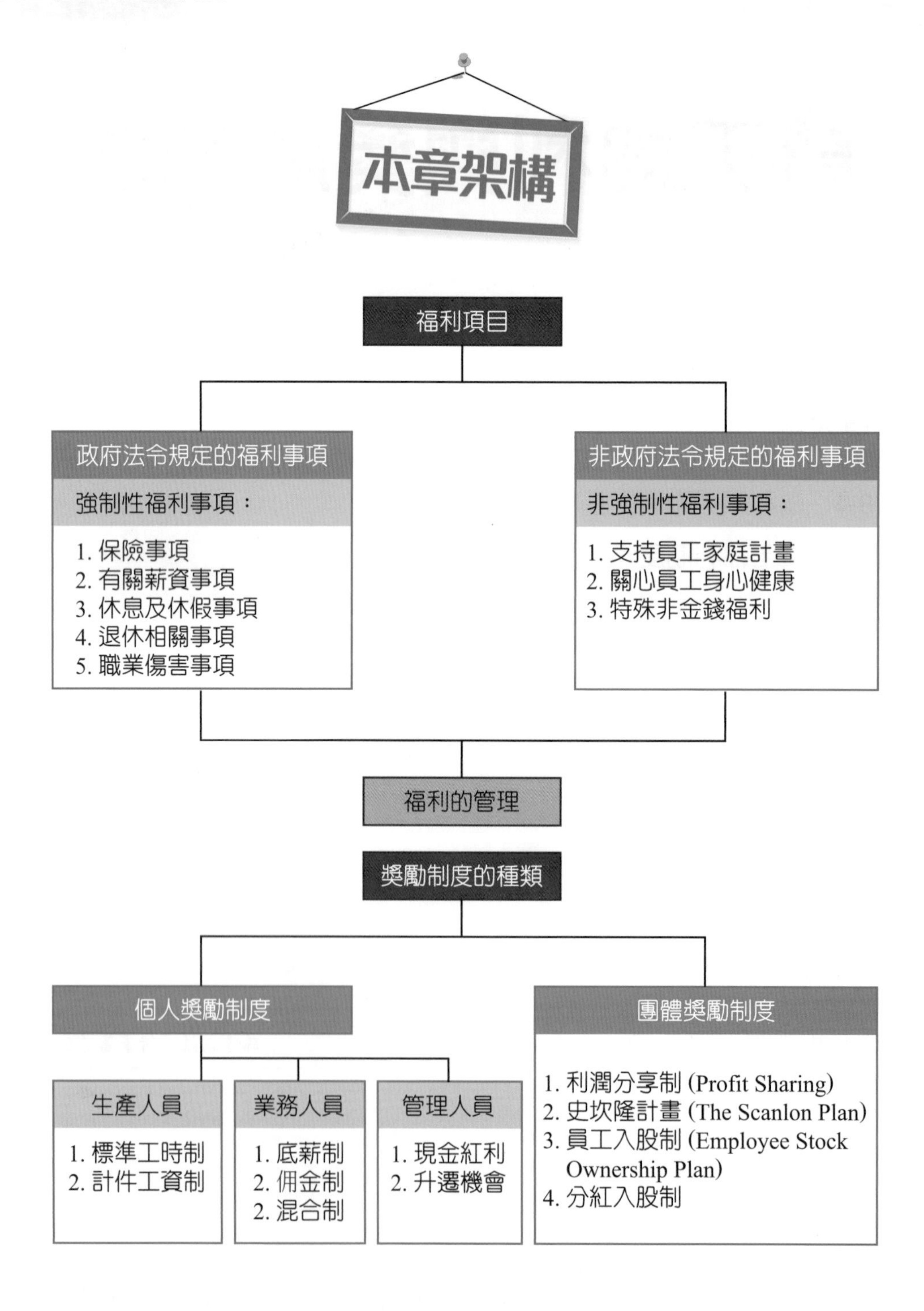

在勞退新制正式上路及一例一休推動之際，再度掀起大家對員工福利制度的重視。企業的人力資源管理核心，除了甄選、運用、績效考核、教育訓練外，如何留住人才並且激發員工對組織的貢獻，將成爲人力資源把公司價值極大化的重要活動。除透過基本薪資的給付之外，運用福利及獎勵措施以提升工作績效，並且增加企業內部組織公民行爲的發生，巴納德（Barnard）指出，人們只有在感覺對自己有利時，才會受到驅策或激勵，因此企業必須了解各項福利及獎勵措施對於員工的影響，以刺激員工對組織的正向反應，進而極大化企業價值。

9-1 福利與獎勵制度基本觀念

企業透過福利與獎勵制度，使員工獲得薪水或工資以外的報酬，而其報酬形式的不同，又可區分爲讓員工參與決策，擔負較大責任，以及具有成長機會等內在報酬，或是提供金錢、福利、好的工作環境等實體的外在報酬，促使員工在基本的福利政策下安心工作，配合工作評價方法及績效考核制度，給予員工努力工作的獎勵，以增加員工的工作滿意度，促使其能盡心盡力提高對企業的貢獻程度。

一、員工福利

員工福利（Employee Benefit）的定義，是指員工除其所該獲得的薪資收入外，還享有其他的利益（benefit）和服務（service）。其中「利益」是指對員工直接有利，且具有金錢價值的東西，如退休金、休假給付、保險等；而「服務」卻是無法直接以金錢來表示，如提供運動設施、報紙、康樂活動等。此概念最早是由勞伯．歐文（Robert Owen）在 1800 年代提出，以改善當時工人在惡劣工作條件下所付出的勞力。

而現代企業則基於勞工權利意識的高漲，以及爲了維持勞資倫理，並且希望能夠使勞資雙方達成各取所需的雙贏狀態，而建立福利制度，只要是身爲組織內的成員即可享受，與工作績效並無直接的關係。此福利制度可包含完整的社會福利保險制度、優厚的薪獎制度、完善的退休（職）制度、彈性上下班制度、請休假制度等。此外，福利制度又可區分爲政府法令規範的福利事項（強制性福利）、非政府法令規範的福利事項（非強制性福利）。因此，企業在規劃福利管理制度時，應該考量其策略性的意義及目標爲何，並且配合其它人力資源管理的功能，增加企業可控制的彈性，例如企業對於員工的薪資雖難以變動，但是卻可彈性運用福利管理，以避免沉重的薪資負擔。

福利項目包含了實質的給付與無形的服務，企業端視其員工個體差異，給予適當的福利，依 Richard Henderson 將員工福利的內涵分爲二類：

(一) 給付性質的福利

1. 失去工作能力時的所得維持。
2. 失業時的所得維持。
3. 延遲給付的所得。
4. 配偶和家庭所得的保障。
5. 健康和意外事故的保障。

(二) 服務性質的福利

1. 有薪的休息和休假，例如：假日、假期及婚假等。
2. 其它服務措施，例如：員工諮商輔導、交通車、貸款、宿舍及住宅等。

二、獎勵制度

獎勵制度（Reward System）是企業一項彈性的酬償制度，與員工績效有直接相關，配合員工績效考核後的結果，運用獎金或紅利給予績效良好的員工獎酬，以期望員工維持其優良的行爲表現，並刺激其有更好的表現。現行法令規定之員工獎勵制度，有「現金增資員工認股」、「員工紅利」、「員工庫藏股票」以及「員工認股權憑證」等四種，如下所述：

(一) 現金增資員工認股

自 97 年 1 月 1 日起，公司辦理現金增資發行新股，依《公司法》第 267 條規定，保留部分由員工認購，應予費用化。因爲公司發行新股，保留由員工認購的部分，乃是公司爲取得員工勞務，而以認購權爲對價之股份基礎給付交易。

(二)員工紅利

《公司法》第 240 條規定，公司得由有代表已發行股份總數三分之二以上股東出席之股東會，以出席股東表決權過半數之決議，將應分派股息及紅利之全部或一部，以發行新股方式爲之；不滿一股之金額，以現金分派之。

(三)員工庫藏股票

《公司法》第 167 條之 1 規定，公司除法律另有規定者外，得經董事會以董事三分之二以上之出席及出席董事過半數同意之決議，於不超過該公司已發行股份總數百分之五之範圍內，收買其股份；收買股份之總金額，不得逾保留盈餘加已實現之資本公積之金額。前項公司收買之股份，應於三年內轉讓於員工，屆期未轉讓者，視爲公司未發行股份，並爲變更登記。

(四)員工認股權憑證

《公司法》第 167 條之 2 規定，公司除法律或章程另有規定者外，得經董事會以董事三分之二以上之出席及出席董事過半數同意之決議，與員工簽訂認股權契約，約定於一定期間內，員工得依約定價格認購特定數量之公司股份，訂約後由公司發給員工認股權憑證。

《證券交易法》第 28 條之 2 規定，股票公開發行公司得發行員工認股權憑證。員工可認購股份數額，應先於公司章程中載明。

企業期望透過各項獎勵措施，以促使員工積極工作，但基於個體人格有差異性，故對於不同的企業發展階段，以及不同管理者及員工所實行的獎勵制度，將產生不同效果，因此企業獎勵制度的設計要注意其獎勵的價值、數量、時間點、公平性及員工對於該獎勵的喜愛程度，也就是獎勵必須因人、因事、因時、因地、因物制宜。

實務上獎勵制度設計的內容包括加薪、特殊獎金，以實際的金錢刺激員工或部門有良好的工作表現。獎勵制度不同於福利措施，最大的差別即在於是否結合績效考核。福利可謂是赫茲伯格（Frederick Herzberg）雙因子理論中的保健因子，也就是員工認爲組織應該主動給予其在工作期間的基本保障，而獎勵則是員工努力工作的激勵因子，因爲其乃是企業給予有良好工作績效表現的員工之報酬，可透過較高的工作滿足，促使員工提高生產力。

企業在正常薪資以外，給予表現優良的員工獎勵性的報酬，做爲特殊表現的獎賞，以激勵員工增加對企業的貢獻，依 Louis E. Boone 及 David L. Kurtz 將獎酬分爲四種形式：分享紅利（profit sharing）、績效獎金（gain sharing）、一次付款獎金（lump-sum bonuses）以及知識增額給付（pay for knowledge），如圖 9-1 所示。

企業必須在適當的情境中實施適當的獎勵措施，才得以達到獎勵背後的目的。情境主要包含了五個方向，第一、來自員工本身的人格特徵、情緒及其所喜愛的獎懲方式；第二、來自管理者對於獎勵制度的態度及實施方式；第三、獎勵的時機；第四、獎勵的場所；第五、獎勵事件本身的性質，也就是爲何收到獎勵。這五個方面巧妙結合而成的情境，才得以使獎勵制度發揮其最大的效用，激勵員工努力工作的情緒，創造員工達成企業目標的動力。

圖 9-1　獎酬的四種形式

資料來源：本書資料整理

9-2 員工福利制度

企業的福利項目，以是否受政府法令規範，區分爲強制福利事項（政府法令規定的福利事項）與非強制福利事項（非政府法令規定的福利事項），而員工基於身爲組織成員，因而可享受企業各項福利措施，並且不受績效考核的影響，成爲人力資源管理中留才的重要活動。

一、強制性福利事項

勞工安全及勞資關係的法令繁多，但一般企業在進行人力資源管理時，主要受到《勞動基準法》的影響，故在福利制度上，亦受其影響，而必須在法令要求下，善盡勞資倫理，提供員工在工作期間相關的福利措施，但現行企業對於這些強制性的福利事項，除了達到必要水準外，並且也提供了額外的福利政策，使員工能在良好的工作環境下發揮其職能。

(一) 保險事項

員工在工作場所中發生的職業傷害是所有社會、經濟風險中最大的，尤其製造業在生產過程中，員工必須面對機器及危險的工作環境，而且此職業傷害將可能造成員工無法繼續工作或是死亡，同時將影響其家庭成員在經濟上產生重大負擔，故社會福利保險制度成爲員工福利措施中最重要，也是最基本的福利事項。它主要包含了勞工保險、全民健康保險、團體壽險、團體意外險、住院醫療險、旅遊平安險等。依勞工保險條例所規範的勞工保險主要有下列二項：

1. 普通事故保險：分生育、傷病、醫療、殘廢、失業、老年及死亡等七種給付。
2. 職業災害保險：分傷病、醫療、殘廢及死亡等四種給付。

(二) 有關薪資事項

企業因爲個體不同的貢獻及能力，而給予不同的薪資，但企業可創造其它的薪獎制度，例如年薪十三個月、三節禮金、年度工作獎金，以增加員工福利，其中年度工作獎金也就是俗稱的年終獎金，依行政院勞工委員會所組成的「年終獎金研究小組」對年終獎金的定義爲：「《勞基法》所稱獎金與《公司法》第 235 條所稱之分紅性質相同，均於稅後盈餘中發放，而異於我國民間習俗於農曆年前無論盈虧均發放年終獎金（稅前）。」但是一般企業依稅前盈餘所發放的年終獎金，則是企業根據員工薪資爲基準所發放的獎金。《勞動基準法》第 29 條規定，事業單位於營業年度終了結算，如有盈餘，除繳納稅捐、彌補虧損及提列股息、公積金外，對於全年工作並無過失之勞工，應給予獎金或分配紅利。

(三)休息及休假事項

企業對於員工應給予不工作時所給付薪資的狀況，企業實務上的作法大多是採取服務滿一年者年休假十四日、服務滿三年者年休假二十一日、服務滿五年者年休假二十八日，員工可請病假，且不扣薪，另外也必須給予員工事假、婚假、產假、喪假等特殊的假，而當有公務在身時，也必須給予合理的公假。《勞動基準法》中的規定主要有下列四項：

1. 基本休假（《勞動基準法》第 36 條及第 37 條）：
   (1) 勞工每七日中應有二日之休息，其中一日爲例假，一日爲休息日。
   (2) 內政部所定應放假之紀念日、節日、勞動節及其他中央主管機關指定應放假日，均應休假。
2. 特別休假：勞工在同一雇主或事業單位，繼續工作滿一定期間者，應依下列規定給予特別休假：
   (1) 六個月以上一年未滿者，三日。
   (2) 一年以上二年未滿者，七日。
   (3) 二年以上三年未滿者，十日。
   (4) 三年以上五年未滿者，每年十四日。
   (5) 五年以上十年未滿者，每年十五日。
   (6) 十年以上者，每一年加給一日，加至三十日爲止。
3. 不休假給付工資（《勞動基準法》第 39 條）：以《勞基法》規定之例假、休息日及特別休假期間，工資應由雇主照給。雇主經徵得勞工同意於休假日工作者，工資應加倍發給。因季節性關係有趕工必要，經勞工或工會同意照常工作者，亦同。
4. 勞工自請休假（《勞動基準法》第 43 條）：勞工因婚、喪、疾病或其他正當事由得請假；請假應給之假期及事假以外期間內工資給付之最低標準，由中央主管機關定之。

(四)退休相關事項

企業在員工退休時給予員工過去貢獻於企業的勞務報酬即爲退休金，此成爲員工在離開企業後的生活保障，也因爲員工在退休後的工作能力不如退休前，故這筆報酬特別受到重視。一般企業會在薪資總額中，提撥一筆退休準備金，以因應員工退休時給付之。《勞基法》對於員工退休的規定主要有下列五項：

1. 自請退休條件（《勞動基準法》第 53 條）

勞工有下列情形之一者，得自請退休：

(1) 工作十五年以上，年滿五十五歲。

(2) 工作二十五年以上。

(3) 工作十年以上，年滿六十歲者。

2. 強制退休條件（《勞動基準法》第 54 條）

勞工非有下列情形之一者，雇主不得強制其退休：

(1) 年滿六十五歲者。

(2) 身心障礙不堪勝任工作者。根據《勞動基準法》第 53 條第 1 款所規定之年齡，對於擔任具有危險、堅強體力等特殊性質之工作者，得由事業單位報請中央主管機關予以調整。但不得少於五十五歲。

3. 勞工退休金給薪標準，可參見表 9-1 ：（《勞動基準法》第 55 條）

(1) 按其工作年資，每滿一年給與兩個基數。但超過十五年之工作年資，每滿一年給與一個基數，最高總數以四十五個基數爲限。未滿半年者以半年計；滿半年者以一年計。（退休金基數之標準，係指核准退休時一個月平均工資）

(2) 依《勞基法》第 54 條第 1 項第 2 款規定，強制退休之勞工，其身心障礙不堪勝任工作係因執行職務所致者，依前款規定加給 20%。雇主如無法一次發給退休金時，得報經主管機關核定後，分期給付。

表 9-1 《勞動基準法》退休金計算匯整表

年資	發給退休金（平均工資）
1 ～ 15 年	每年 2 個月
15.5 ～ 30 年	每年 1 個月
上限為 30 年	上限為 45 個月

資料來源：《勞動基準法》第 55 條

4. 退休金準備（《勞動基準法》第 56 條）

雇主應依勞工每月薪資總額百分之二至百分之十五範圍內，按月提撥勞工退休準備金，專戶存儲，並不得作爲讓與、扣押、抵銷或擔保之標的；其提撥之比率、程序及管理等事項之辦法，由中央主管機關擬訂，報請行政院核定之。

5. 其它規定事項（《勞動基準法》第 57 條、第 58 條）

(1) 勞工工作年資以服務同一事業者爲限。但受同一雇主調動之工作年資，及依《勞基法》第 20 條規定應由新雇主繼續予以承認之年資，應予併計。

(2) 勞工請領退休金之權利，自退休之次月起，因五年間不行使而消滅。勞工請領退休金之權利，不得讓與、抵銷、扣押或供擔保。

(五) 職業傷害事項

勞工因遭遇職業災害而導致死亡、殘廢、傷害或疾病時，企業有道義給予勞工補償，主要是提供勞工在無法繼續工作上，維持生活基本需求的生活費或是醫療費用；另外，因爲企業遷移或是關廠所導致員工失業，企業也必須對其提出補償性的給付。《勞動基準法》針對勞工職業傷害事項所規定的事項如下所述：

1. 職業傷害補償（《勞動基準法》第 59 條）

勞工因遭遇職業災害而致死亡、失能、傷害或疾病時，雇主應依下列規定予以補償。但如同一事故，依《勞工保險條例》或其他法令規定，已由雇主支付費用補償者，雇主得予以抵充之：

(1) 勞工受傷或罹患職業病時，雇主應補償其必需之醫療費用。職業病之種類及其醫療範圍，依《勞工保險條例》有關之規定。

(2) 勞工在醫療中不能工作時，雇主應按其原領工資數額予以補償。但醫療期間屆滿二年仍未能痊癒，經指定之醫院診斷，審定爲喪失原有工作能力，且不合第三款之失能給付標準者，雇主得一次給付四十個月之平均工資後，免除此項工資補償責任。

(3) 勞工經治療終止後，經指定之醫院診斷，審定其遺存障害者，雇主應按其平均工資及其失能程度，一次給予失能補償。失能補償標準，依《勞工保險條例》有關之規定。

(4) 勞工遭遇職業傷害或罹患職業病而死亡時，雇主除給與五個月平均工資之喪葬費外，並應一次給與其遺屬四十個月平均工資之死亡補償。

2. 勞工行使權利期限（《勞動基準法》第 61 條）：

受領補償權，自得受領之日起，因二年間不行使而消滅。受領補償之權利，不因勞工之離職而受影響，且不得讓與、抵銷、扣押或供擔保。

(六) 工作時間

企業要勞工發揮其最大的工作效率時，工作時間必須控制在人體能夠負荷的範圍中，並且協調員工完成工作所需的時間，給予其時間調配上些許的彈性，使員工可在最佳狀態下工作。而《勞基法》針對其工作時間的規範主要有下列二項：

1. 正常工作時間（《勞動基準法》第 30 條）：

   勞工正常工作時間，每日不得超過八小時，每週不得超過四十小時。前項正常工作時間，雇主經工會同意，如事業單位無工會者，經勞資會議同意後，得將其二週內二日之正常工作時數，分配於其他工作日。其分配於其他工作日之時數，每日不得超過二小時。但每週工作總時數不得超過四十八小時。雇主應置備勞工出勤紀錄，並保存五年。

2. 變更工作時間（《勞動基準法》第 30-1 條）：

   中央主管機關指定之行業，雇主經工會同意，如事業單位無工會者，經勞資會議同意後，其工作時間得依下列原則變更：

   (1) 四週內正常工作時數分配於其他工作日之時數，每日不得超過二小時，不受《勞基法》第 30 條第 2 至 4 項之限制。
   (2) 當日正常工時達十小時者，其延長之工作時間不得超過二小時。
   (3) 女性勞工，除妊娠或哺乳期間者外，於夜間工作，不受《勞基法》第 49 條第 1 項之限制，但雇主應提供完善安全衛生設施。

3. 休息時間（《勞動基準法》第 35 條）：

   勞工繼續工作四小時，至少應有三十分鐘之休息。但實行輪班制或其工作有連續性或緊急性者，雇主得在工作時間內，另行調配其休息時間。

二、非強制性福利事項

由於政府保障勞工法令增加及勞動市場結構上的改變，加上勞工權利意識的高漲，以及企業偏好以福利替代薪資給付，以增加企業調整的彈性，故近年來企業投入福利支出大幅增加，企業除了遵守政府法令規範的福利事項外，非強制性的福利事項包含了支持家庭之工作環境、員工健康計畫、高階主管的非金錢福利，在此結合實務上各企業所推行的福利措施，及員工實際接收的福利項目，如下所述：

(一) 支持員工家庭計畫

家庭是影響員工行為、態度及價值觀的重要因素，普遍來說，大多數的人努力工作，以建立並維持一個家庭生計，同時追求更高的生活品質。故在福利制度中，企業可透過支持員工家庭計畫，提升工作滿意度及績效，使員工感受到企業照顧其家庭的溫暖，進而提高對企業的忠誠度。企業支持員工家庭計畫主要可透過五項活動組成：

1. 硬體設備輔助項目

   提供員工託幼服務設施、員工餐廳、員工福利社、衛生設備、娛樂設施、運動設備、公務車、宿舍等。

2. 提供相關資訊諮詢服務

   企業主動提供照顧育嬰常識、家庭護理、夫妻相處之道、兒童教育、老人照護的相關資訊、飲食資訊等。

3. 彈性工作時間

   多給員工掌握時間的彈性，員工在一定的範圍內，可自由地彈性調整上班及下班時間，像是現今企業多採用讓員工可自由選擇八點上班，配合十七點下班；或是九點上班，配合十八點下班的彈性工作時間政策。

4. 相關補貼

   企業可給予員工於特殊事件下的相關補貼，例如購置房屋補貼、書籍報紙補貼、季節性補貼、交通費補貼、生活物價波動補貼、子女教育補貼、置裝補貼、三節補助、喜慶賀禮及喪葬奠儀、員工生育補助、健檢補助、年度旅遊活動等。

5. 家庭導向政策

   協助員工分擔家庭責任，企業亦可在工作士氣、生產品質、生產力上有所提升，並且透過相關措施降低員工抱怨及生活壓力，例如設立託兒中心，將對於員工流動率、遲到早退情況、工作情緒穩定有明顯的改進。

(二) 關心員工身心健康

健康的員工才可在穩定的狀態下，為企業創造優良的服務品質，並且增強其生產力，企業必須重視員工生理的健康及心理的健康，當員工有需要時，可提供健康諮詢服務。例如在辦公室中，禁止吸菸被視為維護員工健康的最基本規範，另外，企業亦必須注重員工的工作壓力。由於現代企業會設立員工諮商與輔導部門，以維護員工心理健康，及早發現問題，協助員工解決其生活及工作上的壓力，使此部門成為企業和員工溝通的良好管道。

(三) 特殊非金錢福利

企業對於其內部貢獻較大或其職位較高的員工，可以給予較特殊的福利及待遇，使其在工作上獲得滿足，例如一般的高階主管，公司會提供停車位、公司用車，在美國還可能會提供俱樂部的會員卡或是高級員工住宿。

三、福利管理

現代企業人力資源管理中，因為福利項目的多元化，且有政府法令規範，故企業必須提供具體完善的福利計畫，其必須配合企業目標及人力資源規劃重點，並且在企業有能力給付狀況下進行，得以在競爭激烈的環境中，透過提高福利水準並加強福利管理，以激勵員工提高對企業的貢獻，增加企業價值。

福利管理中，除了重視員工的需求外，站在企業的角度，也必須謹慎控制福利成本。在歐洲，員工的福利成本相當高，其勞工每週工作時數僅三十七個小時，但每年有六週的休假，並且每年可獲得多一個月的薪資作為獎酬，工作保障可達三年之久，因此高額的福利管理成本，使得歐洲國家紛紛到其他國家設廠，故福利成本應控制在公司有能力給付的範疇中，並且不致於影響其營運狀況。控制福利成本的方法中，較多企業採用彈性福利制度，也就是在福利管理系統中，員工可以自由分配福利項目上的金額比率，使員工可以自由調整福利項目。

配合外在環境的快速變化下，企業福利管理亦必須配合營運模式的改變，而創新福利管理的各項制度及配套措施，以貼近動態環境變化，建立適當的員工福利制度。主要變化與創新有下列二項：

(一) 薪資管理應配合福利管理——建立薪酬福利計畫

企業不再將薪酬與福利管理分為獨立的兩項管理工作，而是成為一個有機的組成部分，亦即薪資管理應與福利管理相互搭配，以共同達成企業目標。由於薪資是給予員工固定的報酬，具有僵固性，所以企業不會大幅度調整員工的薪資，但可彈性配合福利管理，給予員工在薪資以外的額外酬償，以鼓勵員工努力生產，並且保持其工作滿意。例如，一些工作適宜以貨幣方式獎勵，就採用貨幣支付的方式；反之就採用非貨幣，即福利支付的形式。因此，對於一些獎勵性報酬，可以採取貨幣與福利並用的方式。

(二)增加福利管理的彈性

彈性福利制度又稱爲自助餐式的福利管理方式，也就是員工可以依本身需求自由選擇各項福利項目的比率，例如：雙薪家庭可避免福利重覆，而沒有子女的家庭，亦可將子女教育補貼的金額，移轉至增加三節補助或生活補助。而「自助餐式」的福利亦可分爲兩種類型，一種是基本保障型，人人必須擁有，例如，法律規定的福利，亦即強制性規範的福利措施；另一種是各取所需型，亦即針對非強制性規範的福利措施，員工可自行調配福利項目及比例。透過自助餐式的福利管理制度，可使員工獲得較適切的福利。

9-3 個人獎勵制度

個人獎勵制度乃是用以衡量個人工作績效後所給予的額外報酬，爲補充性的薪資，當員工的工作績效表現超出了企業所建立的標準，則給予適當的報酬，其主要的特點在於企業可以擁有較大的彈性及靈活性，並能依企業在不同時間內，對員工有不同的期待，而給予獎勵以刺激個人朝向組織所期望的方向邁進，也可有效調節生產過程中的生產效率。但是由於每個人的工作性質不同，故針對不同的工作內容，獎勵制度將有所不同。以下就生產人員、業務人員及管理人員三個部分，說明其獎勵制度的運用。

一、生產人員

生產人員的工作績效因爲具有相當明確的特性，故較易衡量，但在各種薪資制度下，僅能就其同質性高的工作給予相似的薪資，而這中間卻忽略了其他可能出現的變數，以標準工時制及計件工資制說明獎勵制度的作用。

(一)標準工時制

以個人技術能力及實際的工作時間衡量企業薪資給付，其計酬的基準是以工作時間爲單位，故當在標準時間內，員工完成較多的工作，以增加較多的產量，亦或是員工能在較短的時間內完成其工作，則企業應該依其超出標準的績效，給予績效獎金。

(二)計件工資制

以個人完成產品數量衡量企業薪資給付，其計酬的基準是以合理工資率爲單位，當員工生產較優質的產品或是節約原物料的投入，同時以更安全的方式生產，則企業應給予績效獎金，以促使員工願意投入較多的心力，爲企業貢獻其較佳的生產技能及生產方式。

二、業務人員

業務人員的獎勵制度不像生產人員可以用時間或是生產件數爲績效的衡量標準。對於業務人員，運用獎金的激勵功能是最有效的，依其對企業營運績效的貢獻，衡量其績效，並將獎勵制度分爲底薪制、佣金制及混合制三種：

(一) 底薪制

企業支付業務人員基本底薪，但其金額通常不高，而是再配合其他業務競賽，促使業務人員積極創造業績，爲企業提升效益，降低成本，但其效力不如佣金制大。

(二) 佣金制

業務人員的收入依靠銷售業績爲計算基礎，可以吸引較高銷售能力的業務人員，適用於強勢促銷的產品，並可透過業務人員本身的努力，達成企業獲利的目標，減少推銷廣告的費用。而業務人員的績效則依銷售量來衡量，以清楚明確地計算佣金。

(三) 混合制

將底薪制及佣金制混合使用，此制度不僅可以給予業務人員基本保障，並且在優良業績下，增加額外的收入。一般的業務人員較偏好此項制度，因其結合了前面二項制度的優點，底薪保障了員工的基本生活需要，並且隨著其對於企業效益的貢獻增加績效獎金。不但可提升員工的生活水平，也促使員工貢獻、員工收入及企業收益三者能夠相互結合。

三、管理人員

企業給予管理人員的獎勵措施通常是以現金紅利或是升遷機會爲主要的激勵措施，通常在階段性任務完成或是年終績效評估後發放，其主管人員的績效衡量，主要是依賴其管理下屬所表現出來的職能對於企業貢獻程度的綜合性效益。

9-4 團體獎勵制度

團體獎勵制度，乃是爲了促進企業全面性發展，將任務團隊或部門的績效與各項具獎勵性的激勵措施結合在一起，使該團體成爲一個綜合性的獎勵體系，進而對其成員進行全面性考核，其產品品質、數量及勞動生產率、原物料的耗用程度及最後的銷售狀況等，均列入績效考核的指標中，以團體的綜合績效給予獎酬，其優點是可以提高成員間彼此團隊合作的機制，且每一位成員均可收到團體努力下的成果報酬，但缺點是不易看出個人特殊的付出與貢獻。團隊成員在利潤共享的情況下，共同努力達成企業目標，常見的利潤分享計畫有利潤分享制（Profit Sharing）、史坎隆計畫（The Scanlon Plan）、員工入股制（Employee Stock Ownership Plan）。

一、利潤分享制

當企業獲得經濟利益時，員工得因爲身爲成員而獲得間接利益。當企業發展愈順利，則員工有較佳的職涯發展。此獎勵的重點在於與企業效益有關的生產環節和工作崗位上，以實現提高企業生產經營效益，降低生產成本的最終目的。當企業達到此項目標時，可將獲得的經濟利潤及降低成本的金額，在公平合理、具體明確、便於計量的績效考核制度下，作爲獎勵的基礎。透過利潤分享制，可以提高員工的生產力與產品品質，並且降低員工的離職率及缺席率。

二、史坎隆計畫

初始的概念是由 Joseph Scanlon 於 1927 年提出，較常應用於製造業上，爲一項提案獎金制度。企業以獎金作爲吸引員工提出能夠增加產量、改善品質、降低成本的建議，若是員工的提議獲得採納，而使企業因此獲得效益，其效益可來自減少原物料消耗、提升勞動紀律、簡化操作程序、減少顧客抱怨等，則員工可獲得提案獎金，在實務的企業中，多數企業成立一個專案管理小組以審核員工的提案，將實際爲企業節省的成本或是創造的利潤，歸入提案紅利金中，員工可以分紅 25%，另外 75% 則歸公司所有。

三、員工入股制

依其所定義的員工入股有狹義與廣義兩個範圍：狹義的員工入股是指公司爲使員工取得所屬公司股票而提供各種便利制度；廣義的員工入股，則爲員工持有公司的股票推進公司的方針、政策爲目的。並指出員工入股的條件包括員工取得的股票須爲其服務的企業的股票，且參加者必須爲公司的員工；股票的來源，一般爲雇主預付工資協助員工依其自由意志，按照市場價格或比市場價格低的價格，從市場或事業單位購得股票。

員工入股的主要目的，乃是希望提升員工對組織的滿意度與忠誠度，以及增加員工向心力。但在經濟狀況不穩定的環境中，員工入股不一定可以達到這些效果，因爲員工必須承擔股市風險，故此項獎勵措施，須配合員工個體對於風險的接受度，才能發揮員工入股獎勵項目的效用。

四、分紅入股

將員工入股與分紅結合的制度，也就是企業可以運用本身的股票替代金錢給予員工分紅，此時員工不但分享到企業的獲利，也成爲企業的一分子，獲得股權。分紅入股的類型有直接給付制、遞延給付制、混合給付制，其差異乃在於給付股權時間點的不同。另外企業可在增資或是購回庫藏股時，保留一部分作爲分紅入股，其手續簡便，又可減少許多交易成本，其所給予員工的報酬可以隨著經營成果做彈性的調整，並且增加員工的向心力以及降低流動率，穩定勞資關係。員工兼具投資人的角色，是分紅入股的主要目的，同時也希望藉由員工獲得企業股權時，提升其對組織忠誠度及工作意願，進而強化公司價值。

9-5 結語

在競爭激烈的時代中，企業花費高額的成本在延攬並且培育能爲企業創造價值的人才，但是員工是否能夠長久地爲企業創造工作績效，並且留任於該企業中，盡心盡力工作，不僅在本職上善盡責任，更超越企業所期望的標準，則企業必須深思如何留住員工的心，並且激發員工潛能。雖然現階段的勞力市場存在著供過於求的現象，但是企業在更新員工時所花費高額的轉換成本及教育訓練費用，以及人員適應組織文化的時間成本，使得企業偏好留住現任的優秀員工，因此，如何讓員工堅守崗位，提升工作滿意度及工作績效，一再考驗著企業的智慧，故福利與獎勵制度，在企業留才及激勵政策中，更扮演著關鍵性的角色，促使企業與員工分享共同成果，創造雙贏。

獎勵福利激勵員工效力

近年來由於勞退新制的實施與勞資關係的淡化下，職場員工流動率越來越大，尤其以年輕族群為最，因此，員工流動率成為老闆不可忽視的問題，以至於老闆會重新檢視並調整公司的福利與獎勵制度，以激勵員工的績效和降低員工流動率，為公司帶來效益。

但是有部分企業將福利與激勵混淆了，事實上，企業給的福利應該是每個人都看得到，也可以得到，而激勵通常具有門檻條件，並非每位員工都可以取得。許多企業為了提升員工的幸福感，紛紛提出豐富的福利制度，這些福利制度伴隨著門檻條件的限制而成為激勵項目。但實際上，福利制度不需要很多，但要很務實，才能提升員工的幸福感。

而研究職場文化的學者也表示老闆會主動檢視、調整福利與獎勵制度，是因為好的福利與獎勵確實能為公司帶來實質的效益，且真正目的是篩選出認同企業文化的員工。

且台大國家發展研究所副教授辛炳隆也表示企業常用的福利與獎勵方法有：

1. 舉辦員工家庭日，藉此讓家人更支持做這份工作，也拉近員工眷屬和公司的感情，甚至鼓勵生育，例如：員工生一個小孩每月就加薪 1 千元，表面上是表達對員工家庭的關心，但事實上是透過舉辦活動和獎勵提升組織團隊的績效。
2. 很多企業也把員工教育訓練當作員工福利的一部分，幫助員工規劃職業生涯並提供訓練。
3. 免費送員工出國留學以實踐員工的夢想。

這些全都是培養員工歸屬感的方法，這樣不只可以善盡照顧員工的責任，也能跟員工維持長久的雇傭關係，還能提升公司形象，但再好的福利對某些員工而言還是比不上高薪挖角和分紅配股，還是必須看員工自己的抉擇。

資料來源：

1. 聯合新聞網 2011 年 10 月 24 日獎勵福利激勵員工效力【聯合報記者林育立報導】。
   網址：http://pro.udnjob.com/mag2/hr/printpage.jsp?f_ART_ID=68013。
2. 洪雪珍（2018），員工進修有獎勵 ... 薪水都不夠吃飯，哪來的力氣上進？企業別再給擺著好看的「福利」，商周 .COM。
   網址：https://www.businessweekly.com.tw/article.aspx?id=22729&type=Blog，檢索日期：2018/12/3。

星巴克微笑管理

在全球 62 個國家擁有 1 萬 7 千個門市的星巴克，被《財富》雜誌評為 100 家最值得工作的企業之一，具有「全球最佳雇主」稱號的星巴克，其薪酬並非業界最高，但是卻擁有著立意良善且完整的員工激勵制度，藉由以獎金、福利和股票所構成的部分薪酬內容，緊密維繫與員工之間的信任關係以及共享制度。星巴克的員工認為在星巴克工作最棒的一件事，就是每天有兩杯免費的咖啡，每月有兩包免費咖啡豆，店內消費亦有員工價及優惠，使員工成為自家產品最佳的代言人。

在星巴克，所有的廣告支出費用皆被用來做為員工的福利津貼和培訓用途；舉例來說，從 1988 年度開始，該公司便為每週工作 20 小時以上的兼職人員提供與全職員工相同的醫療保險補助，其中涵蓋了預防性醫療、健康諮詢等多項醫療保健領域。雖然說，星巴克的員工大多較為年輕健康，因此實際上使用到公司醫療保險的機會並不多；但是，星巴克這項投資卻很快地從員工身上產生了回饋，不僅吸引到更多好員工願意加入且長期在星巴克工作，更重要的是，良好的福利制度讓員工表現得更加主動積極，並且會在顧客面前打從心底地綻放出開心的微笑。除此之外，每年固定調薪、加班補貼以及懷孕帶薪休假等制度，也都讓星巴克的福利制度顯得格外豐厚。

星巴克的創辦人兼現任 CEO 舒茲（Howard Schultz），主張下放授權給員工，特別是第一線員工與顧客接觸的機會最多，最清楚顧客需要什麼及不需要什麼，因此透過授權可以讓基層員工發揮影響力及創造力，如同熱賣商品「星冰樂」是由一名星巴克的基層員工迪娜（Dina Campion）發明出的商品。

星巴克的員工並不叫員工，而是被稱之為夥伴或者合夥人，因為在該公司的股票投資計畫中，每一位員工都有機會成為星巴克的股東並且共享公司發展。根據這項制度，凡是在星巴克工作超過 90 天以上、每周工作時間不低於 20 小時的員工，都有機會以扣抵部分薪水的方式購買公司股票。自 1991 年開始推出員工認股制度的星巴克，讓每位員工可在基礎薪資 1%~10% 的金額範圍內進行股票申購，其後該公司更會選擇較低的公開市場價格，將員工所扣抵的薪資以市價 85 折的價格購入。

其次，星巴克股票計畫同時也與員工的獎勵制度相互結合；例如，該公司會依照當年度的營運狀況和收益率、個人的基礎薪資，以及股票的預購價格等因素，給予符合條件的員工一定數量的股票以茲獎勵。因此，星巴克的股票制度不僅是對長期服務於公司且績效表現優異員工的獎勵，同時也巧妙地將員工利益和企業利益融合；透過兩者間利益共同體的概念，使得員工在企業中能夠找到認同感和歸屬感，並且也進而更了解工作努力的方向和目標。

資料來源：

1. YiJu（2015），星巴克以激勵制度帶來員工微笑，STOCKFELL 股感知識庫，
網址：http://www.stockfeel.com.tw/，檢索日期：2018/12/20。
2. 肇恩（2017），「不在意營收」的 CEO 卻讓星巴克營收 152 億，遠見，
網址：https://www.gvm.com.tw/article.html?id=36798，檢索日期：2018/12/20。

「薰衣草森林」員工福利給愈多，生意做愈大

在金融大海嘯和電子業無薪假風波後，大家也不再汲汲營營地過日子，因而觀光業出現一股緩流！

緩流，顧名思義就是緩慢潮流的意思，也是「薰衣草森林」兩位女創辦人的創意思想，她們鑒於國人過於緊繃的生活型態，渴望放鬆的心情，因此從她們的「薰衣草森林」庭園餐廳到推出「夢想 X 家 X 民宿」，大力推廣緩慢風，都致力於讓人們達到享受大自然，和身、心、靈的解放，這不只是完成衆人對幸福、自然的渴望，更是她們的夢想，經兩位創辦人和衆多員工的努力下，「薰衣草森林」庭園餐廳和「夢想 X 家 X 民宿」受到許多遊客喜愛，名聲越來越響亮，拓點也越來越多，整體營收表現不凡。

薰衣草森林自 2010 年起，在公司的人事章程中訂定正職員工的福利，除了月休六日及依《勞基法》實施的特休假之外，正職員工皆可再享十一天支薪旅行假。在不景氣的 2011 年，更宣布已經計畫好要給跟她們一起努力完成夢想的員工們連續加薪三年，漲幅是 10%。

為什麼兩位創辦人會計劃加薪呢？原因是因為她們知道員工想加薪的願望，且現在假日一天平均的營業額已經能到達 40 萬，整個薰衣草森林體系締造 3.5 億的年營收，是為回饋員工的努力而提前承諾加薪，另一方面，員工也非常訝異，無意間寫了一個年年加薪的願望，現在居然實現了；除了加薪外，兩位創辦人更提供員工每年有 11 天的有薪旅行假，這對員工來說更是意想不到的禮物。

創辦人詹慧君也表示：「要讓顧客幸福，就要先顧好員工的幸福，要給員工穩定的經濟基礎後，才有辦法讓員工無後顧之憂地努力學習成長」，也正因為如此才能讓她們兩個女生的夢想搖身一變，成了跨國經營的企業。

2016 年，薰衣草森林的執行長王村煌宣布原訂的十一天支薪旅行假，增加至十五天，並補貼旅費，鼓勵員工透過旅遊及休閒以蓄積軟性服務能量，並期待員工可以體會工作的價值不只在金錢的對價關係。此舉與傳統製造業的經營者透過延長

個案討論

工時提升生產力的作法大相徑庭，薰衣草森林集團透過提供員工更多的假期，提升員工服務能量，並且塑造良好的組織氛圍，使其年營收從 4 億元成長到 6.5 億元。薰衣草森林在 2017 年於南京成立中國總部並營運臺灣青年創業學院，提供青年創業平台。2018 年展店至大陸，預計 2019 年營收可成長至 7 億元。事實證明了「支薪旅行假」的員工福利有助於提升員工的幸福感、認同感，並降低離職率，更有助於提升企業競爭力，創造勞資雙贏。

資料來源：

1. 熊毅晰（2010），薰衣草森林進軍北海道，天下雜誌，444 期。
2. 梁貽婷（2011），薰衣草森林豐收連 3 年加薪 10%，中時電子報，
網址：http://life.chinatimes.com/2009Cti/Channel/Life/life-article/0,5047,100314+112011111000055,00.html，
擷取日期：2018/12/20。
3. 尤子彥（2016），薰衣草森林給假越多、生意做越大，商業周刊，第 1495 期，頁 34-35。
4. 邱莉玲（2018），年營收拚 7 億元薰衣草森林加速兩岸拓點，中時電子報，
網址：https://www.chinatimes.com/newspapers/20180508000338-260204，擷取日期：2018/12/3。

• 基礎問題

1. 您認為薰衣草森林調整公司福利與獎勵制度的措施是否有助於公司員工的正面工作回饋？為什麼？
2. 您認為薰衣草森林的福利與獎勵制度是否需調整或是有更好的做法，使員工能不斷為公司投入生產，來創造持續高營收的成長呢？

• 思考方向

當公司給予優渥的福利與獎勵制度，公司應不斷思考與調整作法，以正面提升員工的工作回饋，藉此提高公司良好聲譽外，也能維持公司高營收的獲利成長。

一、選擇題

( ) 1. 以下敘述何者正確？ (A) 員工個人的工作績效愈高，則組織提供給員工的福利愈多 (B) 獎勵制度不同於福利制度，其結合績效考核，屬於雙因子理論中的保健因子 (C) 企業透過福利與獎勵制度，使員工獲得薪水或工資以外的報酬 (D) 報酬必須具有金錢價值。

( ) 2. 何者爲「給付性質」的福利？ (A) 失去工作能力時的所得維持 (B) 延遲給付的所得 (C) 健康和意外事故的保障 (D) 以上皆是。

( ) 3. 何者爲「服務性質」的福利？ (A) 有薪的休息和休假 (B) 健康和意外事故的保障 (C) 配偶和家庭所得的保障 (D) 延遲給付的所得。

( ) 4. 何種制度是企業一項彈性的酬償制度，與員工績效有直接相關，配合員工績效考核後的結果，運用獎金或紅利給予績效良好的員工獎酬，以期望員工維持其優良的行爲表現，並刺激其有更好的表現？ (A) 福利制度 (B) 績效制度 (C) 獎勵制度 (D) 考核制度。

( ) 5. 何項不是員工獎勵制度？ (A) 現金增資員工認股 (B) 員工紅利 (C) 員工認股權憑證 (D) 年終獎金。

( ) 6. 薪水依工作能力的增加而提升，屬於何種獎酬形式？ (A) 分享紅利 (B) 績效獎金 (C) 一次給付獎金 (D) 知識增額給付。

( ) 7. 企業必須在適當的情境中實施適當的獎勵措施，才得以達到獎勵背後的目的。以下針對獎勵措施的情境敘述何者有誤？ (A) 員工本身的人格特徵、情緒及其所喜愛的獎懲方式有重大相關 (B) 管理者對於獎勵制度的態度及實施方式 (C) 獎勵的時機及場所 (D) 獎勵發放的標準，是以公司的經營成效爲主要的衡量標準。

( ) 8. 勞工有下列情形之一者，雇主得強制其退休 (A) 年滿六十五歲者 (B) 生產力退化之勞工 (C) 身體殘廢，但尚能勝任工作者 (D) 不加班的員工。

( ) 9. 以下何者不屬於「非強制性福利事項」？ (A) 勞工退休金 (B) 支持員工家庭計畫 (C) 特殊非金錢福利 (D) 關心員工身心健康。

( ) 10. 何種團體獎勵制度的重點在於與企業效益有關的生產環節和工作崗位上，以實現提高企業生產經營效益，降低生產成本的最終目的？ (A) 史坎隆計畫 (B) 利潤分享制 (C) 員工入股制 (D) 分紅入股。

二、問題探討

1. 員工福利的定義爲何？依 Richard Henderson 將勞工福利的內涵分爲哪二類？
2. 《公司法》中對於員工獎勵措施的規定有哪些？請列舉四項。
3. 依 Louis E. Boone 及 David L. Kurtz 將獎酬分爲哪四種形式，其又包含什麼內涵？
4. 強制性福利事項包含哪五項？並請簡單概述其內容及實行意義。
5. 非強制性福利事項包含哪三項？並請簡單概述其內容及實行意義。
6. 福利管理在新時代中的意義。
7. 個人獎勵制度的意義爲何，對於生產人員、業務人員及管理人員的獎勵事項包含哪些？
8. 團體獎勵制度的意義爲何？請列舉四項團體獎勵制度的內涵及其實行意義。

一、中文部分

1. 李建新編著（1999）。《企業雇員薪酬福利》，經濟管理出版社。
2. 吳美連、林俊毅（1997）。《人力資源管理：理論與實務》，初版，臺北：智勝出版社。
3. Louis E. Boone and David L. Kurtz 著，林麗娟，劉廷揚主編（1999）。《企業概論》，初版，臺中：滄海圖書。
4. 丘昌其、陳弘（2012）。《企業管理 100 重要觀念：企業概論篇》，臺北：鼎茂書局。

Note

Chapter 10

勞資關係與勞工安全衛生

本章大綱

名人名句

在日本公司，創辦人並不要求他的員工扮演工具的角色，他創造他的公司，並僱用員工幫他實現理想，因此，員工一旦被僱用，就被視為合作者，非賺錢機器。

盛田昭夫 *(Akio Morita)*/ 新力公司會長

就算你沒收我的工廠，燒毀我的建築物，但留給我員工，我就能重建我的王國。

Thomas J Watson. Sr /IBM 創辦人兼第一任總裁

本章主要探討勞資雙方的關係，與勞資爭議的相關議題，並且針對在勞工安全衛生中人（員工健康）、事（工作狀況）、時（工作時間）、地（工作環境）、物（工作設備）等五大構面，提出相關論述，了解勞資雙方的需求，協調勞資爭議，進而改善勞資關係，以創造勞資雙贏。

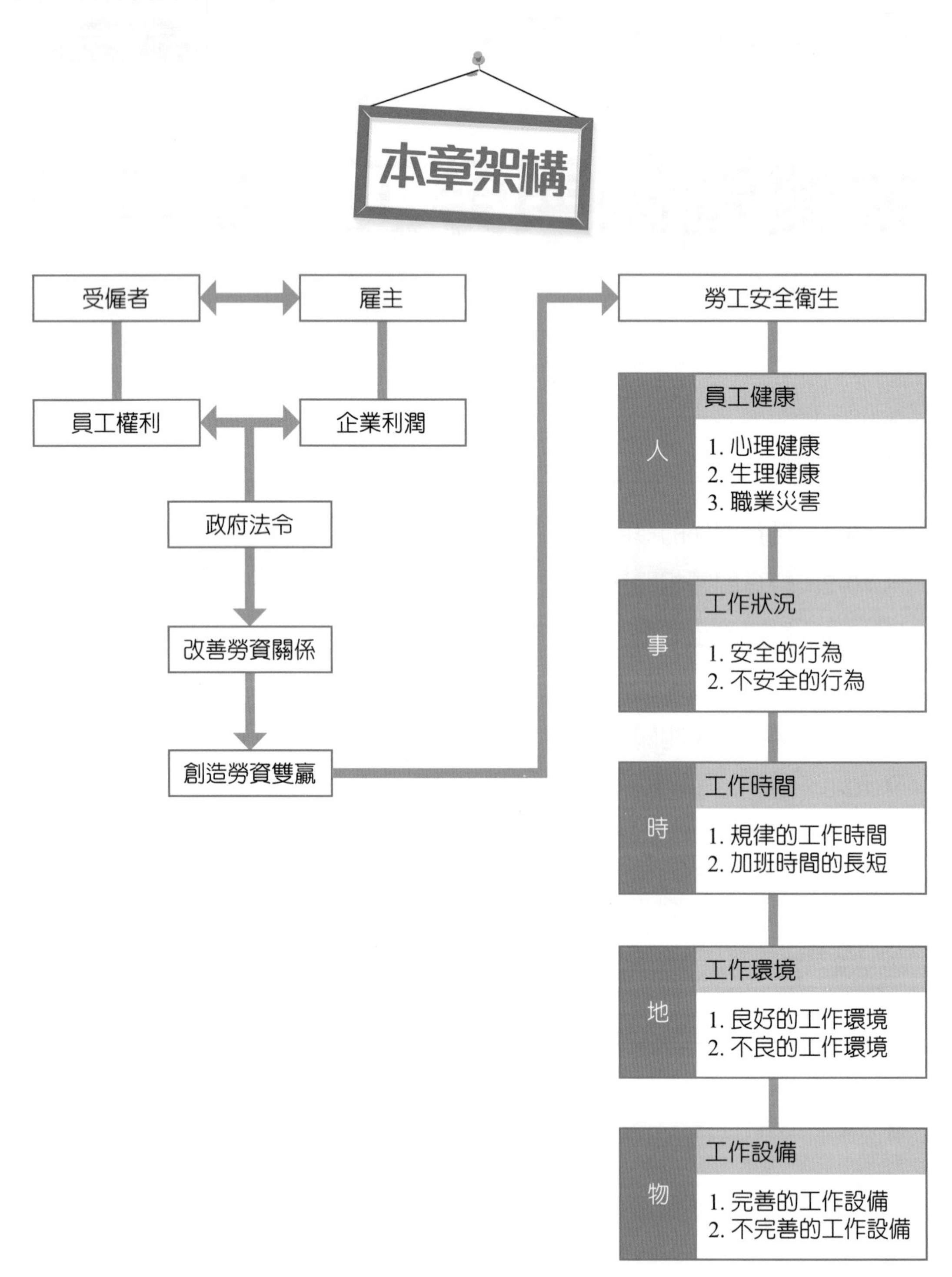

我國長期經濟建設的成果，使社會型態由以農立國的傳統社會變成工商業社會。而勞動人數比例逐年增長，目前我國的勞工約在八百萬以上，勞動關係舉凡勞資關係、工會運動、安全衛生、職業訓練、勞工市場之調整、勞工保險、失業救濟等均是極迫切性的問題。自從《勞動基準法》公布施行以來，勞工權利意識高漲，勞資糾紛層出不窮，致使勞動問題往往直接變成社會、政治問題，並影響社會、政治安定。

當企業開始運作的同時，勢必要有金錢、人力與設備的投入，因此勞方與資方的關係便產生了。企業經營的重大目的之一在於獲利，而如何壓低成本以達到利潤極大化，更是每個企業主時時刻刻都在思考的問題。另一方面，每個員工也希望工作能夠得到較高的薪水、較好的福利，並在良好的環境下工作。但若資方想壓低成本，而勞方卻想不斷地提高薪資及福利，最後，一定會形成兩者間的衝突，究竟勞資衝突都是如何解決的，勞方可以透過哪些管道伸張自己本身的權益，這些不僅是我們想瞭解的，更是身爲二十一世紀的每位現代人都應該知道的。

一個國家的生產力是由其就業人口表現出來的，這一群就業人口占國家人口的半數以上，他們的安全與衛生狀況，直接影響到人口品質，可見它的重要性。但長久以來，企業（尤其是製造業），並不太關心員工的衛生安全，這可由勞委會統計過去三年勞工職業災害使社會直接、間接損失近一千億元得知；而《勞工安全衛生法》，其適用範圍、防止災害的設施及安全衛生管理等均有重大變革，嚴格督促企業改善設施，以防止職業災害及職業病的發生，保障員工生命安全與身體健康。這對企業財產保護、工作效率的提升，具有正面意義。企業人力資源管理人員應檢視公司行業屬性，配合法令要求，僱用適當數目之勞工安全管理人員，並在內部制定相關辦法，推行「零災害運動」，盡一己之責。以下就勞資關係中的各項重點，敘述勞資關係與勞工安全衛生。

10-1 勞資關係的發展

一、勞資關係

「勞資關係」一詞，在國外通常稱爲「員工關係」（Employee Relations）或「工業關係」（Industrial Relations），同時也有勞資關係學者使用「勞工關係」（Labor Relations）或「勞雇關係」（Employee-employer Relations）等用法。

雖然每個名詞敘述內涵大同小異，但各有其強調的重點。「工業關係」著重在工業組織效率高的製造業工人與雇主的關係；「勞資關係」強調勞工與管理者之間的關係；「勞工關係」的焦點則在工會與雇主之間的互動；「員工關係」較強調服務業及商業勞工與雇主之間的關係；而「勞雇關係」則是刻意忽視工會的角色。

二、勞資爭議

勞資之間的爭議在於雙方的目標不同，受僱者要求員工權利，傾向人性面的需求；雇主重視企業利潤，偏向經濟面的考量。因此在工作中，勞工所關切的是獲得與勞務付出相當的報酬、免於失業威脅、避免歧視、在安全衛生的工作場所工作。而雇主費盡心思所想的是如何使成本極小化、利潤極大化，因此往往採取不同的方式增加工時、減少工資福利、任意解僱工人、忽視工作場所的安全衛生。勞雇雙方可藉由彼此合作達成這些目標，不過，有時候一方只有在犧牲對方的情況下才能達到自己的目標，如此一來，勞資爭議就可能發生。

勞資爭議行爲之類別有下列三類：

(一) 契約終止之爭議

契約終止爭議就是解僱時所產生的紛爭，即雇主單方面要終止勞動契約，在我國《勞動基準法》之相關規定下，終止勞動契約採取「預告解僱」、「懲誡解僱」、「違反契約誠信原則」等方式。

(二) 團體協約之爭議

因雇主與勞工團體協商過程中意見分歧，並對協約解釋的不同而產生之爭議。

(三)違反勞工基準法規所引發之爭議

雇主違反了像是勞動條件、勞工保險、勞工安全衛生及其他相關法令，可經由政府機關依法裁定行政罰外，尚可提司法救濟。

勞資爭議行爲之手段可分爲下列幾種：

1. 罷工

   係指勞工暫時拒絕提供勞務之集體行爲。

2. 杯葛

   係勞動者對於雇主不當之措施，不向雇主採直接之對抗，而向第三人間接爭議行爲，例如「商品杯葛」及「勞務杯葛」。

3. 怠工

   勞動者在表面上雖欲繼續提供勞務，但卻故意降低作業效率下之爭議行爲。

4. 糾察

   罷工期間工會爲確保其罷工效果，派遣部分會員至工作場所之周遭，監視其他員工並阻止人員進入工作場所工作。

5. 接管生產管理

   將雇主之工廠、設備、資材等一切生產設施加以接收，並排除雇主之指揮命令，自行爲企業之經營而言，如：員工自救委員會。

人力資源單位在企業內扮演著勞資雙方溝通橋樑的角色，雖然理論上他是資方代表，但因爲本質上仍屬於受僱者，較爲員工認同，因此可以作爲勞資關係的潤滑劑。當企業發生因勞動法令引起的爭議時，若能掌握《勞資爭議處理法》、《工會法》、《團體協約法》等集體勞動關係的法令，依照法定的遊戲規則、談判技巧化解勞資爭議，對企業營運有極大的助益。

依照勞資爭議處理法的勞資爭議處理程序如圖 10-1 所示：

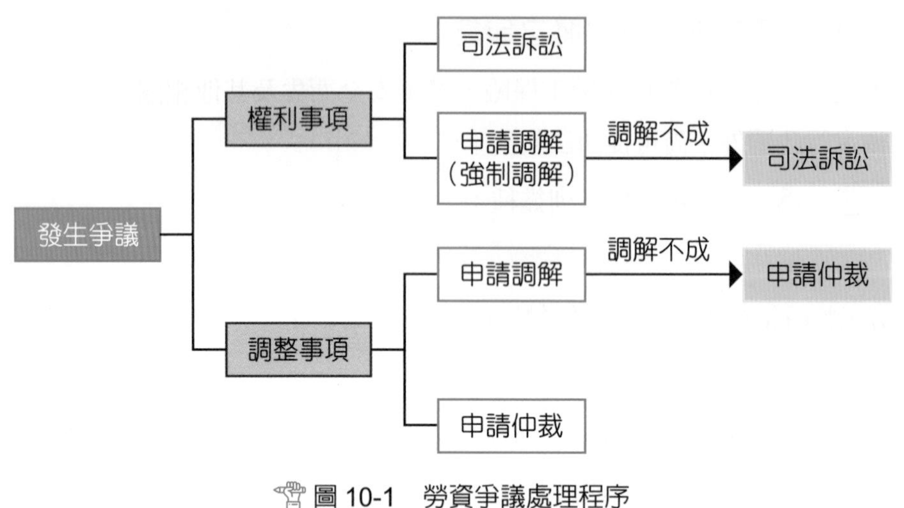

圖 10-1　勞資爭議處理程序

資料來源：本書資料整理

10-2 勞資問題相關法令

勞資關係爭議主要是對法令認識不清楚，凡是法律上規定的勞動條件、福利制度等，只要確實貫徹執行、加強推動，便可避免爭端。政府爲保障勞資雙方的權利義務，於是便制定法令，讓勞資雙方在工作上皆有所依循。當企業發生因勞動法令引起的爭議時，若能掌握政府法令，依照法定的遊戲規則、談判技巧化解勞資爭議，對企業營運有極大的助益，其中在勞資關係的法令有《工會法》、《工會法施行細則》、《勞資爭議處理法》、《勞資會議實施辦法》、《團體協約法》等。匯整於表 10-1。

表 10-1　勞資關係法令匯整表

類別	法令	目的
勞資關係	《工會法》	為保障勞工權益，增進勞工知能，發展生產事業，改善勞工生活為宗旨的工會之成立的標準。
	《工會法施行細則》	依《工會法》規定，制定施行細則。
	《勞資爭議處理法》	於雇主或雇主團體與勞工或勞工團體發生為勞資權利事項與調整事項之爭議時適用。
	《勞資會議實施辦法》	事業單位舉辦勞資會議之規定。
	《團體協約法》	雇主或有法人資格之雇主團體，與有法人資格之工人團體，以規定勞動關係為目的所締結之書面契約之規定。

資料來源：本書資料整理

10-3 勞工安全衛生

在勞資雙方不同的目的之下，雇主及員工透過勞工安全衛生的人、事、時、地、物五大方面，以作爲維護勞資關係的具體作法，而勞工安全衛生是勞工生存權與工作權的保障，同時也維繫著人力資源的穩定、社會的安定及經濟的發展。不當的職業安全衛生管理，所導致之職業災害，不僅造成勞工傷害，亦造成事業單位的損失，影響勞資關係的和諧，對於企業永續經營、產業升級、經濟發展等均有不良影響。面對我國產業發展的轉變、安全衛生問題的複雜化，以及國際安全衛生情勢的發展，安全衛生工作將成爲企業發展及永續經營成敗之關鍵。

一、人——員工健康

(一) 心理健康

現代日趨激烈的競爭環境下，人力資源管理活動在僱用關係的形成過程中，除了給予員工傳統的經濟誘因外，更須關心員工的心理健康及需求，以增進員工對組織的向心力及工作滿意度。在此以心理契約的觀點，探討人力資源管理活動對於員工與組織間僱用關係上的影響。

心理契約最早的概念由 Levin, Price, Munden 與 Solley（1962）及 Schein（1965）所提出。Rousseau（1989）將心理契約定義爲個人對於他與另一方的互惠交換（reciprocal exchange），包括協議的事項以及約定的信念。也就是說，當員工相信雇主未來高薪、升遷的允諾時，員工自然會付出努力工作的回饋。而透過這個相互允諾的關係，雇主可得到高生產力的員工，而員工也能得到組織未來所給予的好處。在這樣互惠的狀況下，將可使企業的運作更加順暢，並提升經營績效。但企業在處理心理契約時，也須特別小心，因爲若員工認爲其心理契約遭到破壞，便會影響其生產狀況，同時將使員工工作的士氣及意願降低，而產生怠工的情形。

除了心理契約的運用外，在現代員工要求權益及福利的浪潮下，雇主更須注重員工的心理狀況。許多現代企業設有員工諮商部門，於平時觀察員工的情緒反應，並且作爲組織及員工間的緩衝部門，並在適當的時候，透過組織內部或外部的諮商師對員工的心理因素進行輔導。如此是有利於及早發現員工的問題，避免許多員工抗爭的狀況出現。

(二) 生理健康

臺灣由於出生率及死亡率下降，已漸漸成爲高齡社會的國家，年輕勞動人口比例的降低伴隨著中高齡勞動人口所占比例逐年增加；在未來，產業型態逐漸轉變的情況下，預測未來中高齡勞動人口會急遽增加，而人體老化會使感官能力、資訊處理、記憶力、體力、行動速度退化，降低工作績效，增加職業災害危險性，但中高齡勞工的經驗累積卻是企業相當重要的資產之一。因此企業須致力於維護並促進中高齡勞工的健康體能，維持勞工體能、生產力，延緩老化，足以承受工作負荷，進而提高生產力。

「工作場所健康促進」就是爲支持員工及其家屬能夠採取有利的健康行爲，而結合教育、組織與環境等因素所設計的活動；其內容包括衛生教育活動、員工協助計畫、健康體能、職業衛生與安全、疾病篩檢及健康諮詢等。過去 20 年，美國產業界開始提倡在工作場所推動各種健康促進活動，包括戒菸、壓力管理、體重控制，以及血壓、血糖、膽固醇等篩檢活動。當然，「維護及促進健康體能」也是重要項目之一。

工作場所是最適合推行健康促進計畫的場所，因爲工作場所擁有大量人口，其組織可發揮極大功效。工作場所推行勞工健康體能，除可促進員工健康體能外，對資方亦有極大的效益，其效益如下：

1. 降低醫療費用、減少病假日數。
2. 提高員工士氣、生產力、工作動機與工作表現。

3. 改善員工生理、心理功能。
4. 增加員工間或勞資雙方的互動及溝通機會。
5. 改善勞資關係：勞工感覺到雇主的關心，有助於增加對資方的凝聚力。

(三) 職業災害

隨著工商社會愈來愈競爭，人們在資訊及科技不斷創新之下，許多便利的設備也推陳出新，但由於人們的不注意或疏忽，直接或間接造成各類職業災害，以下為發生職業災害時之參考處理方式。

1. 處理法令依據
   (1) 《勞工保險條例》及《勞工保險條例施行細則》。
   (2) 《勞工安全衛生法》、《勞工安全衛生施行細則》及其相關規則、標準。
   (3) 《勞動基準法》及《勞動基準法施行細則》。
   (4) 勞工保險的被保險人因執行職務而致傷病審查準則。
   (5) 《民法》第184條：管理或設備有過失。
2. 企業處理職業災害的方式有下列各項

   瞭解狀況：視發生狀況瞭解相關資訊。
   (1) 人：受傷病員工、肇事者、受害者、見證人、警政機關、送醫者、治療者、看護者等。
   (2) 事：造成傷害或疾病之身體部位、如何治療、治療後狀況、間接造成損害等。
   (3) 時：某年某月某日星期幾上下午幾時幾分、天氣如何、進入醫事單位時間、治療期間、出院時間、門診復建時間等。
   (4) 地：職災發生第一現場、緊急治療地點、治療醫事單位、出院後安置地點等。
   (5) 物：造成災害或疾病之物體或環境、所用醫療資源、急用物品、安頓物品、交通工具等。
   (6) 為何：判斷造成之原因、處置措施等。

   公司會議：視需要而召開。
   (1) 就第一項之內容探討不清楚之情事，並釐清責任。
   (2) 指定相關處理人員，包含給付申請人員、主管業務機關查核陪同人員。
   (3) 後續處理方案。

(4) 計算補償金額。

◆ 申請給付：依《勞工保險條例》之規定辦理。

◆ 準備各項相關查核資料：人事資料表、請假卡、薪資清冊。

職業災害致殘勞工則係指勞工因發生職業災害而造成生理、心理或智能上受損導致機能減弱或喪失，使其參與社會活動及從事生產（工作）功能受到限制或無法發揮者。毫無疑問地，對勞工而言，職業災害的發生係一場突如其來的「意外」，在毫無心理準備的情況下，不僅要承受身體上的痛楚，被迫接受殘廢的事實，更須面對身心調適上的困難與問題。再加上醫療期間，家庭收入的減少，若致殘勞工身爲家庭主要或唯一的經濟來源，則連帶造成家庭經濟危機，且在醫療過後是否能夠重回職場？又一旦致殘程度嚴重，使其喪失原有工作能力時該如何處理？這些都成爲職災致殘勞工必須面臨的挑戰。而受職業災害的員工其權益匯整於表 10-2。

表 10-2　職業災害員工權益匯整表

法律區分	《勞工保險條例》		《勞動基準法》	
	內容	給付(甲)	內容	給付(乙)
醫療	發生職業災害時	依全民健康保險	發生職業災害時	補償必須之
治療、門診、復健期間	1. 不能工作 2. 未能取得原有薪資 3. 正在治療中 4. 自不能工作之第四日起發給補償費	第一月 (A÷30) × 27 × 70% 第二月至十月 A × 70% 第十三月至二十四月 A × 50%	醫療中不能工作	每月 B —甲
治療後兩年		無	1. 醫療期間屆滿兩年仍未能痊癒 2. 審定喪失原有工作能力 3. 不合殘廢給付標準	C × 40%
殘廢	1. 治療終止 2. 身體遺存障害 3. 永久殘廢	A÷30 ×殘廢日數	審定身體遺存殘廢	(C÷30 ×殘廢日數) －甲

法律區分	《勞工保險條例》		《勞動基準法》	
	內容	給付(甲)	內容	給付(乙)
死亡		A × 45		C × 40 －甲
說明	A：勞工保險平均每月投保薪資　B：原領薪資　C：平均工資 甲：勞工保險給付金額　乙：企業應補償金額			

資料來源：本書資料整理

以下將針對職災致殘者所要面臨的問題和職災致殘後對工作生涯產生的衝擊，分別加以說明：

1. 生理上的不適與身體上的失能：職災發生後，劇烈的疼痛和身體的不適在所難免，職災勞工必須忍受醫療復健過程中肉體上的疼痛和折磨，而嚴重的職災所造成勞工肢體的殘缺或功能受損，所帶來的不便更將影響正常生活，有些必須藉由使用輔助器才能克服肢體的障礙，有些嚴重者則須仰賴家人照顧生活起居，凡此種種生理上的殘缺，都將造成勞工自身及其家庭生活的困擾。
2. 心理障礙問題：職業災害致殘者與天生或後天因其他因素所造成之肢體殘障者之心理問題雖不完全相同，但基本上肢體殘障狀態對於人格會產生重大影響。最常見的是生理的缺陷與器官的不健全，易形成殘障者強烈的自卑感。
3. 工作保障的問題：職災致殘勞工除了面臨上述生理和心理方面的問題須待克服之外，因上述生理和心理所產生的問題則可能進一步影響殘障勞工的工作問題。例如喪失工作能力所導致留任原職的困難，無法克服環境的障礙，以及心理障礙影響重回職場之意願等。

而影響職災致殘勞工心理調適之因素中，職業災害的發生除了對勞工的自我形象帶來衝擊外，更造成殘廢勞工無法處理的情境，容易造成個人及家庭的危機。而殘障對於個人的意義，亦受到環境對殘障價值的判斷，同時連帶影響個人的心理調適歷程。因此，在討論影響職災致殘勞工心理調適的因素時，必須同時考量勞工個人的因素以及環境的因素。

由於職災致殘勞工所面臨的是巨大意外災害事件的衝擊，在此危急情境下，如無法即時給予協助和支持，很可能會造成災害事件後的另一危機事件。然而由於職災致殘勞工之處遇常涉及認知重建、職業復健和重返工作的問題，建議採用危機干預理論和認知行為理論來作為建立職災致殘勞工處理模式之參考，此兩種理論各有其適用處和優缺點，且因職災致殘勞工之處理過程有其特殊需求——即協助勞工進行心理調適和重回工作崗位，因此將此兩種理論模式加以結合，依據職災致殘勞工於各階段的需要而不同。

1. 職災發生，緊急介入階段——以危機干預爲主：工作者必須（主動）即時介入處理，以避免進一步傷害的擴大，給予支持和鼓勵，減輕案主對事件的情緒反應，特別是處理（肢體）失落感及對安全、自尊的威脅。而由於職災事件往往衝擊到案主家庭，故亦必須注意給予案家情緒支持。針對目前最切身相關的問題提供協助並解決。例如，醫療問題或有關勞、健保等職災權益問題的處理等。協助案主支持系統的建立和運作，特別是家庭支持系統或由老傷友所組成之「支持性團體」的鼓勵。
2. 身心復健階段——以認知行爲治療爲主：處理重點集中於案主的思想、情緒及表達之動機及其行爲，進行評估。以伙伴關係及保持開放性的態度「評估」案主的問題及其思考方式，瞭解「工作」和「殘障」對案主的意義，歸納出案主非理性思考的原因，特別是對社會環境及職業傷害之歸因方式，並進而尋求解決方法，降低案主負向的認知和負向的自我感受。同時運用若干活動計畫表，幫助案主被動地重複想起職災發生的狀況，並進行實際練習和訓練，以增強動機。協助使案主的知覺更符合現實情境，進而能在現實情境中選擇正確的行動。例如，案主對於雇主和重回工作職場的認知可能會有所扭曲，在此情形下工作者須試圖改善案主意識，協助案主做出正確的判斷和行動。在此階段的處理目標即是協助案主準備好重回職場之心理調適。
3. 就業輔導與安置階段——善用社會資源：完整評估殘障者的身心調適狀態、適應與工作（就業）的能力。根據案主的就業需要，提供或轉介接受必須的職業訓練。聯繫廠商或原雇主，協助案主再重回職場與適應環境。
4. 結案追蹤階段——持續關懷：此階段重點在瞭解案主重回職場的適應情形，隨時提供必要之協助。

二、事——工作狀況

在現代技術密集產業持續發展下，新的化學物質、技術及大型且複雜的系統不斷地被運用於工作場所中，這些轉變使得工作的危害風險因素更爲複雜而難以掌握。須有效推動安全衛生工作，且考慮到人性化之規劃，例如：只由生產部門擔負安全衛生工作是不夠的，應建立以人爲本的思考模式，建立從下而上的人性化管理，由勞雇雙方共同參與安全衛生工作。

企業平時可成立安全委員會不定期地自行檢查，而不必等到職業安全與衛生局來檢查公司安全，並且標準應比政府機關嚴格。在調查意外事件時，也須判定實體和環境因素的影響，以儘速進行，並確保工作安全。同時透過每一次處理問題的經驗，提出防範之道，由安全委員會依照規定，製作意外調查報告，並且記錄對應的防制方法，同時提出改善措施的建議。

三、時——工作時間

在競爭激烈的環境下，企業為了降低成本，並且增加企業營運的彈性及效率，在配合《勞基法》與勞資雙方在公平互惠的原則下，運用變形工時與彈性工時。

所謂變形工時與彈性工時即是將固定、制式的工作時間（每日八小時，每週四十八小時）更有彈性地調配運用。其差異在於變形工時，是將一定期間內的勞工工時，依工作量之多寡進行不等量的分配，如每天工作十小時，一個月工作二十天，休息十天；而彈性工時則是每天工作時間固定，但是所有勞工不會同時上下班，且在一定範圍內勞工可以自行決定上下班時間。目前臺灣較常見的是勞工可自行決定在早上八點至九點間上班，在工作滿八小時後即可下班。

雖然變形工時及彈性工時，都是彈性地運用工作時間，但在立場不同下，卻有不同的效益。以變形工時來說，勞工必須長時間工作並且損失加班費，所以法律對此有明確的規定，以免雇主過度壓榨勞工。而彈性工時因為每天上班時間並未增加，而勞工可依自己需要在雇主同意下自行調整上下班時間，故現行法令中對彈性工時制並無其它限制規定。

四、地——工作環境

近年來，勞工在工作場所的安全衛生逐漸成為國際間共同關注的議題，並已成為企業生存及發展不可或缺的重要因素。各國制定保護勞工於工作環境中的相關法令如下：歐盟制定一系列包括機械、防護具等的安全衛生指令（如 CE 標識），並逐步推動 BS 8800、OHSAS 18001 等職業安全衛生管理標準，透過貿易活動及國際交流，影響其他國家的職業安全衛生標準。國際標準組織（ISO）目前已積極研訂「職業安全衛生管理標準」（ISO 18001）草案，國際勞工組織（International Labour Organization，ILO）於2001年6月亦已通過職業安全衛生管理系統之建議指引（ILO-OSH MS2001），並積極推動全球調合系統。另外，以經貿活動爲主軸的世界貿易組織（WTO）及亞太經濟合作組織（APEC）對勞工標準也有類似的規定。

臺灣正積極著手勞工安全方面法令的制定及宣導，目前勞委會爲有效降低職業傷害及預防職業病，並分析我國職災原因及提出因應對策，而擬定優先發展之「安全的工作環境」四年中程計畫，其中採取之原則爲：加強職業安全衛生自主管理體系，貫徹勞工安全衛生法令，以有效防止職業災害，保障勞工安全與健康。兼顧勞資雙方權益，審酌社會發展情勢，迅速、積極採取因應措施，以期開創勞工安全衛生與舒適的工作環境，提高勞工工作品質，希望能提供勞工安全的工作環境。

工作場所的勞工安全原本是一件輕忽不得的事，在人力資源專家看來，如何在事前做好預防職場災變措施，把風險及傷害降到最低是勞雇雙方都應努力的方向。在雇主方面，爲了確保職場安全，必須擬定好以下幾項事前的預防措施：

1. 訂定勞工安全須知，以製作小冊子或錄影帶方式，提醒員工隨時隨地注意安全。
2. 每一個月定期舉辦勞工安全會議，討論相關問題。
3. 提供員工完整教育訓練。
4. 定期執行工作場所安全檢查。
5. 對於沒有遵守規定的員工，要訂定罰則。
6. 對於曾經發生的職災一定要做成紀錄，隨時檢討，以避免再次發生。
7. 成立醫療小組，增添急救設備。

此外，要減輕職場災變對勞工造成的傷害，各公司應訂定有效的員工協助方案，這樣的方案必須確認協助的目標，應避免長期的輔導模式，這些協助應包括：

1. 生理上的協助：如提供醫療的補助。
2. 心理上的協助：如員工情緒的輔導及家庭諮商。
3. 工作上的協助：如幫助康復的員工復職，如他已無法勝任原來的工作，就該透過教育訓練幫助他適應新的工作。
4. 財務上的協助：如提供員工債務償還計畫，使員工在經歷職災之後，仍能在工作崗位上發揮所長。

五、物——工作設備

運用民間安全衛生團體之技術，做好機械器具之源頭管制，並推動機械器具型式檢定制度。比較、分析國內外安全衛生防護具標準，建立防護具本土化性能測試標準，訂定適合國人之安全衛生防護具。加強營造、化工、電氣、機械等安全研究，提供安全技術諮詢服務。加強營造業承攬商管理（SCC），建立國內營造業動態安全管理之運作規範與指引，制定承攬管理規範，以及建立施工與安全結合之具體化規範。建立高危害機械設備之法規、標準及安全評估技術，與國內高壓氣體設備檢查技術，並研發本土化之機械設備安全監控裝置與系統。進行國內化學工業毒性高壓氣體使用與儲存現況調查，以及危險性化學物質儲存與運送安全評估，並研究半導體業有害氣體相關設施安全性。

勞工安全衛生工作涉及層面甚廣，關係勞工安全與健康保障甚鉅，而對我國產業升級、提高生產力、增進企業正常營運、創造利潤等亦具相當影響。今後，政府將積極加強監督營造業、石化工廠、爆竹工廠、農藥工廠等高危險性事業之安全衛生設施之改善，以及強化特別危害作業勞工安全衛生教育訓練、危險辨識能力及證照制度；並將積極推動事業單位之自主管理體系，全面提升安全衛生技術。同時，更加強職業災害通報系統，以便即時掌握職業災害；並於 91 年 4 月 28 日修訂「職業災害勞工保護法」，加強職業災害勞工之保護，以期在政、勞、資、學各界的共同努力下，有效達到職業災害防止之目標，建立安全舒適的工作環境。

10-4 女性勞工安全衛生探討

由於社會的快速變遷、經濟的自由競爭以及婦女教育日趨普及，使得女性勞動參與率日益提升。但蠟燭兩頭燒的結果，導致職業婦女疲於職場與家庭間奔波之窘況普遍存在，而性別不平等的社會結構與束縛了東西方社會幾千年的傳統、僵化、定型的「父權主義」、「重男輕女」等性別歧視觀念，以及勞動市場上「女性工作不安全」、「兩性工作不平等」等問題於現代家庭、企業乃至社會各層面中卻仍是歷歷可見。

而今社會將女性定位於應受保護之「弱者」及「家庭照顧者」之角色，視爲與童工一樣須受勞動保護。我國於 91 年 3 月 8 日實施的「兩性工作平等法」就是順應潮流的時代法令，除了希望能剷除勞動市場上充斥的性別歧視現象外，更重要的是希望讓男女兩性之勞動者，均能妥善兼顧職場工作及家庭生活，並生活於免除恐懼與過度壓力的環境中，締造一個眞正兩性平等、和諧美好的社會。

《兩性工作平等法》通過之後，開始時有些以女性員工爲大多數的企業（例如少數新銀行等）逐漸營造反彈聲浪，對於育嬰假、托兒設施等相關規範都有微詞，而這些雇主的問題眞的不能解決嗎？其實端看雇主願不願意設法協同增訂其他的配套措施，讓這些爲國家社會孕育下一代的女性，或曾經在公司服務多年表現績優的人員有重回職場的一天了。

在臺灣社會還沒有談到性騷擾議題時，美商默沙東藥廠來臺灣設置公司時，就已規劃完整而多元的性騷擾申訴管道以及懲誡方式。其公司的人力資源部門主管已經被訓練要如何處理性騷擾事宜，而美國總部爲了提供員工健康的工作環境，因此有清楚的處理步驟與規定。然而，不管面對性騷擾的對象是男是女，處理公司裡性騷擾案件的主管，最爲重要的是要懂得保護被騷擾的同事，處理時必須有技巧，並且要不動聲色，謹慎處理，避免員工遭受二次傷害，否則對受騷擾的員工而言，這將是揮之不去的陰影。

新竹科學園區的工作，讓許多人羨慕，但是醫生最近發現，新竹地區不孕求診的個案當中，園區患者占了三分之一以上，其中女性又比男性多一些，不孕症醫師賴興華懷疑此病症是否與工作環境受污染有關。除了環境污染外，園區很多輪休制度，也被懷疑會造成不孕症的發生。園區高科技產業造就了經濟奇蹟，不過也意外地造就了許多不孕症族群。

現行法令中雖然對女性保護已有相當多之規定，然而仍有不少漏洞存在。根據統計（見表 10-3），15 至 64 歲已婚女性約有半數曾有離職經驗，其中因生育而離職的就占了 31.7%，可見育嬰、托嬰等問題是造成女性就業生涯不連續之重要原因（1993 年行政院主計處）。事實上，除了少數私人企業及行政院於 1990 年頒訂女性公務員育嬰假處理原則之外，其他行業皆未有育嬰假之福利，更何況上述行政命令中並未進一步積極保障日後晉升機會及福利，導致女性公務員在考績與家庭經濟壓力之下，不願意或不敢申請育

嬰假，一場美意遂徒然流於形式化的規定。在國家提供的相關福利措施不足、私立托兒所及家庭保母供需嚴重失調的情形下，不少女性疲於奔命或不得不辭職，或仰賴外籍女傭，連帶引出不少相關的社會問題及隱憂。

表 10-3　臺灣地區 15 至 64 歲已婚婦女曾經離職者之離職情形

	已婚婦女離職總計		曾因結婚離職		曾因生育離職	
	人數（千人）	占 15 ～ 64 歲已婚女性比例	人數（千人）	百分比	人數（千人）	百分比
國中以下	1522	48.32	837	54.99	437	28.70
高中（職）	606	53.19	317	52.38	227	37.55
大專以上	137	31.02	58	42.20	54	39.21

資料來源：行政院主計處，1994，「婦女婚育與就業調查」

在公司招募中，傳統歧視阻礙了女性進入職場的管道，但職場中女性的受僱者也飽受種種職場困擾。在一些學者的報告中指出，有超過一半的女性員工表示有工作困擾，而苦惱的原因包括工作壓力大、員工福利不好、薪資待遇不公、人事升遷不公、性別歧視，以及同事相處不易、性騷擾等。這終究不是針對職場中的性別差別待遇所發生，但是很明顯的是依照傳統經驗來看，女性受僱者的月平均所得大約只有男性的七成。另外，女性員工升遷機會受阻的情形也極為常見。雇主經常以女性員工結婚之後，終將懷孕、生產、育兒，導致無法全心工作而呈現斷續型的工作型態，而不願將出國進修或在職訓練的機會給予女性，而傾向於拔擢男性，導致大部分國內私人的企業主管清一色均為男性，尤其公務員體系更是明顯。

雖然《憲法》明文揭示「中華民國人民，無分男女在法律上一律平等。」第 15 條規定「人民之生存權、工作權及財產權，應予保障。」第 152 條並規定「人民具有工作能力者，國家應予以適當之工作機會。」可惜這些符合兩性平等、保障人民權利的規定並未落實於現實生活中，尤其是就業市場。

現在是一個民主法治的社會，婦女朋友要維護自身的利益，就必須隨時吸收法律新知，才不會因不熟悉法律條文而讓自己的權利睡著了！

10-5 勞工安全相關法令

勞工在工作環境及工作流程中，由於人為或是意外事故，皆可能會造成勞工在身心上面的傷害，故政府乃訂定一連串的法令以保障勞工在工作上的安全。在勞工安全衛生方面的法令則有《勞工安全衛生法》、《勞工安全衛生法施行細則》、《勞工安全衛生教育訓練規則》、《勞工安全衛生實施規則》、《勞工健康保護規則》、《勞動檢查法》、《勞動檢查法施行細則》、《職業災害勞工保護法》、《職業災害勞工保護法實行細則》、《職業災害勞工補助及核發辦法》。其主要目的整理如表 10-4：

表 10-4　勞工安全衛生法令匯整表

勞工安全衛生	《勞工安全衛生法》	為防止職業災害，保障勞工安全與健康。
	《勞工安全衛生法施行細則》	依《勞工安全衛生法》規定訂定施行細則。
	《勞工安全衛生教育訓練規則》	雇主對勞工，應分別施以從事工作及預防災變所必要之安全衛生教育。
	《勞工安全衛生設施規則》	為一般勞工工作場所安全衛生設備、措施之最低標準。
	《勞工健康保護規則》	針對勞工於不同工作環境中，雇主應基於勞工健康所提供之設施。
	《勞動檢查法》	為實施勞動檢查，貫徹勞動法令之執行、維護勞雇雙方權益、安定社會、發展經濟。
	《勞動檢查法施行細則》	依勞動檢查法規定，制定施行細則。
	《職業災害勞工保護法》	為保障職業災害勞工之權益，加強職業災害之預防，促進就業安全及經濟發展。
	《職業災害勞工保護法施行細則》	依職業災害勞工保護法規定，制定施行細則。
	《職業災害勞工補助及核發辦法》	依職業災害勞工保護法規定，制定職業災害補助的各項條件、資格標準。

資料來源：本書資料整理

10-6 結語

現行法規仍有許多不完備的部分，同時也有許多模糊地帶，導致法規無法確實保障勞工的權益，加上許多申訴管道形同虛設，如球員兼裁判的情況，使得勞工權益無法伸張。因此，勞資問題不僅勞工們要有自覺，資方也必須秉持良好的企業道德，視員工爲公司的內部顧客，應要好好對待，才能使公司更有發展，更具產業競爭力。

國外對於勞資方面的衝突有許多的例子可供參考，雖然其文化發展與組織型態與臺灣不同，但在思考勞資方面的議題上可提供許多的方法。國外諸多學者不斷尋找改善管理階層與員工之間關係的方法，因其認爲唯有透過勞資的合作，才可能使企業變得更好、更具有競爭力。組織的型態就如同社會一樣複雜，人是推動組織最主要的關鍵要素，所以應該將焦點集中在人的方面，藉由共同努力才可能達成目標，落實權利下放、學習性的組職、團隊的小組討論、扁平化的組織、員工參與等，都有助於拉近管理階層與員工彼此間的關係，經由溝通與協調，將彼此的意見表達出來，也會減少衝突的機會，勞資關係也因此能獲得更大的改善。

無薪假

無薪假並非是法律名詞，依勞動部解釋無薪假是雇主受景氣因素影響致停工或減產，經勞雇雙方協商同意，可以暫時縮減工作時間，並依比例減少工資，就要向當地勞動主管機關通報，納入勞動部「因應景氣影響勞雇雙方協商減少工時之事業單位及人數」統計，亦即一般所指之「無薪假」的統計。

根據勞動部統計，2018 年 10 月全臺實施無薪假的業者共 19 家，人數暴增到 3,490 人，創近三年新高，較上期增加 3,006 人。主要是以金屬機電工業為多，其次是化學工業，人數則以資訊電子工業為多。即使是國內最大汽車組裝廠國瑞汽車，也向桃園勞動局報備實施無薪假，影響人數高達 2,000 多人。學者認為主要原因是受到中美貿易戰及內需縮減的原因。

從金融海嘯後，在全世界經濟不景氣下，臺灣許多仰賴外國訂單的代工廠受到很大的影響，其中以科技業受到最大的衝擊，為因應迎面而來的挑戰，企業主從降低勞工成本、調節人力分配著手，但為了保有與員工的雇傭關係，無薪假就在臺灣成為了一種特殊的現象，利用「休假」這個詞彙來美化勞工部分失業的真實現象，而這個現象也逐漸成為一種常態，但這樣做真的是對的嗎？對於勞工來說，無薪假並非是一種休假，而是直接降低所得影響了生活水準。就在「企業須強制通報實施無薪假，若不通報就開罰。為保障勞工權益，未來將以法律規範政府及早介入協助。」這個勞工新政策被提出的那一刻，表示無薪假將被法制化。這樣的做法似乎只站在企業的角度，雖然在實施無薪假前，資方要取得勞方的同意才能實施，但是在勞資雙方中勞方總是處於弱勢，真的有辦法可以對資方說「不」嗎？無薪假的法制化將讓企業在景氣好的時候網羅優秀的員工，而在景氣不好的時候要員工共體時艱放無薪假，進而產生「景氣好時責任制，景氣不好時無薪假」，而當員工受不了想到別家公司時，發現因為無薪假的法制化讓所有企業都是這樣，使得員工無路可去。

其實在討論無薪假是否應該法制化之前，應該要先思考無薪假的存在是否正確。先來思考勞資雙方的角色，一家公司賺來大部分的錢並不是由勞工得到，因為公司經營者面對更大的風險，所以勞工領固定薪資，而資方領取超額報酬，所以由經營面來說，內、外在環境帶來的風險應該是由公司來承擔，並非由勞工來背負。接著思考因為無薪假的實施，讓原本勞工的固定薪資減少，變相地將承擔風險的責任轉移到員工身上，這是不應該出現的現象。

另外，無薪假的存在影響了就業市場的薪資波動幅度，這也產生兩種現象。首先是勞工為了害怕面臨無薪假，在應徵工作時逐漸要求更高的薪資，作為景氣不好時的補貼，使得當初為了降低人事成本而實施無薪假，但勞工面對無薪假的逐步反應使得人事成本又回升，所以無薪假只讓薪資波動變大，企業也不一定有省下更多錢。第二是因為無薪假導致工作不穩定，自然讓多數的勞方不敢消費，都把錢進行儲蓄以備不時之需，導致問題延伸到大街小巷的店家。

所以或許應該直接禁止無薪假的存在，或是成立更明確的通報制度，來平衡勞資雙方的力量，讓無薪假實施的過程中勞方沒有受到任何壓迫，並且不讓企業任意濫用無薪假。更重要的是政府應該要看清楚，無薪假是經濟問題，所以不應該用法律來解決。另外，政府不應該只站在企業角度，可以試想自己是否也會接受每年多十幾天這種沒錢的臨時休假，來考慮勞方的立場。

資料來源：

1. 林祖儀（2011）。無薪假就地合法？別鬧了。商業週刊，財經新聞儀點通，2011 年 11 月 30 日。
2. 曾翔（2012）。面對青年貧窮化：為無薪假正名。臺灣立報，2012-1-12。
3. 江睿智、李京昇、簡永祥（2018）。景氣涼了？無薪假人數暴增，經濟日報，檢索日期：2018/12/3。

女性勞動者安全與健康

由於人口結構的改變加上政策推動，在各個產業女性工作者越來越多，政府與公司著手推動周邊的法律與措施，開始注意女性衛生安全與健康，根據勞工委員會勞工安全衛生處統計女性常見的職場危害有三種：

一、生殖性危害

女性在工作環境存在之各種因素而導致女性生殖性的危害，例如服務業長時間站立、護理人員接觸巨細胞病毒、B 型肝炎病毒、人類免疫缺陷病毒（HIV）、德國麻疹等，均有造成流產、死胎、不孕、低出生體重兒，導致嬰兒早產、畸形與死亡機率增加。

二、人因工程危害

女性從事手工業及電子業等，因人體工學不當或重複性作業引起的傷害，超過女性在體能上的負荷，加上日積月累重複地工作，造成局部的慢性傷害，例如手部肌腱滑膜炎、肌筋膜疼痛症候群，以及上下肢肌腱炎等；併發症包括腕隧道症候群、椎間盤突出等病痛。

三、壓力、暴力

壓力為工作需求無法配適到相對的能力，而造導致身心不健康甚至受到傷害，暴力為身體、心理上或性行為上的傷害或任何基於性別的暴力行為。

政府與企業應該針對這些危害給予女性在工作時之保護措施，政府方面應修改其相關法律，制定高風險行業安全衛生指引與規範，企業也應該避免此危害發生，對於可能發生的職業災害應於以記錄，並實施工程改善、行政管理、教育訓練等措施於以保護，而壓力與暴力部分，企業主應訂定職場暴力規範，不能有身體或語言上的暴力情形發生，並考量女性或婦女工作時數的規範，不會造成生心理上的不健康與負擔，應落實保障婦女就業上的權益，提供完善的就業環境。

資料來源：

1. 勞工委員會勞工安全衛生處，曾麗靜（2008），保障女性勞動者安全與健康之探討，臺灣勞工，14，46-53。
2. 蕭彩含（2014），我國中高齡女性勞動參與初探，勞工委員會勞工安全衛生處，80-90。
http://www.cph.ntu.edu.tw/activefile/2013090603.pdf

職場同性戀公開－蘋果庫克為例

同性戀問題一直是全球共同關注且時常引起廣泛爭論的現象，雖然各種文化都曾斥責和反對過這種行為，西方社會也一度因為愛滋病對同性戀產生過恐慌。但隨著社會的進步與理解，人們已經開始慢慢接受了這些人，許多行為也已經慢慢不再被限制，像是荷蘭就是第一個開放同性戀婚姻合法化的國家，到現在已經有許多國家陸續跟進了。

雖然美國在 2013 年時已立法通過維護同性戀者工作權益的「雇用反歧視法案（ENDA）」，但是對於同性戀群體的不熟悉，可能會導致工作上的質疑的議題也引起衆多討論，例如在職場上的行為表現、與人互動的問題等。有一個出名且成功的案例，讓越來越多人相信即使在職場上公開個人同性戀的傾向也不會受到歧視，那就是蘋果公司的庫克執行長，以下是他在知名商業週刊上的言論：

「我很自豪身為一個同志！」。在我的整個職業生涯中，我一直試圖保持最基本的隱私。我在困頓卑微中成長，我不讓我自己引起注意。蘋果已經是世界上最受關注的公司之一，我喜歡將重點放在我們的產品，以及那些我們為客戶所完成的不可思議的事情。多年來，我對一些朋友公開我的性向。蘋果公司很多同事知道我是同志，但這似乎並沒有使他們對待我的方式不同。當然，我有好的工作運，可以在一家熱愛創造與創新的公司工作，而且可以熱烈地擁抱每個人的不同。但不是每個人都這麼幸運。

庫克認為世界已經改變了很多，像是美國正在走向婚姻平等，公衆人物勇敢站出來幫助社會大衆改變觀念，使文化更加寬容。作為蘋果公司的首席執行官，他也曾公開在公司裡推動婚姻平權活動，但相對也有許多州允許雇主因為性向而解僱員工；更有許多地方，房東可以驅逐同性戀房客、同性戀不被允許夜訪病友、不被允許繼承伴侶遺產。而世界上有無數人，每天充滿恐懼、自卑、不快樂，都是因為自身性取向帶來社會的歧視聲浪、法規的不許可、道德的譴責壓力。或許這些被視為反叛份子的心理壓力，還會進一步造成無數未知的社會悲劇。

個案討論

庫克從馬丁路德 ・ 金恩（Dr. Martin Luther King）的一句話：「生命中最恆久與迫切的問題是，你為別人做了什麼？」領悟到，對於個人隱私的重視，已經影響個人去做一些更加重要事情。所以，庫克選擇勇敢站出來公開自己的隱私，那麼就可能可以幫助別人減少困惑和孤獨感，增加受歧視群體爭取平等的聲浪。庫克認為，現代社會進步的一部分，是理解。如果要把一個人區分出組成要素，那麼性傾向、種族或性別都不應該是主要成分。即使個人需要扮演著衆多角色，也不會因為這些與生俱來的因素，而影響個人做事的能力，就像刻板印象中，男女所適合的工作，也都存在不少可以證明的反例。

身為世界 500 強的商業公司中第一位公開出櫃的同性戀，不但沒有產生不良影響，反而有受到更多支持的表現：在庫克發出聲明的那星期，蘋果股價連創新高。蘋果公司不僅享有全球知名的聲譽，可能同時也是目前最公開追求人權和平等的公司。不僅支持在工作場所的平等法案，蘋果在其總部所在地加州主張婚姻平等，在亞利桑那州反對同性戀歧視法案，而且這些業外活動也會一併捍衛蘋果的價值觀和形象。

在本章第三節中探討關於勞工安全比較傾向情緒、心理諮商的方面，雖然沒有特別強調關於同性戀部分，但當今社會對於同性戀議題的談論已經很開放，相信在蘋果這麼受到多數世人愛戴的企業裡有了庫克的案例，更能激發法規修訂和社會文明的進步。

資料來源：

1. 李育璇（2014）。蘋果執行長庫克：我很自豪身為一個同志，數位時代，http://www.bnext.com.tw/article/view/id/34239 , 檢索日期：2018/12。
2. MIKE ISAAC（2014）。「我是同性戀我自豪」，蒂姆庫克驕傲出櫃，紐約時報中文網，http://m.cn.nytimes.com/technology/20141031/t31cook/zh-hant/ , 檢索日期：2018/12。
3. 彭博商業週刊（2014）。庫克出櫃，同志如何影響商業世界，聯合新聞網，http://udn.com/news/story/6836/603667-%E5%BA%AB%E5%85%8B%E5%87%BA%E6%AB%83-%E5%90%8C%E5%BF%97%E5%A6%82%E4%BD%95%E5%BD%B1%E9%9F%BF%E5%95%86%E6%A5%AD%E4%B8%96%E7%95%8C , 檢索日期：2018/12。
4. Angle Roh, Dan（線上共同編輯者）。亞文化，MBA 智庫，http://wiki.mbalib.com/zh-tw/%E4%BA%9A%E6% 96%87%E5%8C%96 , 檢索日期：2018/12。

• 基礎問題

庫克因為什麼原因，決定公開屬於自己的性向隱私？

- **進階問題**

請問您認為在蘋果以外的企業，是否可能還存在因為性向為同性戀就產生對其工作能力懷疑的問題？

- **思考方向**

在不是因為公眾人物和知名企業發生類似情境事件的假設下，同性戀問題可能繼續在社會上被規避不談，可從個人和品牌魅力去思考、挖掘問題的驅動力。

自我評量

一、選擇題

( ) 1. 勞資關係一詞又可稱爲 (A) 員工關係 (B) 工業關係 (C) 勞工關係 (D) 以上皆是。

( ) 2. 員工關係強調的重點爲 (A) 著重在工業組織效率高的製造業工人與雇主的關係 (B) 強調服務業及商業勞工與雇主之間的關係 (C) 強調勞工與管理者之間的關係 (D) 刻意忽視工會的角色。

( ) 3. 何者非勞資爭議行爲之類別？ (A) 勞工退休金爭議 (B) 契約終止爭議 (C) 團體協約爭議 (D) 違反勞工基準法規所引發之爭議。

( ) 4. 勞動者在表面上雖欲繼續提供勞務，但卻故意降低作業效率下之爭議行爲，稱爲 (A) 罷工 (B) 杯葛 (C) 怠工 (D) 接管生產管理。

( ) 5. 勞動者對於雇主不當之措施，不向雇主採直接之對抗，而向第三人間接爭議行爲，稱爲 (A) 罷工 (B) 杯葛 (C) 怠工 (D) 接管生產管理。

( ) 6. 在企業內，何者扮演著勞資雙方溝通橋樑的角色？ (A) 管理者 (B) 人力資源單位 (C) 領導者 (D) 工會。

( ) 7. 勞資爭議處理程序中，有關「權利事項」的處理程序，何者爲非？ (A) 司法訴訟 (B) 申請調解 (C) 司法訴訟 (D) 申請仲裁。

( ) 8. 於雇主或雇主團體與勞工或勞工團體發生爲勞資權利事項與調整事項之爭議時，適用的法令爲 (A) 勞資爭議處理法 (B) 勞基法 (C) 就業服務法 (D) 團體協約法。

( ) 9. 有關彈性工時的敘述何者不正確？ (A) 每天上班時間並未增加，而勞工可依自己需要，在雇主同意下自行調整上下班時間 (B) 依工作量之多寡進行不等量的分配，如每天工作十小時，一個月工作二十天，休息十天 (C) 將固定、制式的工作時間（每日八小時，每週四十八小時）更有彈性地調配運用 (D) 每天工作時間固定，但是所有勞工不會同時上下班，且在一定範圍內勞工可以自行決定上下班時間。

(　　) 10. 順應潮流的時代法令，希望能剷除勞動市場上充斥的性別歧視現象外，更重要的是希望讓男女兩性之勞動者，均能妥善兼顧職場工作及家庭生活，所制定的法令為　(A) 勞動基法準　(B) 勞工安全衛生設施規則　(C) 兩性工作平等法　(D) 勞工安全衛生法。

二、問題探討

1. 何謂勞資關係的定義及特色？
2. 您認為發生勞資爭議的原因有哪些？
3. 勞資雙方產生爭議時，勞工的抗爭手段有哪些？
4. 工會的種類及功能為何？
5. 雇主在考慮勞工的身心健康上，可採取哪些措施照顧員工的健康？
6. 受到職災致殘的勞工所面臨的是巨大意外災害事件的衝擊，在此危急情境下，雇主如何給予協助和支持，而傷殘勞工又如何面對認知重建、職業復健和重返工作的問題？
7. 雇主為了確保職場安全，必須做好哪些事前的預防措施？
8. 就您觀點敘述，女性勞工在職場上容易遭受到的問題有哪些？政府法令是否對這個部分有所保障？雇主是否在公司中設有保護女性工作者的機制？

一、中文部分

1. 吳美連，林俊毅（2002），《人力資源管理：理論與實務》，第三版，臺北：智勝出版社。
2. Louis E. Boone and David L. Kurtz 著，林麗娟，劉廷揚主編（1999）。《企業概論》，初版，臺中：滄海圖書。
3. 陳弘等編著（2004），《企業管理 100 重要觀念（上）》，第六版，臺北：鼎茂書局。
4. 徐儆暉（民 87）。要「活」就要「動」—勞工健康體能促進推廣計畫，第 35 期，勞工安全衛生簡訊。

二、網路資源

1. 中鋼工會 http://www.cscunion.com/cscunion/fcscunion/b2.asp

Chapter 11

國際人力資源管理

本章大綱

名人名句

管理者必須在「全球」、「區域」、「地方」三者間取得平衡。

彼得・杜拉克 (Peter F. Drucker)-《杜拉克看亞洲》/美國管理作家與管理顧問

現代企業走向國際經營舞台，其跨國企業依民族導向及地理導向，會僱用不同國籍的員工在他國進行跨國公司的經營，就人才選任上可分爲：國際企業人才外派、僱用海外當地人、僱用第三國籍員工；本章就跨國企業在人力資源管理中之甄選、任用、考核、訓練、留才，說明國際人力資源管理的狀況。

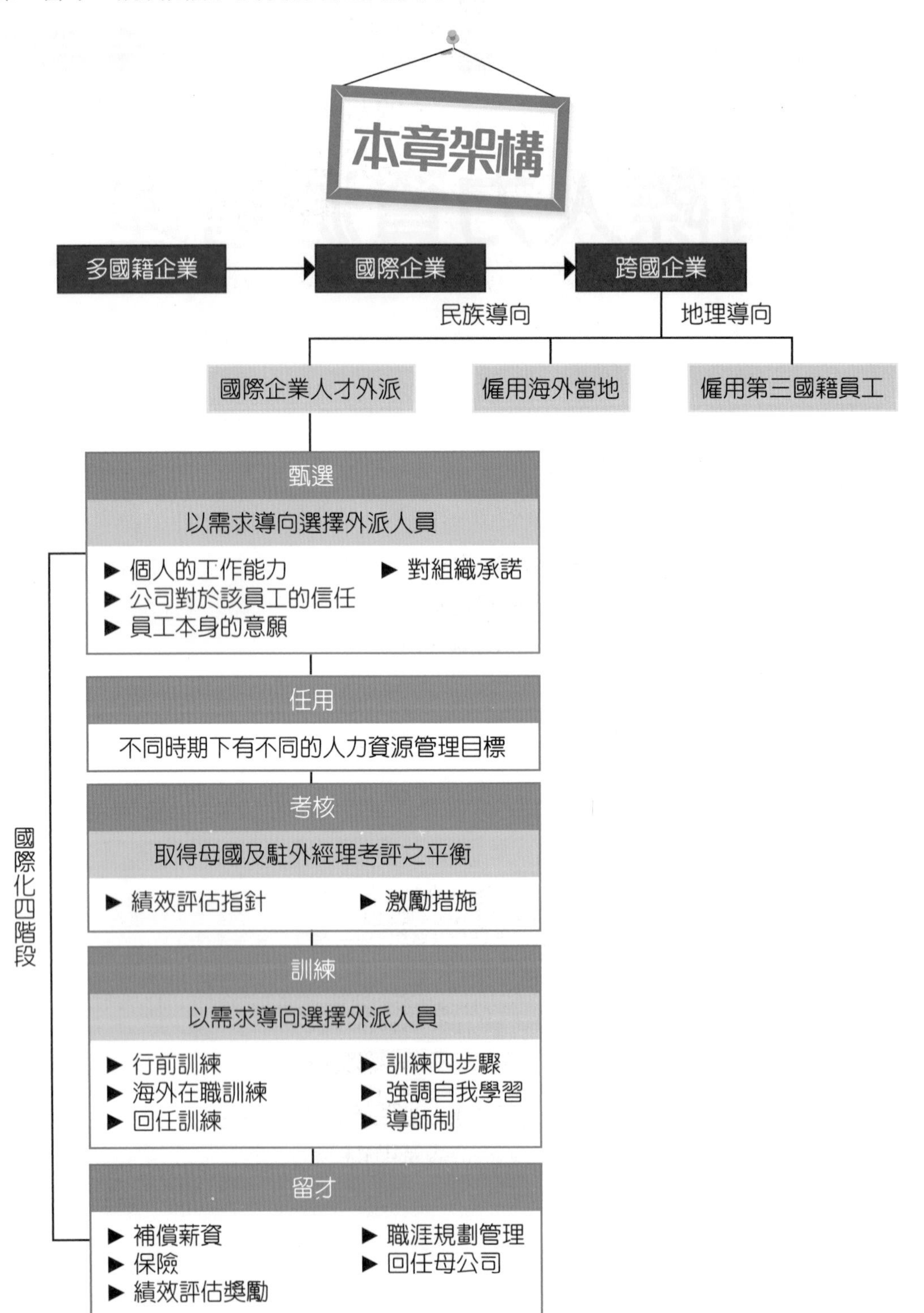

80 年代中期以來，經濟全球化和地區經濟一體化加速發展，甚至以前所未有的速度和規模，在整個世界展開國際貿易投資和生產，一個開放的全球市場體系正在形成，跨國公司成功成爲推動經濟全球化和地區經濟一體化最活躍、最重要的力量。而在全球競爭的時代中，企業想要永續經營，維持卓越的成長，則海外市場開拓與管理的能力變成其成功的必備條件。由於國際化的結果，促使公司必須提升到全球經營的層次，而人力資源管理的管理方式會因國與國之間的差異而有不同的變化。國際企業遴選員工，有民族導向（Ethnocentric）及地理導向（Geocentric）之區分，其中民族導向乃採用母國總公司的經營策略與制度，並以派遣母國員工爲其主要人力來源；而地理導向，則是以各國特色爲主，發展適合當地之人力資源管理策略。各公司應以自身的經營狀況，衡量其國際化人力資源管理如何在現代企業經營上，應用策略創造公司最大價值。

11-1 企業國際化

一、何謂企業國際化

在全球化的時代中，企業積極累積資本、技術及能力以提高國際競爭力。以強調整個國際市場爲基點，改變傳統經營策略及管理思想。實現企業國際化的同時，必須了解企業與企業、企業與市場之間的關係。其中企業與企業之間存在著競合關係，而非單一的競爭關係，這樣的關係能使企業充分利用對方資源，且彼此共同合作發展。再者，企業內部各個職能部門及每個員工都能直接面對市場，得以改變企業傳統的「金字塔」式管理結構，將矩形管理模式轉變成扁平型，減少中間環節。並且融合當地的資源及文化，實現企業本土化策略，逐漸使企業的品牌成爲國際化的品牌，邁入國際化。

二、國際化階段與人力資源管理

「跨國企業」的背景爲「多國籍企業」（multinational），早在中古世紀，就已經在歐洲地中海地區出現。跨國企業依據不同國家的需求，至各地設立據點，產品由母國出貨。由於各地市場不同，且每個國家標準不一，各據點在實際運作上，往往需要因地制宜，所以跨國企業並不主張統一的管理模式，每個地區都是獨立的個體。隨著營運狀況的演變，多國籍企業發現許多產品可以銷售到各個國家，且產品不須進行大幅修改，於是經營模式開始從「多國籍企業」轉變成「國際企業」，故其認爲全球一致的商品，可以運用類似的方式來經營。

在初期，於母公司內設有國際部門，大部分人集中在此，至於其他國家銷售商品與經營的方式，往往都是參照母國而行。例如惠普在亞洲成立之初，於舊金山設有國際總部。但在國際企業規模越來越大時，常會面臨人事制度、人員調動的問題，所以有些國際企業開始朝「跨國企業」（transnational）進行調整；例如統一企業，於二十一世紀的戰略目標是成爲全球最大的食品公司之一，除了持續深入本土市場扎根，同時也必須加碼投資海外市場。統一企業自 1992 年開始進入中國大陸的市場，積極展開並增強核心優勢，全力拓展公司核心且具全球競爭優勢之產品於海外市場，將產業範疇延伸至國際舞台。由於看好大陸市場腹地廣、成長潛力大，自 1992 年起，統一企業以跨足大陸市場作爲國際化的第一步。隨著國際經濟的成長趨勢，統一企業於亞太幾個新興地區，參照當地消費需求來生產、行銷產品，以搶得市場先機，並且朝印尼、澳洲等地積極準備進入該市場，使其邁入國際化的路途更寬廣。

目前跨國企業在實施國際化人力資源所具備的優勢有：運用全球人才、使用當地資源、就近開拓市場、建立國際形象。全球國際企業快速成長已經是一個不爭的事實，促使許多公司必須提升至全球經營的層次，但這也迫使經理人面臨許多挑戰。例如，市場、產品及生產計畫，皆必須進行全球性的協調，且組織結構必須在集權的總公司與自主權適中的地方公司間取得平衡。例如，福特汽車公司，產品開發必須基於全球性的考量，而非在地區性的開發中心進行。此外，製造與採購亦是以全球爲導向，而人力資源管理亦趨向全球性。在企業邁入國際化的同時，也須考慮到各國的文化背景、風俗習慣、政治環境及經濟環境等差異，舉凡員工招募、甄選、訓練及員工薪資等這些都會隨著國際化而有不同，而這些都會影響到所有的人力資源管理活動。

三、人力資源管理與國際企業的挑戰

跨國企業在實施人力資源招募時，所面臨的挑戰有：文化衝擊與調適、本地人才的培育、較高的人力成本、外派人員的培育與出路、外派人員家屬的配合等。且隨著愈來愈多企業的國際化，海外的員工數目也愈來愈多，人力資源管理部門更面臨全新的全球性挑戰，可分為以下三大重點來討論：

(一) 全球競爭與發展

全球企業最有利的優勢條件在於持續創新及求新求變，國際企業的領導人必須塑造良好的全球工作環境及工作內容，才能吸引到優異的人才。由於資訊科技的進步，增加全球人才的移動性，透過各項科技產品的輔助，人們有更多元的管道可以互相溝通，使不同國家的工作者亦可組織跨國團隊一起工作。現代的企業必須吸引優秀的科技專家及商業人才，提供自由及發展的空間才能讓員工發揮他們的能力。如同 Google 公司在網路產業競爭白熱化之際，靠著擁有優秀人才取得決勝點，而這些優秀的人才為何選擇 Google 呢？因為公司擁有豐富的運算資源及管道，使自稱是「Google 人」的員工相信自己具有改變全世界的能力；在 Google，最好的福利是提供有能力及拼勁的員工有意義的工作及自我成長的機會。

(二) 知識與數位科技應用

知識經濟時代迄今，知識管理受到企業高度重視，但隨著網路科技、社群媒體及物聯網的科技發展與應用，累積了龐大的知識數據，企業必須以有系統的方式管理及整合知識，才能結合知識管理及數位科技應用，使知識發揮價值，有助於企業發展。但知識的保存與傳遞，從文字記錄至數位科技時代，除了文字，亦可在影像、動畫及影音中擷取知識，並透過網際網路大量累積及快速傳播。不同於過去，人們在既定的知識框架下，按圖索驥地找出自己想要的知識，但在資訊科技的進步下，每個人可以透過查詢來獲得自己想要的知識。未來，企業可應用大數據及人工智慧的科技，獲取及累積有價值的知識，支持企業的發展。

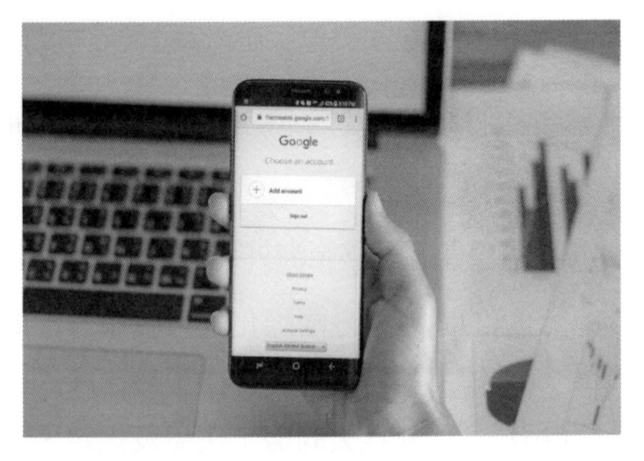

(三)以全球為基礎尋求與培養人才

尋求有效經營全球化組織的人力資源，並培育這些人力。面對挑戰之際，企業必須快速發展人力資源政策與程序，以處理全球化職務派任問題，例如當考慮要派遣員工至海外任職或如何決定薪資、如何決定受訓課程等，這些都不只要考慮公司的內部情形，還須考慮一些跟全球環境的相關因素，因此從實務觀點來看，可以發現有以下幾點需要考慮：

1. 評估甄選欲派遣至海外的候選人

   除了所需的專業能力及技能之外，還須考慮此候選人對於文化的敏感度、人際關係及彈性等問題。

2. 成本預測

   派遣員工到海外就職的平均成本考量，將影響全球任職是否採用派任的方式或由當地員工就任，其總成本的量化，將是編制預算時的重要考量因素。

3. 派職信函

   受職者特定的工作要求與相關給付，都必須加以存檔，並在派職信函中正式說明。

4. 薪酬、福利及稅務計畫

   各國的生活費用水準差異很大，故國際性的給付一般常用方法，包括以母國爲基礎加上補助，及以地主國爲基礎的給付。

5. 搬遷的協助

   包括個人住宅及汽車的保養、家庭用品的運送及儲存等等。

6. 家族支援

   若需整個家庭移至海外還需有文化的引導、語言訓練、教育的輔導等。

上述的問題都是國際化人力資源管理的挑戰，當然全球化的問題並非只有這些，跨文化、技術及語言訓練的計畫也是國際人力資源管理中重要考量因素。其他諸如國與國之間複雜且差異性大的勞工法律及規定，及任職者返國後爲使其重新適應所必須提供的一切協助，亦都是公司必須重視的話題。

四、國際化的四階段

國際化的不同階段中，文化對於企業的影響也會有所不同，從企業國際化發展的程序可將企業國際化分成四個階段：

(一) 當地化

當地化（Domestic）意指重視母公司所在地的市場和外銷。其重點在於：

1. 投資當地的文化對於企業的影響非常有限，管理階層大多採用母國爲中心的中央集權制，大量採行母國的管理制度，對於投資當地國的文化幾乎不考慮，也不須做太多因地制宜的修正。
2. 在此階段通常屬於很短期專案性質的外派，外派以主管爲主，外派人員的主要職務能力在生產和技術兩方面。

(二) 國際化

國際化（International）乃指重視投資當地國所發生問題的回應以及學習的轉移。其重點在於：

1. 文化是重要的影響變數，因爲企業逐漸當地化，管理制度也必須採取因地制宜的地方分權，將原來從母國引進的制度逐漸修正，以適應當地文化特性、員工的需求以及因應當地政經環境的變化。
2. 外派人員，主要目的是完成工作任務，其動機源自於較高的薪資獎勵，故企業以額外的金錢補償外派的艱苦，而當地公司除了外派人員技術與管理上的需求外，還要其文化適應的能力。

(三) 多國化

多國化（Multinational）指重視全球策略以及價格的競爭。其重點在於：

1. 產品必須與其他同樣接近全球化階段的企業競爭，故須以低價維持低成本的競爭性，雖然文化差異對企業競爭的影響不如成本因素對企業的影響大，但文化的問題也占很重要的部分，只不過此階段企業應從全球的觀點來看文化差異，保持文化的敏感度；而不是只從母國與當地國較狹隘的角度來思考。
2. 被外派的人員通常是非常優秀的執行長，目的是專案與職涯發展，人員回任的困難較少，且有較長的訓練與發展（包括語言與跨文化管理）。

(四) 全球化

全球化（Global），重視投資當地國問題的回應以及全球的整合。其重點在於：

1. 此階段除了低成本的策略外，企業還要滿足全球客戶在產品與服務高品質的需求，而在這裡所謂的顧客高品質需求，是指「要以合乎文化特性且合乎時尚」的方式達成。因此，在這個階段，文化又成爲重要的因素。在管理方面，企業面臨母國中央以及投資國地方權力分配的問題，因此通常採以區域爲中心的型態，使中央與地方的權力均衡，讓制度融合母國與當地國的優點。
2. 通常是高發展潛能的經理或高階主管被外派，目的是職涯與組織發展，且這階段被外派已是高階主管必備的條件，對專業性人才的回任較容易。

11-2 跨國企業的人力派遣問題

人力資源管理策略通常必須根據國際化的程度進行調整，在不同的時期有不同的目標及工作重點，以下是國際企業人員外派的四個階段：

一、第一階段：整合期

外派人員任用的哲學是中央集權制，凡是海外公司所有重要主管和工作職務都由母公司外派，以維持與母公司良好的溝通與互動關係。而人力資源主要的目標是將工作技術移轉到海外公司，各類別的操作人員都長期外派海外公司，外派期間也長達 20 年，直到他們退休爲止。

二、第二階段：集團期

外派人員的哲學，逐漸轉爲以僱用海外當地人員爲主，人力資源通常就地取「才」，因此只需部分外派人員，其主要工作在控制生產流程、資源取得以及市場通路。總公司也非常依賴外派人員在海外的經驗，因爲回任原職的困難度較低，即使回任公司，公司仍然非常需要這些外派人員在不同海外分公司間相互交換職務，因此，對外派人員個人而言，外派任務與經驗對其全球職涯發展都有累加效果。簡而言之，在此階段，財務與生產方面則仍以母公司人員外派爲主。人力資源的主要目的與核心工作，則與「整合期」措施大同小異，重點仍在維持外派人員任務的穩定性。

三、第三階段：集權期

這階段人力資源管理的目的，是建立全球共通的企業文化，並確保外派人員回任後，能整合與擴散其外派經驗，強化回任人力的運用。本階段人力資源管理功能則以外派人員職涯規劃爲核心工作，由於前兩個階段外派人員的任期大多長達十至二十年，因此較沒有外派人員職涯規劃的問題，但在集權期有近五分之一是短期的外派，所以公司需爲這些人員做好職涯規劃管理，一方面可讓外派人員願意接受出國外派，更重要的是可累積回任人員的經驗，幫助公司在企業國際化過程中不斷改善，以強化企業國際化競爭優勢。

四、第四階段：平行期

此階段的主要目標是確保母公司與各總部間、區域總部與分公司間，分公司與分公司間的互相學習，以建立國際化經營團隊。人力資源主要的功能則是做外派人員的職涯規劃，以確保組織間的學習不會因外派人員離職而中斷或受損，另外一項工作重點即是建立國際經營團隊的文化。

例如：惠普身爲跨國企業，對當地員工的訓練課程以「當地化」爲其特色，首先是師資的培養，各地分公司先派經理去上課，就成爲「種子教師」。人力資源部門有教育專家，專門設計教材，有了老師、教材，還有教學手冊之後，就比較容易教育本地員工。如果種子教師夠努力，能把教材本土化，就可以讓企業文化與精神順利地移轉扎根。而跨國公司的策略能否貫徹全球，員工的教育與培訓的方法，將是致勝之道。

國際化企業之人力資源管理的策略與功能必須隨國際化程度的提升而做適當的調整，也就是說，重點應從外派人員的選任、任期與外派工作條件的管理，轉換至外派人員訓練與職涯規劃管理，並透過外派人員職涯規劃，提高外派人員國際間移動的多元化，同時增加國際外派人數，最後則是透過國際企業文化的建立與擴散，加深企業的國際化。而國際企業的人力資源管理異於一般企業的主要因素，仍在於人力外派人員上的甄選、用人、績效評估與考核、教育訓練及如何將優秀人才留在企業內，以下分別就其重點分析：

(一) 招募與甄選

國際化加速企業培訓專業外派人員的腳步，並提供優渥年薪與福利吸引員工前往海外服務，員工自我學習且獨立運作的能力甚爲重要，其必須協助母公司對地主國進行員工價值溝通，憑藉海外傑出表現以爭取回任的機會。全球經濟的發展使得許多企業的經營管理必須跨越國界延伸至海外，因此企業外派人員的需求越來越殷切，許多學者強調，有效的國際人力資源部署已成爲企業取得全球競爭優勢的關鍵，兼具才幹並且願意派駐海外的員工則是組織非常珍貴的資源。

西方學者報導，外派人員的失敗率約在 30% 到 40% 之間，金錢的損失約爲每人美金 $25 萬元左右。除此之外，隱藏性的損失也無可計數，含公司名譽受損、生意受損、外派員工心理受挫，甚或喪失原本優秀的員工等。外派工作固然有助於視野提升與未來職涯發展，但這個亮眼的工作背後，也有它必須承載的不確定因素，即是返國後的工作延續性與適應力。

在美國的研究中，發現因配偶無法適應、經理人無法調適、其他家庭問題、經理人的個性或情緒不成熟而無法應付更大的海外職責等。在歐洲，公司經理人認爲，派遣唯一失敗的理由是配偶無法調適。至於日本公司，則是無法處理海外重大的職責、新派任的工作之困難度、個人或情緒的問題、缺乏技術能力，以及配偶無法調適。每個地區，因其文化背景的不同，都有一些不一樣的問題出現。所以爲了減少可能發生的損失，外派人員的篩選就更加重要。對於公司來說，能夠挑選到合適的人才，是全球化人力資源最重要的事，而且企業對外派人員的期待將產生巨大的改變。

今日，大多數的國際派任仍是以需求爲導向，只是爲了彌補某些職缺（指當地人不具備該職缺所需要的知識），或是爲了以更直接的方式彰顯總公司的權威。換句話說，外派人員扮演了教師的角色，負責移轉新的技能與維護秩序，但是限於成本考量，因此有必要限制外派人員的人數。在未來，外派人員的角色勢必經歷徹底的轉變，因爲不再需要由總公司轉移知識，所以多數的外派人員轉而成爲學生，不再是教師的角色，學習不同市場與文化的經驗，建立長期的人際關係網路。

全球化企業將需要更多具有「全球化思維」的員工，未來的全球化經理人應該是由企業內部自行培養，或是每當需求產生時才從外部勞動市場中招募？內部自行培養出來的人才對企業事業本體及組織有充分的了解，而外來者則通常具備純熟的全球化技能，人力資源必須針對企業現有的技術、組織流程與文化，進行兩種方法的優缺點分析。

實際案例顯示，全球移動增加了培養具全球化視野的機會，並不是所有到不同國家工作的人都符合全球化經理人的特質。另一方面，社會經濟與文化趨勢妨礙了員工的自由移動，且家庭、經濟、生涯發展問題，皆有可能降低海外派遣人員至國外服務的誘因，因此全球化組織必須更有創意地制定出適合的外派方案，組織必須簡化層級，同時提升溝通能力，使傳統以國爲界的工作界線不存在。另一方面，負有多國責任的職位也會激增，因此，如何管理全球化招募策略的成本與優點之間的平衡，是國際人力資源管理的重大挑戰。

甄選海外人員的標準一般爲：個人的工作能力、對於組織的承諾、公司對於該員的信任以及員工本身的意願等。而人才選用的方式，可以適度運用性向測驗、家庭訪談及詳細的工作說明，找出潛在合適的海外派遣人員；海外人才選用不可只憑藉個人在母公司表現優良，在海外亦要有好的表現。一般而言，個性開朗、有海外讀書經驗、勤於社交、具備國際觀、有包容力、勇於面對挑戰、有好奇心以及能接受新事物的人較爲合適。性向測驗可協助人事部門，找出潛在的外派人員，加以訓練。

影響外派人員海外工作任務的最大影響力來自配偶力量及家庭因素，故了解外派人員的配偶背景、意願及家庭成員的需要，有助於外派任務的成功，特別是藉由訪談說明公司可提供協助、配偶及小孩就學的訓練安置，避免員工或家屬有不切實際的想像及過高的期盼。同時詳細說明海外任務性質及工作職權範圍，提供海外分公司營運狀況及生活環境等相關資料供員工參考，觀察員工反應，使其有心理準備，給予鼓勵及肯定，將使員工做出正確的決策，更接近公司預期達成的目標。

(二) 海外人才的任用

在上一節中，以企業國際化發展的程序來分析企業國際化分成的四個階段，亦可發現在不同階段中，人力資源管理的人力派遣策略，如表 11-1 所示。

表 11-1　人力派遣策略運用

	當地化	國際化	多國化	全球化
主要策略	增加國外顧客購買產品或服務的意願	國際化市場，技術及能力轉移國外	生產資源與市場國際化，主要為價格導向	策略導向、獲得全球與策略性的競爭優勢
外派人員數目	少或沒有	多	中	多
外派人員目的	增加派遣人員的閱歷	為了銷售控制或技術移轉	為了控制國外產銷據點	協調與整合國內外企業
外派人員之職務	外派人員很少	執行者或營業人員	非常優秀的執行長	高發展潛能的經理或高階主管
外派人員之誘因	金錢	金錢與冒險	挑戰與機會	挑戰機會與前程
外派人員之經濟誘因	額外的金錢以補償外派的艱苦	額外的金錢以補償外派的艱苦	待遇較沒那麼優渥，全球的薪資組合	待遇較沒那麼優渥，全球的薪資組合
外派人員所需技術	技術與管理	再加文化適應能力	再加對文化差異的了解	再加跨文化互動，影響與綜效
職涯的影響	負面影響	不利於在當地國的職涯發展	對全球的職涯發展很重要	外派是高階主管必備條件
人員回任	困難	非常困難	困難較少	專業性人才容易回任
語言與跨文化管理之訓練與發展	較不需要訓練	短時間的訓練	長時間的訓練	整個職涯中持續訓練
外派人員之績效考核	母公司主導	子公司主導	母公司主導	全球策略性的定位

外派人員從國外回到母公司之後，往往會形成很大的問題，因爲其在派遣前的職位可能已被人取代，而在他職位之上可能也無空缺，若安排在他之前的職位之下，難免不會引起這位外派人員的反彈，覺得自己已經被遺忘而不受重視，而使其前程中斷。就回任者本身，也會產生許多的問題，例如文化、習慣、人際關係等等須重新適應的問題。而這些問題如果沒有處理好，可能會造成員工人人對外派趨之若鶩，就算訓練課程排得多麼完善，也無人肯接受外派。因此有些公司爲了預防這些問題或害怕喪失回任的人才，會採取一些措施來避免，例如簽下返國的合約、指定一位保證人、提供事業生涯的諮詢、維持溝通管道的暢通、提供財務支援、發展再引導的計畫、建立回鄉的旅程。

但還是有一些樂觀的人認爲不需要擔心回任的問題，其認爲回任的安排須視海外的表現而定，只要努力表現根本不需要擔心回國後沒有適當的職位以及發揮的空間。即使原公司沒有恰當的職位，在海外的表現若成效卓越，必有口碑，回國後不怕找不到工作。

規劃外派人員的職涯發展上，除了考量其在外派人員職務上的安排外，更須注重其外派任務結束時的回任問題，若是優秀的人才，在增加國外公司經營閱歷後，可能成爲其他競爭者的挖角對象，此時企業必須藉由完整的任用計畫，增加員工對企業的向心力，並且也讓員工清楚了解該企業需要什麼樣的人才。當員工無法滿足企業的需求時，必須藉由各項教育訓練計畫提升自身能力，否則企業在降低成本，提升獲利的經營理念下，可能會任用其他更適合企業的人才。

(三) 績效考核

外派人員在國外的表現，將代表著母公司的態度，透過許多培育計畫，無非是希望訓練出得以勝任海外職位的傑出員工，但在給予其優渥薪資福利的同時，亦必須配合一套良好的績效考核制度，以控制每一個員工在工作上有良好的表現。

以整個人力資源管理體系來看，績效管理不應該只是一個單獨的方案或計畫，而是整個體系的一部分，因此要能向上、向下以及水平的整合。因此，績效管理的整合可分爲向上、水平及向下三個方向。

1. 向上整合：績效管理以往上整合爲目標管理，例如目標的達成，即實際的績效，而再往上整合爲策略規劃。
2. 向下整合：績效管理以往下整合爲員工發展，再往下整合爲教育訓練。
3. 水平整合：績效管理的水平整合爲公司預算編列。

因爲公司的資源有限，若無一個良好的全面性整合，則不論在成本、人員上皆會造成浪費。1998 年《管理雜誌》進行一項調查：「經理人最常使用的管理工具？」調查結果顯示：有 97% 的人認爲績效管理是很重要的管理工具，並且有 72% 的人眞正運用，然而眞正能掌握績效管理精髓，並將之運用得得心應手的企業並不太多。

在績效面談時，員工可以表達自己對績效評核的意見與看法，並與主管溝通、協調，以擬定員工發展計畫。對於人力資源管理部門來說，匯總員工發展計畫中的訓練需求，才能提出對症下藥的年度訓練計畫。

通常人力資源管理部門從事訓練需求分析時，會利用問卷法來蒐集資料，但這可能犯了一個很大的錯誤，因爲利用問卷法的需求分析方式，得到所須開設的課程，往往只是員工想要學習的課程，並非是員工工作上有需要也必要修習的課程。而會犯這樣的錯誤，通常是因爲在人力資源管理部門裡，訓練發展與績效管理的工作是由不同的人來負責，因此無法將之做很好的銜接。一個好的績效管理是要能充分將員工發展與教育訓練做良好的結合。

一般大型的企業大致皆有完整的績效管理制度，但對中小企業來說，則非十分健全，時至今日才逐漸有雛形出現。若要著手建立完善健全的績效管理制度，重點應放在「整合」的工作，其實每個企業都已有其績效管理制度，但有一個通病即是無法與其他的人力資源管理模組相整合，互爲連結整合可將重疊處刪除，不足處補強，而衝突處協調，如此一來不但可節省成本，還可以發揮其綜效。

五、外派人員之訓練

外派人員常常會遇到許多問題，例如語言、文化、飲食、生活習慣、宗教、當地的禁忌等問題，因此當公司的外派人員篩選結束後，接下來最重要的就是訓練問題了，因爲這些訓練往往決定這些人員外派後的成功與否。海外培訓大致包含行前訓練、海外在職訓練、回任訓練三項，其主要的訓練內容如下所述：

(一)行前訓練

加強語言技巧、國外文化的認識、輔導諮商個人與家庭的適應性，並協助其生涯規劃。日本奇異股份有限公司董事長安　聖司認爲成爲國際級企業要的人才，英語能力比什麼都重要，在全球舞台上，不說話的人，多數會被當成不存在，因此擁有良好的語言能力，正確傳達自己的想法非常重要。因此人才外派前的語言訓練相當重要。

(二)海外在職訓練

在國外以「師徒制」培訓優良的海外派遣人才，並且引導其儘速進入狀況。另外，派遣人員仍須持續進行外國語言的訓練，以及專業知識能力的培育。

(三)回任訓練

包括幫助外派人員重新適應母國的文化，溝通其回國後薪資待遇的調整，並且使其熟悉新職位的的技術能力，重新規劃其生涯發展。

對於外派人員在語言能力與經驗傳承的訓練方面有四個層次的作法：

1. 第一層次：其訓練著重於文化差異的影響，加強外派人員對這類差異的認知及其對業務成果的影響。關於文化差異影響的層面，例如打招呼的禮儀，在各個國家亦有不同的風俗民情，而有不同的表達方式，因此外派人員對於即將外派過去的當地國，一定要有相當程度的認知，才有可能見容於當地的社會。
2. 第二層次：訓練的目標在於讓外派人員了解負面與正面的態度是如何形成的，以及如何影響行爲。例如一位美籍的經理對一位新來的伊拉克部屬，其印象一定差到極點，即使這位伊拉克部屬表現得再好，這位美籍經理還是會憑他的刻板印象否定這位部屬的努力。因此這層的訓練是在於讓員工了解各國不同的人民彼此之間不同的態度，以及如何影響其行爲。
3. 第三層次：訓練重點在於提供與目標國有關的眞實現況之知識，讓外派員工對目標國有更深一層的認識，例如地主國的政治、經濟、社會現況等，讓員工能提早做準備、分析，以提升員工到目標國時工作或擬定決策的效率。
4. 第四層次：訓練重點在語言、調整與適應等方面，加強技能的培養與建立。一般外派人員會面臨的首要問題就是「語言不通」，這會妨礙其與當地員工的溝通與互動，甚至會降低工作效率，而調整與適應不良更會影響外派員工的工作狀況，例如時差的問題或飲食習慣等等，甚至連員工的健康狀況或工作士氣都可能受到影響。而外派人員更要早一步針對其在目標國的職位與工作所需技能加以加強、培養或建立，以免外派人員到了目標國之後，什麼都不會或者能力不足，導致其在舉目無親的環境下更加無助。

例如：IBM 公司利用一系列的輪調派任，使海外的 IBM 經理人的專業知識有更多成長，IBM 與其他公司亦在全球各地設立了管理發展中心，給予主管們充電的機會與地方，屬於培養訓練。另外課堂上的訓練計畫，也可以提供海外主管有磨練其基本技能的機會，類似美國境內爲其美國公司的同僚所擬定的訓練計畫。

日本 NEC 爲了因應國際化的需要，首先於 1974 年成立了「國際教育與訓練中心」，作爲海外分公司訓練人員之用；1980 年公司又成立一個新的「國際研究中心」，目標是訓練所有員工成為國際人才，主要功能為：整合全公司的國際化教育，發展和支持海外人員訓練需求，提供外派人員訓練，以及累積和有效運用國際化管理的知識和經驗。

充足的訓練是為了使外派人員在海外企業服務時，更容易適應環境與進入狀況，並且獲得專業的知識及能力，足以勝任其國外的職務，以使外派的工作更為順利，並且可激發出員工的工作潛能，在適當的職務上，貢獻其最佳的技術及能力。

六、外派薪酬與福利

由於外派的工作環境及職能要求不同於國內員工，故其薪資福利相較一般員工會產生差異。一般而言，員工對於前往經濟及生活條件比臺灣差的國家意願較低，企業為了鼓勵員工接受這類的海外職務，會給予較優渥的工作條件及薪資與津貼，另外為了協助員工於國外建立新的生活空間，還會增加搬家費、免費住屋、生活津貼、艱苦區域津貼、子女教育費、休假、眷屬探親機票等福利，以增加員工外派的意願。

外派人員於國外居家安置上，如：房子、交通、生活購物、貨幣轉換、學校、銀行、醫療、保險等基礎生活安置，是讓外派人員工作無後顧之憂，進而發揮其最大職能的重要條件。針對上述各項在居家安置上的協助，提出下列各項實務的作法：協助員工海內外房屋安置及租賃問題，提供海外房屋更詳細的資訊，員工宿舍立即居住的福利，使員工無須花費時間張羅居住問題。為了降低員工薪資於匯差上產生財產縮水之風險，可協助員工了解貨幣轉換時的匯率及可能產生之匯差，甚者教導其外幣管理技能，或以部分母國貨幣支薪。

若員工居住於都市區，可協助了解該國大眾交通工具的使用搭乘，若於交通不便之處，協助外派員工租車或提供交通車。在生活購物上，幫助了解當地生活機能與賣場所在地及轉換購買單位的能力，例如：衣服、鞋子尺寸，家電瓦特數、醫療處所之需求等。協助員工在銀行開戶，建立銀行信用，使員工能因應海外生活方式生活，無資金匱乏之風險。旅居海外，因種族、膚色、語言、風俗習慣之差異性及環境的不熟悉，相較母國生活，外派人員承擔生活的更多風險，因而在保險方面的需求相對增加，可考量的險種如下：移居海外生命財產運送儲存風險、意外險、海外醫療保險、交通工具致使意外發生之責任險、母國房屋空屋險、強盜綁架險。

企業要與外派人員保持良好的聯繫管道，並且隨時關心其工作狀況，母公司最好在外派人員外派前六十天，能每週給予關心支援；前一年，給予每月的關心。關心方式可藉由電話、信件、溝通網路及提供母公司營運及目標的期刊雜誌或資訊，如此可安撫外派人員於海外的不安全感，同時可避免外派人員與母公司連結的疏離感，更可協助員工海外任務完成後的回任安排。

歸國回任安排與退休安置，建立外派人員及母公司聯絡網，縮短員工與母公司的距離，承諾擬定任務完成後的各項安置或退休作業，訂立契約或補償計畫，使外派人員歸國後有保障，無後顧之憂。爲了降低回任離職率，許多制度化的外商公司以「導師制」（mentorship）來協助外派者，例如：花旗銀行、IBM 會指派資深同仁爲外派者更新母公司最新的發展狀況或人事異動與缺額情形，同時也回報外派者在海外的工作與回任想法，調和勞雇雙方對回任的期待與認知差距。關於歸國安排以及外派人員的回任，在後面會有更深入的探討。

11-3 跨國企業海外僱用人力問題

企業國際化的過程中，面臨到人力資源的配置問題，除了將本國的員工派遣至國外工作外，也可僱用當地的人力，端視其創造效益的高低。但這中間的配置比例，則牽涉到「產業空洞化」的議題。空洞化的說法從日本開始，在產業外移的狀況下，到最後國內會出現空洞化的現象，但美國卻在產業外移的同時，透過國內外包公司的合作，出現愈往外移競爭力愈強的現象，故空洞化說法到底能不能成立則不盡然了。總而言之，企業國際化需要考量的因素很多，最終的目的無非是有效利用全球分工整合與國際資源，提升企業競爭力。

國際化最根本的出發點，就是要創造價值，降低成本，這也是經濟學最基本的供需原則。製造是供，市場爲需，企業國際化，反映的就是供需之間的關係。企業在決定製造據點時，不像決定銷售據點那樣容易，尤其要把人力外移至海外時，必須重新規劃其人力資源管理。而企業國際化的同時，必須了解本身的核心能力爲何，例如臺灣在研發及製造方面的技術能力，有世界級水準，要擴張出去當然容易，說服力強；但相較之下，臺灣行銷的能力則有待學習。因此，到底是要外派人力到國外公司服務，抑或是在海外，僱用一流的人才，除了成本考量外，尚須考量語言、文化、思維習慣的問題，因此人力配置的問題對於海外企業成功與否扮演重要的角色。

根據經濟部調查報告指出，基於海外市場發展潛力、廉價勞工、外國客戶出貨需求等因素，國內製造業對外移速度加快，且投資規模日益擴大，導致臺灣近四成製造業廠商於海外僱用員工人數已超越本國僱用人數。臺灣人力資源的優勢漸漸轉向以管理海外公司及將母公司文化帶入爲主要目的。當國外在低技術能力上的人力資源充足時，企業爲了降低成本，仍以僱用當地員工爲主。若在高技術能力上的人才，在海外公司剛創立時，以外派人員爲主，但是由於技術的移轉，漸漸訓練當地員工擁有公司所需求的能力與技能，將逐漸降低海外外派人員的數目，並增加當地人才的任用。

外派人員在國外因爲缺乏溝通機會和社交習慣不同，所以到了國外之後，除了得靠自己的能力之外，最重要的還是當地員工的協助，這也就是前面提到的要熟悉人事管理的知識與技巧，當地人員不管是技術人員還是管理人員，都必須輔助外派人員在國外環境中所需的各種管理知識、技術和能力，倘若沒有當地員工的協助，則外派人員必定處處受到制肘，而形成公司內兩派人馬的爭執情形。

11-4 培養國際性的員工

國際企業在外派人員的職前訓練雖然重要，但員工積極、成熟的態度及自我學習、自我訓練的能力，更能替公司在未來創造更高的附加價值。一般而言，中小型企業在缺乏強大資源後備下，無法提供系統化、成本高、費時的外派人員訓練，因此可藉由鼓勵外派人員進行自我訓練。而自我訓練方式眾多，包含自我進修、網路學習、回任人員經驗分享等。企業可提供各類外派相關之書籍、文獻、統計數字、錄影帶等，並安排具有外派經驗的員工提供諮商輔導，亦可讓員工在工作中學習。自我學習能力強的外派人員不但能提升自己的工作能力，亦可經由不斷的學習歷程，獲取市場變化資訊，並且採取面對未來國際環境變化的因應措施，以提升企業經營績效，創造競爭優勢。

根據美國訓練發展協會（ASTD），認爲全球化經理人所必須具備的四種條件：

1. 彈性能力（Flexibility）：面對不同文化及工作情境之調適能力。
2. 耐心（Patience）：是否在工作步調不同的環境裡能耐心耕耘。
3. 好的傾聽技巧（Good Listening Skills）：願意並有效傾聽他人意見與感覺。
4. 語言能力（Language Ability）：運用當地語言溝通之能力。

企業走向國際化的同時，必須培養其員工具有國際觀，並且增加因應全球企業經營上的人力需求，雖然上述四項爲全球經理人必備的條件，但任何一個外派人員在這四方面，亦不可缺少，因爲外派人員要面臨的內外在衝突較一般國內員工大，故其如何調適自我情緒的彈性能力就變得相當重要；在異國生活，良好的人際溝通能力，更是使其工作順利的重要條件，但先決條件是溝通的方向必須具備共同的語言，才能進行有效的溝通，故其語言能力乃是一切活動的起步。綜合上述，不難發現企業對於外派人員的要求，相較於本國員工更多。故一般而言，外派人員的薪資福利較佳。而機會是留給準備好的人，故平時在企業的員工就必須先具備國際觀的理念，並且培養其具有走向國際企業所需人才的各項特質，以在企業有外派機會時，憑藉本身的優勢到海外企業服務。

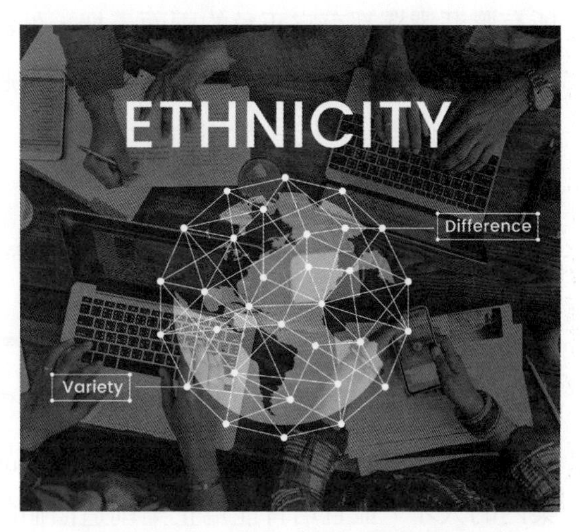

國際化程度高的企業，須培養海外工作意願高之員工，以成爲組織之競爭優勢。由於過去大陸經濟狀況不佳，企業內員工多不希望外派至大陸，現在則順應大陸就業市場的強大吸力，外派人員至大陸發展意願高漲，尤其近三年臺灣企業蜂擁進入大陸的態勢，使臺灣外派就業人口呈現集中化的趨勢，在經濟部連續三年針對三千多家企業所發出的「對外投資實況調查」中，大陸始終名列投資地區的首選，比例從 69% 成長至 75%，遙遙領先其他地區。在國際化加速的時代，外派人員對於海外任職均有相當高的意願，組織可以深究員工外派的動機及所擔憂的事情、需要的支援，並給予必要的協助，協助其在海外工作崗位上發揮所長，造就高素質的國際人力資源，並在組織拓展海外市場、進行國際布局時，擔任稱職的經營者或者種子教練，協助組織取得國際上之競爭優勢。

在年齡層下降、職業類別增加、產業面擴大的外派趨勢下，員工的流動意願不再是主觀意願的是非題，而是客觀環境需求下所必備的職場生存要件。創見董事長束崇萬描述他對外派的看法爲：「我的員工都有認知，你如果想往上爬，就要外派。」由此可看出，在國際企業中，若想要有傑出的表現，則外派機會將是成功的一條重要途徑。愈來愈多企業將外派視爲「激勵」員工表現的工具，甚或潛力幹部培訓的必要歷程。

以積極轉型做自我品牌的宏碁爲例，其在全球主管會議上便決議，除了過去長期派駐員工外，在未來尚須挑選出高潛力的員工到海外，由公司施予不定期的短期外派訓練。

宏碁的人事規章還明載：「有外派經驗者，當公司內部有主管缺時，優先考慮任用。」而人力資源協理游英基認爲從培育人才的角度，這也是一個走向全球布局的公司應有的準備。可見在全球布局下，增加外派人員的儲備庫，將是企業國際經營的成功要件之一。

在國際企業跨足他國的同時，須注重地主國員工是否能認同母國公司之價值觀，這點對於海外經營績效影響至鉅。而海外事業員工管理時價值觀的傳遞、工作態度的修正，比起技術上的教導更加不易。爲了有效進行員工價值管理，在開發中國家特別需要思考獎金制度與期望價值的連結，在當地國員工及外派人員的訓練上，除了制度適度的搭配外，還須伴隨著不斷的宣導、溝通與協調。相關人員體認到價值管理的重要性，並且針對公司的需求，設計適合的機制，有效經由價值管理達成海外之經營目標。然而，就像所有職涯選擇都有它正負的兩面一樣，外派工作所學習到的廣闊格局與國際經驗，是一般職場工作人員少有的機會，尤其在臺灣越來越融入國際市場的趨勢下，有外派資歷的人依然有很多機會找到舞台揮灑。

11-5 結語

在變動劇烈的環境中，企業國際化成爲提高競爭力的重要路徑，就如同一般管理學書籍中所述，企業最大的資產爲「人」，故在邁向國際舞台的過程中，如何充分應用企業內的人才，並且培育能爲企業創造價值的人力資源，將成爲國際企業是否成功的關鍵因素。在科技、社會經濟及國際情勢變化下，探究企業對於外派人力的甄選、任用、績效考核、教育訓練、留才等組合策略運用上，配合當地員工建立能爲企業創造最大價值的團隊，將成爲企業經營上的重要議題。

跨國公司如何留住核心人才

一家企業 80% 的利潤與價值往往都由 20% 的核心人才所創造，而這些核心人才就是企業在生產運營和擴大規模的動力來源，所以留不住這些核心的人才，企業將面臨無法成長的重大困境，在這個世代無法成長就即將被淘汰，因此，如何留住核心人才已經成為衆多企業急待解決的人力資源管理問題。

人們工作大多都是為了賺錢，所以一直以來都會認為薪酬因素是人才流失的重要原因，但是留住人才高薪不是唯一手段，可以學習許多跨國公司，透過除了高薪之外的其他措施來留住人才。高薪之外的其他措施可以由 Herzberg 的雙因子理論來思考，許多的跨國公司都可以拿出更高的薪資，這些核心人才隨時都要面對更高薪資的誘惑，所以透過給予激勵因子或許是跨國公司留住人才的關鍵，讓我們來看看以下幾個例子。

首先是英特爾的自由轉崗制度。英特爾是獵頭重點目標，面臨了更多人力資源面的壓力。英特爾除了系統化的培訓制度，另外還設立一套員工轉崗政策來確保企業的凝聚力。這套制度是員工在一個職位工作到一定年限後，就可以選擇去別的職位，即使新的職位和過去的經歷並沒有關聯性；在中國工作的職員也可以選擇到英特爾在其他國家的分部工作。英特爾內部的網站上，經常有一些職位的推出供內部員工選擇。這是讓很多核心員工不被其他公司的高薪誘惑的關鍵因素。

第二個是英格索蘭，他們讓員工找到最合適的部門和崗位。雖然英格索蘭的全球總裁認為設定高薪也是吸引人才的重要步驟，但為了讓員工對企業有長久的忠誠度，將給予新進員工三年的時間，利用這段時間找到最適合的部門與職位。另外，由四個不同事業群的總裁組成一個選拔人才的機構，透過這樣的選拔機制來推薦優秀的企業人才，評估他們的技術並傳承企業文化，提供員工更多的發展機會。

最後一個例子是柯達，他們有一個 Top Gun 計畫。柯達的升遷分為職位和技術兩個管道，如果在職位不能晉升時，就走技術專才的管道。另外，為了訓練公司未來的領導者，成立了 Top Gun 計畫，讓優秀的人可以看到自己未來美好的前景。進入此計畫的人至少要是高階經理人，能力要是最棒的，且還要有部門領導者的推薦。進入此計畫後，公司會提供一連串的培訓，也因為進入此計畫可以獲得更多提升的機會，像是可以更接近高層參與討論。

近年來 IBM 也本著跨國企業的經營模式，積極培養國際人才，其人力資源部門在人才的招募與運用，皆是朝「全球整合型」的企業方向，作為任用員工的標準，再透過一連串的培訓制度留住優秀的員工。

從跨國公司如何留住核心人才的案例研究與調查顯示，豐厚的薪資不是吸引人的唯一手段，必須加上富有挑戰性的工作以及優秀的領導者等條件，才是留住核心人才最主要且有效的方法。

資料來源：

1. 林立綺（2012），IBM 實戰經驗打造全球整合型人才，能力雜誌，2012 年 3 月號。
2. 舒朝普（2008），跨國公司如何留住核心人才。中國外資雜誌，2008 年 07 月 07 日。

國際分工下之反思

在現在這個世代，跨國企業林立，許多企業紛紛尋找人力資源充足且廉價的市場，從中可以減少許多成本並提升利潤，但在這種分工中也產生了許多優缺點值得我們思考：

一、全球分工：廉價生產模式

已發展國家的工資和研發成本高，而發展中國家在薪資、法律、環保意識尚未成熟下，跨國企業抓住了這幾點，紛紛將工廠遷往發展中國家，如中國、印度及一些東南亞國家，減低生產成本，並增加生產彈性。國際生產分工不斷擴展，造成發展中國家的「廉價生產模式」。

跨國企業是國際生產分工的主要推動者，藉由在發展中國家生產和加工，將生產成本大幅降低，再以大幅高出成本的價錢銷售到全球，獲得巨大利潤。

二、對發展中國家的好處

對於發展中的國家而言，因缺乏資金、資源與技術，這時跨國企業剛好提供他們所需的要素，發展中國家經濟快速成長，以中國為例，中國近幾年 GDP 成長維持在雙位數，被譽為世界工廠，帶來沿海城市經濟的繁榮，使個人生活水準提高。

三、對已發展國家的影響

跨國企業均來自已發展國家，聽起來這些國家得益不少，但其實也有壞處。首先，已發展國家低技術之員工無法與發展中國家的低薪資抗衡，而導致已發展國家之員工紛紛失業。此外，發展中國家的廉價產品大量銷往歐美等地，跨國企業的確從中賺取巨額利潤，但已發展國家的本土工業卻大受打擊，它們的產品在價格上根本無法與廉價成本的發展中國家競爭，最後導致國內市場商品無法與發展中國家相比，進而減少獲利。

全球化促成的廉價生產模式，令全球貿易經濟蓬勃，但同時帶來非常多的問題，包括勞工被嚴重剝削、童工、環境嚴重污染、國內的貧富懸殊、全球的貧富懸殊、血汗工廠等問題，如何擺脫此種經營方式還有待大家多加思考。

資料來源：

1. 黎金志（2013），全球化的浪潮，通識網，http://www.liberalstudies.hk/blog/ls_blog.php?id=1704，檢索日期：2018/12/21。
2. 經濟部（2015），跨國企業的社會責任，CSR 專欄，http://csr.moea.gov.tw/articles/articles_printable.aspx?ID=MjAwMDA5Nw==，檢索日期：2018/12/21。

個案討論

明基電通馬來西亞廠之人力運用

明基電通創立於 1984 年，擁有視訊產品、輸入與儲存元件、影像產品及通信產品等四大事業，是臺灣第一家擁有研發能力的手機製造商。將企業開始推向國際化的過程中，於海外設廠地點的決定是關鍵的因素，明基會決定在馬來西亞的檳城設廠是基於匯率壓力、語言相容性、人力資源充足、基礎設施的發展程度、稅率優惠、馬來西亞的各項制度完整等因素。明基電通正式在 1989 年 11 月 15 日興建馬來西亞檳城廠。

馬來西亞廠將以臺灣母公司的營運模式為主軸。因應國際化與全球佈局的需求，希望制度與文化都能夠快速融合，在建廠初期外派員工到馬來西亞廠傳承經驗，也讓馬來西亞廠員工到臺灣受訓。雖然始終以本土化為主要管理方針，但後來開始僱用當地人為部門主管，70% 的外派員工紛紛回到臺灣。明基在人力資源管理的僱用政策，針對中、高階與低階員工採取不同方式，中高階員工主要以培養內部升遷為主，而低階員工則偏向從外部招募。

當跨國公司要使用本土化策略時，在設計當地子公司的制度必須了解、尊重當地已存在的管理模式，像是要考慮語言、文化、政治、經濟與法律的差異性。馬來西亞地區係由馬來人、華人、印度人所融合而成，且曾經受過英國殖民統治，在這一個存在許多不同文化的國家，勞資之間關係也讓馬來西亞廠面臨了不同層面的挑戰。

首先是因文化背景的不同，曾經受過英國殖民的馬來西亞，與臺灣在處理員工爭議上的方法就有所不同，員工為了確保自己不會遭受不合理的解雇，要求公司要規劃陪審團制度，當員工犯錯面臨被解雇時，就並非像臺灣由主管單方面決定。也因為融合許多不同種族的員工，除了在管理時用字遣詞必須格外謹慎，種族之間的相處也是管理面需要留意的地方，雖然種族相處上並沒有太大的問題，但生產線上的人力分配不會讓同一種族的人一起工作，這可以預防聚眾的情形。另外，在制度方面雖然沒有因為種族而有所不同，但要記住，在執行時必須因種族不同而做些許改變。

個案討論

宗教層面也是跨國企業必須注意的問題，像是明基的馬來西亞廠有許多信奉回教的員工，為了取得員工信仰與工作環境需求的平衡，要求回教的女性員工每天配戴不同顏色的頭巾，是為了確保頭巾的清潔；另外，公司也設有禱告室，為了滿足員工信仰的需求。

由以上個案可發現，明基這家跨國企業在人力資源管理上，是「以人為本」作為基礎。聯邦快遞這家跨國的物流公司也提出「P（people）-S（service）-P（Profit）」的循環系統；將員工擺在顧客之上，因為得到員工滿意度來提升服務品質進而得到利潤，透過這樣的循環效益帶來員工、顧客和公司之間三贏的良性循環。

資料來源：龐寶璽（2011）。多元種族下之跨國企業人力資源管理　明基電通馬來西亞廠個案探討。中華管理評論國際學報，14（4）。

• 基礎問題

1. 明基電通進行全球化的過程中，在人力資源管理面遇到哪些挑戰？又如何解決呢？
2. 您認為跨國企業人力資源管理「以人為本」的概念，是否能有助於公司正面的影響，提高營運績效？為什麼？

• 進階問題

在競爭激烈的時代中，您認為跨國企業人力資源的管理還會遇到什麼樣的新挑戰呢？

• 思考方向

隨著經濟全球化發展，企業成為沒有國界的跨國組織，而人才的國際化是企業吸納人才增強競爭力的重要途徑。在跨國人力資源管理領域上，企業應該要如何來培養員工，以避免跨國人才流失，且更能面臨全球化挑戰，對於企業來說，關鍵人才是最重要的議題，唯有培養良好的跨國員工，使之長久留任，才是企業最大的資產來源。

一、選擇題

(　　) 1. 有關人力資源管理與國際企業的挑戰，何者為非？ (A) 無論地理位置在何處，企業的發展必須仰賴內部的資源及能力 (B) 任何創新的想法及作法，皆須以最快速的方式在組織內傳播 (C) 以全球為基礎尋求與培養人才 (D) 著重派遣者在國外的發展，不需要考量其返國後的需求。

(　　) 2. 國際化的不同階段中，文化對於企業的影響也會有所不同，企業國際化發展的程序可分成四個階段，何者為非？ (A) 當地化，重視母公司所在地的市場和外銷 (B) 國際化重視投資當地國所發生問題的回應以及學習的轉移 (C) 多國化重視當地策略以及價格的競爭 (D) 全球化重視投資當地國問題的回應以及全球的整合。

(　　) 3. 國際企業人員外派的四個階段中，在第一階段的整合期，何者敘述有誤？(A) 在第一階段的整合期，凡是海外公司所有重要主管和工作職務皆聘任當地人才，以建立當地關係，貼近當地需求 (B) 第二階段的集團期，人力資源通常就地取「才」 (C) 第三階段的集權期，著重建立全球共通的企業文化 (D) 第四階段平衡期，確保母公司與各總部間、區域總部與分公司間、分公司與分公司間的互相學習，以建立國際化經營團隊。

(　　) 4. 績效管理的整合中，何種整合的方式具備「目標管理」的精神及策略？ (A) 向上整合 (B) 向下整合 (C) 水平整合 (D) 以下皆非。

(　　) 5. 幫助外派人員重新適應母國的文化，溝通其回國後薪資待遇的調整，並且使其熟悉新職位的的技術能力，重新規劃其生涯發展。上述的敘述，為哪一項外派人員的訓練機制？ (A) 行前訓練 (B) 海外在職訓練 (C) 回任訓練 (D) 外派訓練。

(　　) 6. 根據美國訓練發展協會（ASTD），認為全球化經理人所必須具備的四種條件，何者為非？ (A) 彈性能力 (B) 耐心 (C) 傾聽 (D) 溝通能力。

(　　) 7. 對於外派人員在語言能力與經驗傳承的訓練方面有四個層次的作法，其中首要的訓練爲？　(A) 讓外派人員了解負面與正面的態度是如何形成的，以及如何影響行爲　(B) 重於文化差異的影響，加強外派人員對這類差異的認知及其對業務成果的影響　(C) 提供與目標國有關的眞實現況之知識，讓外派員工對目標國有更深一層的認識　(D) 著重於語言、調整與適應等方面，加強技能的培養與建立。

(　　) 8. 海外人力派遣策略中，何者爲「當地化」策略的特色？　(A) 著重國際化市場，技術及能力轉移國外　(B) 著重生產資源與市場國際化，主要爲價格導向　(C) 主要策略在於增加國外顧客購買產品或服務的意願　(D) 以策略導向爲主，獲得全球與策略性的競爭優勢。

(　　) 9. 海外人力派遣策略中，何者爲「全球化」策略的特色？　(A) 外派人員目的在於協調與整合國內外企業　(B) 外派人員很少　(C) 外派人員之誘因爲挑戰與機會　(D) 外派人員所需以技術及管理爲核心。

(　　) 10. 專業性人才容易回任的情況，較容易出現在哪一項海外人力派遣策略中？(A) 當地化　(B) 國際化　(C) 多國化　(D) 全球化。

二、問題探討

1. 何謂國際化企業？
2. 國際化企業之人力資源管理中，在外派人員的甄選上該注意什麼事項？
3. 外派人員面臨的內外衝突有哪些？
4. 爲何外派人員的薪資福利較國內員工佳？
5. 外派人員的訓練，分爲哪三個階段？
6. 如何解決外派人員回任的問題？
7. 外派的成功關鍵因素爲何？
8. 在海外公司僱用當地員工的用意及目的？
9. 在企業走向國際化的過程中，如何培養員工的國際觀，其外派人員所須具備的特質爲何？
10. 培養員工自學能力的方法及途徑？

一、中文部分

1. 李誠等（2000），《人力資源管理的 12 堂課》，初版，臺北：天下文化。
2. 吳美連，林俊毅（2002），《人力資源管理：理論與實務》，第三版，臺北：智勝出版社。
3. Louis E. Boone and David L. Kurtz 著，林麗娟，劉廷揚主編（1999）。《企業概論》，初版，臺中：滄海圖書。
4. 陳弘等編著（2004），《企業管理 100 重要觀念（上）》，第六版，臺北：鼎茂書局。
5. 黃河明（2000），《黃河明的惠普經驗》，初版，臺北：天下文化。
6. 楊國安，姚燕洪（2002），《新經濟理「才」經》，初版，臺北：聯經出版社。
7. Dave Ulrich/Michael R.Losey/Gerry Lake 著，賴文珍譯（2002）。《人力資源管理的未來》，臺北：商周出版社。
8. Robert Eood/Tim Payne 著，藍美貞，姜佩秀譯（2001）。《職能招募與選才》，臺北：商周出版社。

二、網路資源

1. PC-Home 個人新聞台（2003/12/28）http://mypaper.pchome.com.tw。
2. 吳昭德資訊網，http://asia-learning.com/peter_wu。

Chapter 12

人力派遣產業的發展與未來

本章大綱

名人名句

扁平、流動的新世界中，企業、政府幾乎已經不能、也不必要提供個人「終身僱用」(lifetime employment)。但是，卻必須有政策加強每個人的「終身被僱」(lifetime employability) 能力。

天下雜誌 328 期「世界是平的——全球化第三波海嘯來襲」(2005/08/01)

採取勞務派遣用人模式，可以使企業有效利用社會資源，優化員工隊伍結構；專注自己的核心業務，降低運營成本。

中國勞務派遣機構——易才集團

本章以人力派遣產業興起之原因爲背景，探討企業在全球化競爭時代中所面對外在環境與內在環境的衝擊，說明企業爲何改變傳統勞動僱用型態，改爲運用人力派遣。歸納人力派遣產業之發展歷程、勞動型態及定義。進一步針對派遣企業、要派企業及派遣勞工三方面在派遣產業中所獲得的利益及所面對的問題進行討論，並以歐洲、美國、德國及日本的經驗，分析人力派遣產業之發展狀況。

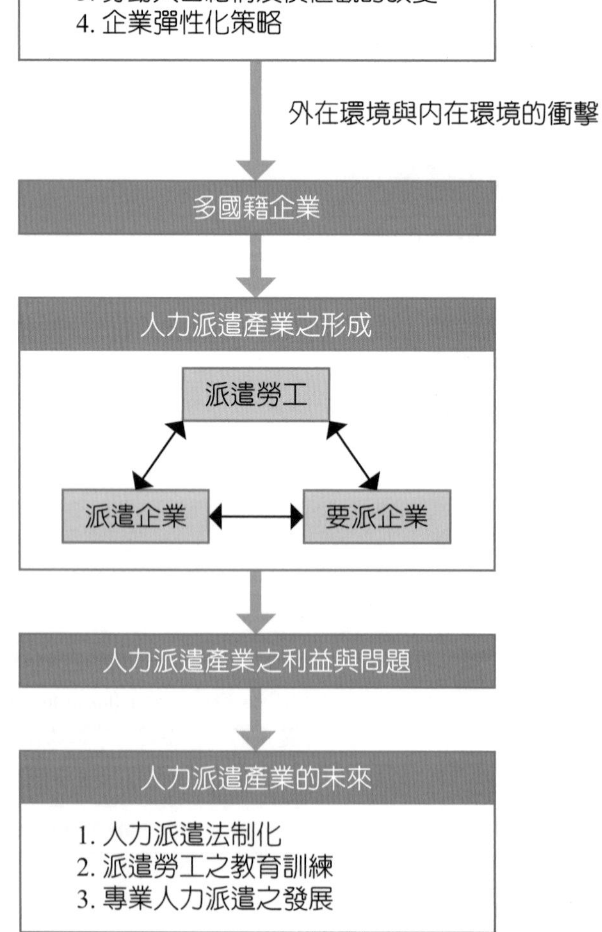

前言

隨著社會經濟高速成長及產業結構快速變化，企業必須依靠競爭優勢維持競爭地位，但是一個企業能否持續成長，人力資源扮演關鍵角色。雖然「人才」是企業最重要的資產，卻也是企業負擔的重大成本。特別是在全球化的衝擊及產品生命週期縮短的情況下，反應出不穩定的人力需求，企業爲了控制成本，必須調節多元化人力需求所造成的壓力，因此開始使用派遣人力。此外，在傳統的人力僱用政策上，政府在《勞動基準法》中對於傳統勞工的各項保護政策著實爲企業帶來諸多成本，例如員工福利、退休金及遣散費等。因此，企業爲了縮減成本，提高營運效率，採用彈性人力資源策略，透過派遣公司僱用派遣員工以因應成本上升的窘境並增加用人彈性。

雖然人力派遣可以爲企業創造許多利基，但是著實也爲企業帶來許多問題，諸如派遣勞工的離職率過高、缺乏向心力及組織承諾，更甚者將會影響到組織內部正職員工的工作態度及團體績效。另一方面，就派遣勞工本身而言，相較於正職員工所獲取的福利及保障較少，缺乏職涯發展的途徑。種種的問題顯示，我們在享受人力派遣產業所帶來的好處之外，也必須承擔未能妥善規劃人力派遣產業運作模式的惡果。因此派遣勞動法制化及企業提供派遣人力之專門的僱用流程，有其存在的必要性。

人力派遣之勞動型態，在日本、美國及歐洲等國家，已經建立相關的法令，使派遣企業、要派企業及派遣勞工，都能清楚了解彼此的權利及義務，從中獲取保障，也嚴格監督派遣企業的設立條件及營運模式。因此，人力派遣快速發展。其應用範圍由過去只局限在小型企業的基層員工，舉凡清潔人員、行政總機及客服人員等工作，直到現在擴展至「專業派遣」，包括業務銷售及金融專業人員等職務已經成爲臺灣派遣市場的主流。近年來，工程研發及軟體工程的需求亦有增加趨勢。不僅如此，許多公部門或大型企業也逐步增加派遣人力的使用比率，並開始應用於中高階的職位上。綜合上述，派遣人力應用之層級及範圍，隨著其制度的完善更加寬廣。

人力派遣業是派遣勞動者與要派企業中間的橋樑，要維持與要派企業之間的商務契約，及和派遣勞工之間的僱傭契約，並且建立良好的運作機制，執行人力資源管理中有關選才、用才、育才及留才等各項功能，其在人力派遣勞動型態中扮演重要的角色，本章節將介紹派遣企業實際上的運作模式，並針對整個派遣產業的發展歷史及現況與未來進行探討。

12-1 人力派遣的發展

一、人力派遣的發展歷程

人力派遣產業始於 1926 年的法國，成立第一家「業務救急」公司，派遣勞工主要從事文書及電話接線生的工作。1948 年美國成立世界上規模最大的「勞動租賃公司」，主要從事「事務處理承攬」的業務（經建會人力規劃處，1993）。日本於 1965 年成立勞動派遣事業，當時由派遣企業先僱用派遣勞工，當企業提出人力需求時，派遣企業再指定派遣勞工至要派企業內從事固定期間的工作。1986 年日本勞動省實施《勞動派遣法》，正式產生「人力派遣業」。

人力派遣興起的主要成因可區分爲產業環境的變遷、企業策略的轉化及勞動人口的改變。在產業環境的變化上，由於全球化浪潮的衝擊，加上技術不斷推陳出新，對於各類專業人才的需求增加；但站在企業的角度而言，期望能夠透過低成本的代價即能靈活運用人力資源；另外由於人們價值觀改變，勞工開始要求多變及自由的工作，並可接受非長期及穩定性不高的工作，加上二度就業人口增加，期望能透過人力派遣的工作成爲正式員工的踏板。故在此三方面的推動下，人力派遣漸漸興起，進一步解釋人力派遣產業興起之原因如下：

(一) 全球產業環境快速變化

產業面臨新的競爭態勢，不論是服務業或是製造業，皆受到全球化的衝擊，企業想在競爭日益激烈的環境下生存，無疑必須找出自我的競爭優勢及核心能力，人力派遣創造新的僱傭模式並且改變了傳統的勞資關係，企業得以將非核心的工作交由派遣勞工完成，而致力於核心的工作上。

臺灣的 GDP 以服務業占比最高，且就業人口亦占多數，而服務業要面對顧客需求的不確定性、多變性及特殊性下，必須隨時調整自身的經營策略，以避免被競爭者淘汰。透過使用人力派遣，可增加人力資源彈性化的應用，快速回應市場需求變化。

在市場需求變化快速的情況下，對於具有特殊專業技能、知識的人力資源，企業可能僅存在短期需求，例如翻譯人員、短期業務推廣、促銷活動人員、資訊系統建置或開發的設計人員等。企業一方面不需要長期僱用這些人員；另一方面，爲了短期需求所增加的教育訓練費用，亦使企業增加高額的成本負擔，故使用人力派遣，可透過專業人才的派遣，滿足短期需要，不需花費高額的教育訓練費用。

(二) 政府增加對勞工權益的保障

隨著政府對於全職勞工的保護法愈加完善，迫使企業不得不透過使用派遣人力，以降低成本及增加彈性，加上勞退新制於 2005 年正式實施後，派遣人力的市場更加蓬勃發展。在自由民主的社會下，勞工意識抬頭，政府對於人權及勞工的保障日益增加。特別是 2018 年《勞動基準法》的修正案，新增「一例一休」的規定，引起勞資雙方的抗爭，也因爲《勞基法》及勞工福利政策等相關規定，及外籍勞工僱用上的嚴格規範，使企業增加許多營運成本，並且創造新的勞資對立情況，故使用人力派遣，將可減少企業受限於政府對勞工的保護政策。在傳統的勞資關係上，企業對於正式員工，必須給予完整的勞動條件及基本保障。但透過人力派遣，企業可將人力資源的行政成本轉嫁給派遣企業，以減少負擔勞工福利、退休金及遣散費等法定成本。

(三) 勞動人口結構及價值觀的改變

在競爭激烈的就業市場中，除了優秀的人力資源受到企業的青睞外，亦存在著許多弱勢勞工及二度就業的勞動力。這類勞工在傳統的就業型態下，就業機會有限，故可藉由加入人力派遣的行列，增加其工作機會，並且有機會成爲企業的正式員工。

此外，臺灣在 2018 年 3 月正式進入高齡社會，老年人口占總人口比率達 14% 以上，亦即每 7 個人當中，就有一位是老人，人口老化成爲生產力老化的重要途徑，但也要考量年齡漸增而衰退的生理現象，在工作時間及內容應提供更多的彈性。因此派遣人力在時間及工作性質上的彈性，有助於促進中高齡者的就業機會。

在社會價值觀的改變下，年輕一代的勞動者較樂意從事具有挑戰性、彈性化、獨立及自由的工作，而捨棄朝九晚五固定時間的工作，由傳統的勞資關係轉化爲勞資雙方的互惠交易，雇主及勞工皆在進行社會交換行爲。雇主提供勞工必要的報酬下，勞工則以勞務回報之。而人力

派遣提供新時代人類一個自由且不固定的工作環境，增加其工作的新鮮感，並藉由不同的工作環境以累積經驗，擴展人際網絡。另一方面，日本的終身僱用制度在新時代中逐漸瓦解，使得人們開始接受暫時性或臨時性的工作，並且做好隨時變動工作環境的準備。

(四) 企業彈性化策略

在新時代中，企業僱用勞工觀念逐漸改變，為了增加營運績效，降低成本以提升經濟效益，人力派遣成為企業新的僱用模式，藉由派遣勞工的彈性應用達成週期性及需求不穩定下的任務。另一方面，運用人力派遣，可將人事管理成本外部化，減少甄選人才及教育訓練成本，取得派遣勞工所具備的專業技能、知識及經驗，以因應市場上需求的變化。另外企業亦可透過人力派遣的員工，取代留職停薪的員工或是因為產假、事假、病假而缺席的員工，繼續維持企業的正常營運，又符合《勞基法》的各項勞工保護政策。

二、人力派遣之勞動型態

人力派遣屬於「暫時性勞務提供」之勞動型態，在暫時性勞務提供中有三方當事人，分別為勞動使用機構、暫時性勞務提供機構及從事暫時性勞務提供的勞工。暫時性人力的範圍包括了勞動派遣、租賃勞動、外包等勞動型態。暫時性人力於 1985 年由 Freedman 提出後，定義為：「不同於全職員工（Full-time）有長期僱傭關係及薪資報酬，所以稱為暫時性工作。」在這個定義下，與部分工時工作（Part-Time）、臨時工作（Temporary Work）、租賃工（Employee Leasing）、自我僱用（Self-Employment）、外包（Contracting Out）、人力派遣業（Temporary Services Agencies）、支援性勞工（Contingent Workforce）、季節性工作者（Seasonal Workers）等名詞均為暫時性人力的形式，而人力派遣屬於暫時性工作的範疇之一。雖然人力派遣的名稱不一，諸如：代理勞動（Agency Work）、派遣勞動（Temporary Work）、租賃勞動（Leased Work）等，但是人力派遣的聘僱關係具有下列幾項特性：

(一) 臨時性的聘僱關係

臨時性的聘僱關係（Contingent or Temporary Employment Relation）係指聘僱關係時間相較於傳統勞工短，但聘僱關係的時間，只要勞資雙方同意便可任意調整。

(二) 非傳統的聘僱關係

傳統勞動的聘僱關係要求勞僱雙方互有承諾，並且負擔責任。但人力派遣這種非傳統的聘僱關係（Non-traditional or Non-standard Employment Relation），而是指雙方僅須對工作任務的品質及進度負責外，並不須對彼此承諾。

(三) 非典型的聘僱關係

在人力派遣的僱用關係同時包含了行政控制（Administrative control）和責任（Responsibility）外部化的特性，屬於非典型的聘僱關係（Atypical Employment Relation）。

(四) 不安定的聘僱關係

人力派遣的關係在契約期滿後，隨時可以終止、更換與接續，為不安定的聘僱關係（Precarious Employment Relation）。

(五)「僱用」與「使用」的分離

派遣企業使用派遣勞工，雙方簽定勞動契約，而派遣勞工前往與派遣勞工沒有契約關係的要派企業提供勞務。

三、人力派遣之定義

在臺灣，根據行政院勞工委員會（1996）對人力派遣的定義是指：由民間企業（派遣企業）派遣員工到另一家公、民營的事（企）業單位（受派遣業者）提供勞務，但派遣員工的薪資由派遣企業支付之狀況。更精確的說法為：人力派遣是屬於一種非典型聘僱關係，或稱不安定聘僱關係、非傳統或非標準聘僱關係，而這些聘僱關係所指的是一種非全時、非長期受聘僱於一個雇主或一家企業的聘僱關係，這和一般不定期、全時工作、勞務提供對象是單一雇主和受到非法解僱保護的聘僱關係是不同的（成之約，1999）。鄭津津（2004）指出，在美國並無「派遣勞動」這個專有名詞，其乃是包含於「暫時性勞務提供」的勞動型態概念之下，而在暫時性勞務提供中有三方當事人：勞動使用機構、暫時性勞務提供機構、從事暫時性勞務提供的勞工，其中所指的暫時性勞務提供機構即為專業僱用組織。

派遣勞動涉及三角互動關係，包括派遣企業（Dispatched Enterprises）、要派企業（User Enterprises）及派遣勞工（Dispatched Worker）三方。人力派遣之勞動市場，是由派遣企業負責招募、甄選員工，並與派遣勞工簽訂勞動契約，提供薪資與福利；派遣企業與要派企業簽定商務契約後，將派遣勞工的工作指揮權轉移給要派企業，並依商務契約得向要派企業收取派遣費用；派遣勞工完成要派企業所要求的任務後，得以返回派遣企業。其關係如圖 12-1 所示。

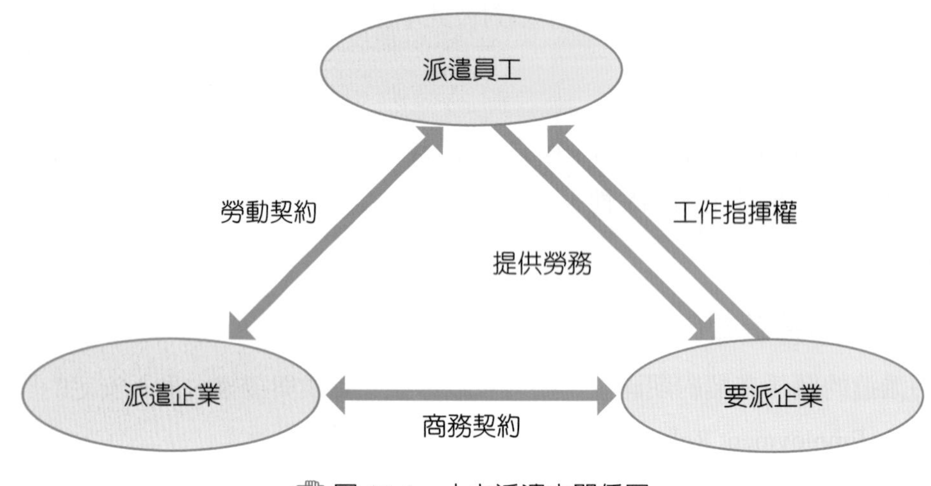

圖 12-1　人力派遣之關係圖

資料來源：本書資料整理

(一) 派遣企業與派遣員工之間的關係

派遣企業與派遣員工之間所簽訂的勞動契約不同於傳統的勞動契約，主要差異在於勞僱雙方的權利義務關係不同。在傳統的勞動契約中，勞工必須對簽訂勞動契約的事業單位提供勞務，而在人力派遣的勞動契約中，勞工並非對簽訂勞動契約的事業單位提供勞務，而是對要派企業提供勞務。然而事實上，派遣企業是派遣勞工的雇主，契約內容則包括派遣勞工的薪資、保險事項、福利、加班、工作內容、工作時間及工作地點等。

(二) 派遣企業及要派企業之間的關係

派遣企業及要派企業之間爲了移轉派遣員工的勞務提供，需要訂定派遣契約，在契約中，對派遣員工的工作內容、相關勞動條件皆有明確的規定，亦清楚雙方的責任分配以及權責劃分。派遣公司的利潤來自要派企業支付派遣員工薪資的 20% ～ 25%。

(三) 要派企業與派遣員工之間的關係

要派企業與派遣員工之間並無契約關係存在，但是在派遣契約及勞動契約的交叉作用下，要派企業與派遣員工之間雖然沒有契約關係存在，但是派遣員工在上述的交叉作用下，有義務在要派企業的監督下提供勞務。換言之，要派企業對於派遣勞工僅具有工作上的指揮監督權。

根據僱傭關係的存續狀況不同，人力派遣可分爲兩種，一爲登錄型派遣，僅在派遣期間與派遣企業訂有僱傭契約；另一種則爲經常僱傭型，即經常性之正式僱傭，派遣勞工在完成派遣勞務後返回派遣企業，等待下一次的派遣。在過程中，派遣企業與派遣勞工間的僱傭關係繼續存在。

12-2 人力派遣服務業產業分析

一、全球之人力派遣產業

人力派遣在歐洲國家及美國已行之多年，而日本的人力派遣觀念則是從美國帶入的，加上經濟不景氣，刺激人力派遣產業興起，而臺灣的人力派遣產業則正在蓬勃發展中。勞動派遣是勞動市場彈性化中重要的途徑，因爲傳統的勞僱關係，缺乏彈性並形成沉重的企業成本。而人力派遣可以在經濟景氣時，提供企業迫切的人力需求以及特殊專才的支援；而在景氣不佳時，可因員工行政管理的外部化，而將永久性員工的各項成本轉嫁給派遣公司，例如退休金、遣散費、訓練費用等，因此在全球勞動市場中，人力派遣的應用，已成爲勞動市場的趨勢。

在美國，將從事人力資源相關業務之外包服務的機構稱爲專業雇主組織（professional employer organizations，PEOs）或者雇員租賃公司（employee leasing company），與該組織簽定商務契約，取得勞工使用權的公司稱爲客戶公司（client company）或接受雇主（recipient employer），也就是所謂的派遣企業及要派企業。美國人力派遣產業的盛行始於二十世紀七〇年代，主要應用於化工和石油行業、工程和設計行業、建築等產業；至今，派遣人力已擴散至各個領域，根據美國職業雇主組織全國聯合會（National Association of Professional Employer Organizations，NAPEO）的調查，1993 年美國派遣勞工約 160 萬人，NAPEO 估計 2007 年美國有大約 200 萬到 300 萬派遣人力，目前約有 700 家職業雇主組織在五十個州提供各項業務。職業雇主組織產業每年創造的總收入約爲 510 億美元。由於歐洲國家嚴格要求人力派遣公司的品質及堅強的經濟實力，因此在荷蘭有許多企業的管理階層來自外包，其派遣員工的專業素質較高，派遣公司對派遣員工也提供妥善的職涯規劃。可知美國及歐洲的派遣企業雖然家數不多，但是平均規模較大，品質較佳，因此可發揮規模效應和專業服務的優勢，以加速該產業的發展。

人力派遣在美國、德國、日本及歐盟等國家已經行之多年，並且有專門的法律及規定可以規範三方的權力義務，逐漸顯示出各國的人力運用特色，其中德國的人力派遣勞工以男性的藍領工作爲主，而在日本則是以女性的白領的人力爲主。觀察全球運用人力派遣的主要原因是增加人力調節的彈性，協助企業塡補短期人力。相對於臺灣運用人力派遣的主要原因是考量人力成本有很大的不同。

二、臺灣之人力派遣產業

根據「中華民國行業標準分類」，人力派遣產業屬「其他服務業」項下之「人力供應業」，包括職業介紹、人力仲介及人員派遣，但由於人力派遣主要是一種工作型態，並不局限於從事人力供應業之事業單位才經營此項業務。

依據行政院主計總處公佈之人力運用調查報告，可知近年來從事部分時間、臨時性或派遣人力的受僱者人數變動不大，僱用人力派遣的規模已趨向穩定。雖然人力派遣法案尙未正式通過及推動，但是在勞動市場中，已逐漸因人力供給及人力需求的調節，發展出一套符合市場機制的人力派遣產業運作模式。

臺灣早期使用派遣人力的事業單位，以外商公司及資訊服務公司爲主，產業以製造業、資訊業及金融業爲主。主要是因《勞動基準法》及各項勞動政策逐年增加對勞工的保障，企業爲了減少各項正職員工的成本及支出，開始採用派遣人力供應人力需求。依據行政院主計總處《人力運用調查報告》，2017 年人力派遣主要應用於服務業，其次爲工業，其中男性的從業人員的比率高於女性。

在產業快速發展及經濟景氣劇烈波動的情況下，爲了降低人力成本，提高生產效率，派遣人力的運用比率逐年上升，因此政府必須正視人力派遣運用之相關規範的完整性。

勞動部在 2014 年提出《派遣勞工保護法》草案，草案全文共分 5 章計 32 條，明定要派公司、派遣公司、派遣勞工三方間的權利義務關係，事實上派遣勞動的基本問題在於企業運用派遣勞工的方法，因此該草案主要的重點在規範要派企業，期望派遣勞工與正職員工同工同酬，同時未來企業、政府機關，雇用派遣工的人數須低於總僱用人數 3%。主要的重點如下：

1. 派遣工應與正職員工同工同酬及待遇均等：派遣勞工與正式員工須同工同酬，但因工作經驗或績效所形成的薪資差異不在此限。
2. 七項職類禁用派遣工：醫事、保全、航空、漁船以外的船員、大眾運輸行車及駕駛、採礦人員及其他經中央主管機關再行公告之職類不得使用派遣。
3. 公私部門使用派遣工不得逾總雇用人數的 3%：除了七項職類禁用派遣工，其他行業雖可使用，但企業僱用派遣工不得逾總僱用人數的 3%。公、私單位皆適用，雖公部門的派遣員額採總量管制，整體不超過 3% 即可。

雖然臺灣在 2014 年由勞動部前身勞委會完成《派遣勞工保護法》，但是未能通過行政院審議，該草案在 2016 年被退回勞動部，直至 2019 年臺灣尚沒有派遣專法可以保障及規範派遣人力的權利及義務。檢視其主要的阻力來自於勞團的強力反彈，即使臺灣的派遣工作人數在 2015 年就已經衝破 60 萬人，但是隨著派遣人數的增加，衍生出更多的派遣問題，使勞工及勞團對派遣人力抱持負面的看法，並造成各種派遣的問題。但是勞動派遣法的成立與否，仍然是意見分歧，有待更多理性的討論。

12-3 人力派遣之利基與問題

企業運用派遣人力雖然可以降低人事成本，增加員工訓練、甄選及儲備上的彈性，快速反應市場的人力需求變動，並且可使企業擁有較高的管理權。但是相對而言也會產生一些困擾，諸如派遣勞工對組織較缺乏向心力，以及對組織沒有承諾等問題。此外，派遣勞工必須面對多樣化的工作環境及不穩定的工作機會，缺乏職涯規劃及政府對勞工的諸多保護政策，故派遣工作如同 Melchionno（1999）所言，並不適合每個人，而是必須具有樂於學習知識和技術態度，享受獨自工作和快速適應新工作環境，並容易與不同的同事相處的人，才會是一個成功的派遣勞工。故在派遣業務執行時，要派企業及派遣勞工皆會遇到一些問題，但同時也獲取利益，以下提出派遣勞動型態對於要派企業、派遣勞工及派遣企業所延伸出的利基及問題。

一、要派企業

行政院勞工委員會（2007）及 Morishima（1997）指出，臺灣和日本的企業使用派遣人力的主因是爲了調配業務或景氣變動所需的人力，維持彈性的人力資源調度，企業可以依季節性或是臨時性的需求使用派遣人力，以滿足人力需求。

Houseman（1995），Melchionno（1999），Krueger（1993）指出，美國企業使用臨時性支援服務主要的原因是降低成本，包括招募成本、行政管理成本及訓練成本，而臺灣的企業則是強調節省資遣費、退休金及薪資成本。因此可知使用派遣人力不僅可以增加企業彈性並降低營運成本，快速反應市場上對專業人才的需求，亦可避免《勞基法》對雇主的責任，也不須給予終身僱用的保證，並減少勞資爭議的問題。另一方面，企業可以藉由派遣員工的工作表現，增加篩選正式員工的機制，亦可遞補正式職員職缺。在企業營運策略上，亦可因此而降低投資計畫的不確定性。

雖然人力派遣有許多優點，但也有許多令企業困擾及憂心的地方，諸如派遣勞工因爲工作的不穩定性及缺少保障及福利，使派遣勞工對企業的向心力及忠誠度不高，導致工作品質不穩定，加上企業僱用派遣人力將會影響正職員工的工作情緒，對於企業整體利益而言，仍有許多不利之處。企業運用派遣人力遇到最大的問題是派遣員工的流動率高，當這群和公司沒有直接僱傭關係的員工離開公司後，將會造成公司的安全問題。另一方面，在同一個企業中，派遣勞工和正職員工一起工作，將會引發正職員工的不安全感，影響其工作表現及工作士氣，進而衝擊到團隊有效運作的成效，並增加管理的複雜度。此外，由於派遣勞工的素質不一，將會造成工作品質不穩定等問題。

實務上，在派遣勞動市場中，要派企業沒有專門針對派遣人員設計不同於正職員工的「引進流程」，乃是在要派企業及派遣企業簽定商務契約後，派遣員工隨即進入要派企業內工作，並被要求能夠立刻上線操作；在這樣的情況下，加上要派企業管理者並沒有實際帶領派遣員工的經驗，因此派遣員工通常在接受到不平等待遇下，會主動調職或是離職，使派遣企業很難爲離職或是申請調職的員工立即找到適合的工作，一般而言，新進派遣員工的離職率很高，此即要派企業目前面臨的最大考驗。

二、派遣勞工

在社會價值觀改變下，就業觀念亦產生了變化，日本的終身僱用制度，在競爭的環境中漸漸瓦解，而人力派遣提供人們擁有不同工作環境的經驗，且其工作的自由與彈性也是現代新鮮人加入的原因之一。對於派遣勞工而言，經由派遣企業可獲得多元化的短期工作機會，增加工作選擇的自由度，對於尚未明確規劃未來職涯發展的社會新鮮人而言，藉由派遣工作的多樣性，可逐漸找到適合自己的工作，其過程的核心環節是如何運用職業規劃的技術，增加職涯的延伸性，並

且獲得成長機會及累積工作經驗。對於二度就業及長期找不到工作的勞工，從事派遣工作，可填補一時無法獲得正式性僱用的收入來源。另一方面，派遣勞工可利用派遣作爲爭取工作機會的跳板，其有較大的機會能夠成爲要派企業的正職員工。

在職場上，派遣勞工通常擔任非核心的工作，缺乏專業訓練及升遷機會。另一方面，政府對於派遣勞工所制定的保護政策較少，目前臺灣並未正式擬定人力派遣法案，因此派遣勞工相對於正職員工而言，派遣勞工的福利較少，勞動條件也較差，因此在工作不穩定的狀態下，缺乏工作保障及安全感。成之約（2005）明確指出，派遣勞工與正職員工之間存在很大的差異，包括派遣勞工的技術層級較低、缺乏升遷機會、同工不同酬、福利待遇有限及缺少教育訓練的機會。

在派遣勞動型態上，勞工經常處於弱勢地位，雖然在定義上，派遣勞工應與派遣企業簽定勞動契約以獲得保障及職災求償的權利，但是在實務上，由於派遣勞動並不在立法的保障範圍內，派遣員工面對雙重雇主，要派企業擁有工作指揮權，派遣企業擁有人事管理權，但是對於勞工權益的維護責任混淆不清，故在臺灣應用派遣勞動的實務情況中，派遣勞工往往缺乏保障，是故要派企業及派遣企業，必須增加其它的誘因，以補償勞工損失保障的權益，才能維持其工作績效，並增進對組織的向心力，以降低要派企業應用人力派遣的缺點。

三、派遣企業

派遣公司的獲利是來自要派企業支付派遣員工薪資中的 20% 到 25%，其營運流程包括人才篩選、判斷、商務與簽定僱傭契約，派遣公司對中高級管理人才主要提供搜尋服務，對中初級人才，主要提供甄選服務。

歐美對勞務派遣公司市場的監管相當嚴格，包括對公司的所有者和控制人都有監管的要求，例如，美國制定專門法律以對勞務派遣公司進行管制，包括勞務派遣公司設立條件、資本要求、勞務派遣協議內容、員工的工作傷害保險、失業保險費用的分擔以及派遣企業和要派企業在其他方面義務和責任的分擔。除了制定專門管制勞務派遣的法律外，許多州法在保險或其他領域的法律中都會涉及勞務派遣的相關問題（謝增毅，2008）。臺灣人力派遣產業可效法美國或日本對於人力派遣產業之管理及規範，以促進派遣人力產業的蓬勃發展。

12-4 人力派遣業之運作機制

臺灣較具規模的派遣公司包括 360dHR company, Manpower Taiwan company, Tecnos company and Champion manpower service company.，因爲 Tecnos Company（東慧國際諮詢顧問公司）已有實際提供研發人才之經驗，故將以該公司爲例說明人力派遣業者之經營管理的相關做法。

Tecnos Company 爲東元集團及日本 TECHNOS 株式會社共同投資，正式成立於民國 87 年 7 月 3 日。運用日本 TECHNOS 株式會社經營人才服務的專業經驗，建立完善的人才甄選、評鑑與教育訓練制度。Tecnos Company 設立登記資本額爲新臺幣一億元，實收五千萬元。服務項目包括短期人才派遣、IT 人才派遣、專業人才推薦、代理人才招募、事務性工作承攬、薪資代算服務，目前在臺北、新竹、臺中、臺南及高雄等地都設有服務據點。

一、服務流程

由於在派遣人力的人力資源管理上涉及了二個參與者，因此在人力資源管理活動上亦包含了要派企業及派遣企業雙方的認知。服務流程如下：

1. 要派企業向東慧公司提出所需僱用派遣員工的條件，包含了派遣員工的技術、能力、資格、工作經驗和其它工作相關的條件。可以用電話的方式諮詢或是透過網站留下簡單的訊息，由東慧公司主動與要派企業聯絡。
2. 東慧公司在入口網站上公布所需的職缺，請符合資格的員工上網登記或是透過實體的招募工作，例如校園招募，蒐集符合資格的派遣人力。而網站上提供的資訊包括職缺類別、所需人數、工作地點、休假制度、待遇、派遣時間、派遣方式、派遣工作時段、要派企業的產業、性別限制、年齡限制、身分類別、身心障礙類別、身心障礙等級、學歷限制、科系限制、工作經驗要求、語文條 件、電腦技能限定以及其他技能限定等。
3. 東慧公司在所有登記的名單中，以及公司內部既有的人才庫資料中，甄選出適合要派企業需求的員工。
4. 將甄選出的員工名單提供給要派企業。

5. 要派企業進一步審核這些員工是否具有工作所須具備的能力及技術。此時，要派企業對於派遣企業所提供的派遣員工，有可能會直接錄用或是再進行甄選。要派企業進一步甄選員工的重點乃是在於確認派遣員工除了具備所需技能和工作經驗外，其否適合公司文化與組織氣候也是考量要素。
6. 確認符合要派企業需求的員工後，要派企業和東慧公司則簽定合約，在契約中明訂派遣員工應盡的義務與派遣的期間。

東慧公司在研發人員的派遣上，主要是提供工研院或其他化工相關專業公司，因此須具備化工專長的研發人員。但是由於研發人才的稀有性及專業性，因此在招募上，除了上述的方法之外，主要是透過人員的引薦，根據需求企業的條件尋找適合的人才。然而，企業對研發人才的需求，有些在國內無法尋覓，因此必要時須向國外的派遣公司尋求支援，透過全球性的搜尋找到適合的人才。

二、派遣人力之任用

要派企業擁有派遣員工在工作上的指揮權及管理權，要派企業通常將正職員工沒有能力完成，或是不願意執行的工作分配給派遣員工，且要求派遣員工完成更多瑣碎及不完整的任務，但派遣員工所從事的工作範圍必須在契約規範內。在任用期間，東慧公司對於派遣出去的員工會分配至少一位管理員，此管理員必須定期關心派遣員工的工作狀況，並且適當地和要派企業管理者溝通派遣員工的工作狀況。

三、派遣人力之訓練

基本上要派企業使用派遣人力是爲了因應短期性的人力需求，故要派企業會希望派遣員工一旦到職，就能夠立即上線生產。然而由於派遣企業僅提供一般性的教育訓練，因此要派企業必須在最短的時間內，透過邊學邊做的方式，讓派遣員工在工作環境中自然地學會完成任務所需的技能。此外，要派企業必須快速和派遣員工溝通組織的目標與政策，使其在最短時間內適應要派企業的環境，符合要派企業的工作期待。派遣員工的訓練，區分爲公司專屬及一般性目的兩個方向。由於在派遣人力中的勞動市場裡，派遣員工具有高度的移動性，因此其必須具備一般性的能力，並且擁有特定的技術，才可因應多家要派企業的需求。然而在實務上派遣企業多數提供給派遣員工基本的訓練，諸如清楚定位本身的角色、櫃檯技能及商業禮儀等，但對於專業性的技能訓練幾乎很少，除非派遣企業原本就具有特殊的專長及技術，以提供企業特定的專門性技術爲優勢，此時，派遣企業才會教育派遣員工這些專業性的技能。例如，提供專業性的技術維修員的派遣企業，將會持續性地教育這些派遣員工。

東慧公司爲專業的人才派遣公司，在人才的培育及訓練方面著重於「Skill & Heart」。因爲重視顧客的需要及服務，在人才錄取後，便有一系列的職前培訓計畫及課程，讓派遣人員到顧客端工作時，就已經具備相關技能及態度。另一方面，爲了培育人才，東慧公司引進了先進的 HiPlus 線上學習系統。HiPlus 線上學習計畫爲東慧公司爲了培育人才及加強派遣人員之技術，而自日本引進之線上學習系統。

有別於一般派遣人員，專業性派遣人才（如 IT 人才）更需要技術及技能的提升，因此 HiPlus 線上學習計畫也有針對專業性派遣人才的課程。此一系統除了遠端線上學習以外，並結合面對面的集合教育及問題排除經驗網頁查詢，讓派遣學員可以藉由不同的方式解決工作上的疑難。此外，東慧公司的 HiPlus 線上學習計畫也開放給有志於派遣工作但非該公司的員工，以期培養更多的派遣人才。另外，東慧公司也針對一般人員的禮儀教育設立了 HiPlus 線上學習計畫。

四、派遣人力之績效評估

要派企業和東慧公司之間所簽定的合約，會規範派遣員工的工作內容，其工作任務較正職員工明確，工作目標可清楚地量化，例如銷售業績及顧客服務數。因爲具有這樣的特性，對於派遣員工的績效考核制度，較正職員工更加清楚明瞭，依成果導向來衡量其績效。許多要派公司實施目標管理，在契約中明訂派遣員工所應達成的目標，因此之後的績效評估標準，即是視契約中所歸範的目標之達成程度爲基礎，評估派遣員工的績效。

績效評估的結果，會影響員工三部分的利益：

1. 要派企業提供給派遣員工的獎勵（要派企業可在契約以外，自行決定是否在員工表現良好時，給予額外的激勵措施）。
2. 員工在契約期滿後，是否可以繼續獲得續約的重要參考依據。
3. 如果獲得續約的機會，則上一段期間的績效，將會影響第二次契約的薪資。

五、派遣人力之薪資和報酬

在派遣產業中，要派企業運用隸屬派遣企業的員工，而員工薪資乃是由派遣企業決定，但由於派遣員工受僱於派遣企業，其薪資及福利皆由派遣企業負責。派遣員工可能獲得的其他福利可能來自於績效獎金、續任獎金及津貼，但是這些額外的報酬是否提供將要視要派企業，並非全部的派遣員工皆擁有這些福利。要派企業在派遣員工表現良好時，可能會額外給予績效獎金或公開表揚，此時的績效獎金也是由要派企業透過派遣企業的薪酬發放系統，再發放給員工；然而當派遣員工績效不佳時，要派企業可以告誡派遣員工，或是直接向派遣企業反應，如果再沒有改善，則可以要求派遣企業重新更換其所派遣的員工。東慧公司的做法亦是如此。要特別注意的一點是，上述乃是派遣員工已經被派遣到要派企業內工作時的情況，若派遣員工沒有被派遣出去，將不會給付派遣員工任何的薪酬。

12-5 人力派遣產業的未來

一、勞動派遣法制化

「勞動派遣法制化」攸關人力派遣產業的興衰，在勞動派遣尚未法制化之前，派遣勞工難以獲得合理的工作保障，特別是在職業災害的求償及員工福利的權益保障。若沒有人力派遣法，要派企業可能出現一些投機行為，例如：「轉掛問題」，亦即要派企業本身已甄選一批員工，再透過每年招標「派遣企業」的方式，使此批員工受僱於派遣企業，再派到該企業使用，如此一來派遣勞工每年必須更換新的雇主，因此他們將無法累積工作的年資，以及享有應得的福利。也因為法律的不完善，使勞工喪失權益，致使派遣勞工對要派企業之間的信任及承諾關係降低。

另外，派遣企業可能將「勞動契約」轉為「承攬契約」，而在派遣勞動關係中，派遣企業為派遣員工的真正雇主，有義務要與派遣勞工維持正式性的勞動契約，有責任負擔其職業災害求償及各項福利措施。但實務上，派遣企業為了降低成本，並不想負擔派遣勞工職業災害的求償，因此其將與派遣員工的勞動契約轉化為承攬契約。而此時的派遣勞工面對派遣企業時，其不僅有義務要為派遣企業完成工作外，亦扮演承攬商的角色，必須對員工負責，也就是員工必須對自己負責。一旦發生工作安全意外，僅能向自己求償。由此可知勞動派遣法制化對於派遣勞工在各項福利及權益保障上的重要性。

派遣勞動所衍生之問題，須要透過立法明確規範派遣企業及要派企業所應承擔的責任，並釐清雇主責任的歸屬問題。在人力派遣產業蓬勃發展之下，德國與日本皆已訂有勞動派遣法規。德國的《派遣勞工法》於 1972 年 8 月 7 日開始生效施行，每兩年須向國會報告實施狀況，其中第七條明訂聯邦就業總署（FEO）監督勞動派遣業者，並確保派遣勞工可享有的社會保障。日本於 1985 年 7 月制定完成《派遣勞動法》，主要的目的在於確保派遣企業正常營運及派遣勞工的就業條件，其中第五十一條規定勞動大臣或其職員，得在規定的權限內，對派遣企業或要派企業進行詢問或是檢查必要之文件。歐盟在相關法規中亦加入勞動派遣規定，美國針對派遣企業亦有嚴格的規範，另外歐洲的法國、比利時、荷蘭及葡萄牙等國亦針對人力派遣有特定的法律。但是臺灣僅在起草階段（焦興鎧，1999；楊通軒，2002；鄭津津，2002；黃程貫，2002；邱祈豪，2002）。

臺灣的《派遣勞動法草案》，主要可分為五個部分，首先在「總則」部分，定義派遣勞動及其主管機關。其次針對「派遣機構」的定義、設立及廢止許可、主管機關、負擔的法律責任、禁止行為，其所從事之業務採取負面表示。第三部分，對「派遣勞工」的相關權益作保障性的規範，包括對派遣契約及要派契約內容的限制及效力說明之，並說明派遣勞工應有之權益。第四個部分就「主管機關」可介入之範圍給予執行上的指導。最後一個部分是「罰則」，針對派遣企業或是要派企業有違法行為時，主管機關可在有效的執行日內施予刑罰或行政罰。

比較臺灣與歐盟、德國及日本對於派遣勞動法之立法差異，以提供臺灣就目前的《派遣勞動法草案》進行修正的參考。第一、日本的《派遣勞動法》中明訂，關於派遣勞工對於工作不滿或是發生爭議時的處理機制，此規定將能有效保障派遣勞工在職業災害發生時的求償權利及工作安全上的權益；第二、德國與日本的《派遣勞動法》中皆明訂要派企業與派遣企業不得約定特定派遣勞工之派遣，此規定將能夠防止要派企業危害勞工就業安全與僱用安定的權益，也將能夠有效防止目前臺灣人力派遣產業中出現的「轉掛問題」；第三、美國各州嚴格要求人力派遣公司的品質及堅強的經濟實力，將能夠促使派遣產業的建全發展。

二、派遣勞工之教育訓練

派遣勞工不同於一般正職員工，可以接受完整的教育訓練課程，他們欠缺完整的教育訓練規劃，成之約（1998）指出，雇主不會提供教育訓練，員工必須要努力進修具備多項專長，才能獲取派遣機會；因此對要派公司而言，只負責有關「勞工安全衛生」的訓練，而無其他的專業訓練或職業訓練（候彩鳳，2005）；派遣企業根據要派企業的要求招募員工，在成本及時間的雙重考量下，僅能提供一般性的職業介紹；然而教育訓練的成效攸關派遣勞工所提供的勞務品質，對於派遣勞工之教育訓練，應分為三個部分：

1. 職場態度部分由派遣公司訓練：強化派遣員工將本身定位為短期性、暫時性人力的觀念及角色，減少其與正職員工進行比較的心態，促進團體績效；另一方面，也必須讓派遣員工了解本身的權益及保障。
2. 專業工作由要派公司訓練：對派遣勞工而言，最大的激勵並非僅來自經濟面的利益，更重要的是要派企業能夠提供各項教育訓練，使其在該組織工作所累積的經驗將有助於提升派遣勞工未來的就業競爭力。此外，要派企業須讓派遣員工接受與工作相關的教育訓練，降低派遣員工可立刻上線工作的期待，容許他們有學習的機會。
3. 政府負責勞工核心職能訓練課程：政府除了提供經常性員工的教育訓練外，也應針對派遣勞工設計符合工作需求的職能訓練。

三、專業人力派遣的發展

具有高度專業能力及一技之長的人才，通常擁有正職工作，缺乏加入派遣產業的動力，而專業性派遣產業要如何吸引專業人力加入呢？取決於要派企業的魅力，亦即派遣企業的合作廠商名單，因為專業派遣人力在乎的是能夠獲取要派企業的教育訓練，累積工作資歷，並且有較高的機會進入要派企業內成為正職員工。他們不僅希望藉由派遣工作獲取學習的機會，也期望有機會可以進入心目中理想的企業內工作，展現出自己為企業創造的價值。

專業人力派遣應用的範疇，以零售業及金融業居多，近年來在美國小型醫院的急診室開始應用委託派遣急診醫師。在臺灣有許多的外商公司，採用派遣員工作為初探市場的專業經理人，在臺灣設立辦事處，其聘僱契約每二到三年一簽，不論是否進入臺灣市場，皆擁有較大的選擇性，可降低投資的不確定性。萬寶華臺灣區總經理李崇領認為，高階管理者的派遣以「總經理」最適合，藝珂總經理陳玉芬也認為總經理的任期大約是兩年一任，如果三年無法為公司創造價值就會換人，因此這樣的工作最適合高階派遣人員。

急診室的人力派遣，是小型醫院爲了解決醫師人力不足的因應之道，但是多數派遣企業對此類的派遣乃是信心不足，因爲急診室服務的醫師必須擁有高度的抗壓性及多樣化的醫技，這樣的人才缺乏加入派遣市場的願意；另一方面，要派醫院在醫療責任歸屬難釐清及醫療品質保證之考量下，不願意輕易嘗試；更重要的是派遣企業無法確認其僱用的派遣醫師是否具有足夠在急診室工作的能力及其醫療品質。因此，若要發展此類高度專業化的人力派遣，需要先解決上述的各項問題。

專業性的派遣需求，除了出現在高階的人才派遣工作之外，尚包括一般性的專業派遣，此類職務必須具有特定專業技術，包括：工程師、會計人員、翻譯、專案經理等；另外具有季節性的專案工作，也將應用派遣勞動以回應短期及臨時性的人力需求，例如：資訊管理、產品開發、美工設計、傳播出版及專案顧問等工作。可知專業性的派遣人力已大量及廣泛地應用於實際上的營運流程中，而要派企業應用專業性派遣人員的主要原因，在於專業性派遣人員能夠立刻提供企業所需的專業知識及技能，快速解決企業營運上的問題，並非只從事例行性的操作工作。

在終身僱用制度瓦解的時代中，人力派遣應用的產業及工作範疇更加寬廣，特別是專業派遣人力的快速發展，已逐漸對正職員工的工作權益產生威脅。因爲在微利時代中，若正職員工對公司的忠誠度及向心力，不能爲企業創造有價值的活動或利潤，則企業不如應用對工作具有專業能力的派遣人才，因而創造出專業派遣人力的發展契機。

12-6 結語

全球化的時代中，競爭更加激烈，愈來愈多的人認爲自己懷才不遇，在企業縮減成本及精減人力的觀念下，工作機會愈來愈少，每個人皆必須創造被利用的價值，即使是正職人員也一樣，若其不能爲企業帶來利益，也將面臨被裁員的危機；而派遣人員雖然對企業缺乏向心力，但是其能夠提供企業彈性化策略的利益，即時滿足企業暫時性的人力需求。目前有許多企業僅保留部分的正職人員在核心部門，而在非核心部門改採人力派遣之勞動型態。因此，在新時代的僱用觀念底下，派遣工作成爲展現自我價值及進入大型企業工作的敲門磚。

派遣勞工的職涯發展，首重提升自我及創造價值的能力開發，除了滿足要派企業短期的人力需求，更重要的是必須提供異於正職員工的價值。然而，派遣工作是否可提供派遣員工職涯發展的機會呢？必須視派遣員工取代性的高低而論，如果派遣員工所從事的工作是很容易被取代的例行性事務，則其將難以擁有吸引企業長期使用的特質。

美國對於派遣企業的嚴格規範，促進派遣產業健全發展，刺激許多業者加入派遣市場，而臺灣尚未建立完整的「勞動派遣法」之前，派遣勞工不僅缺乏工作保障，也可能受到派遣公司的不實欺騙，而衍生許多問題。因此，派遣勞工及要派企業必須慎選派遣企業，包括派遣公司的品牌、合作廠商的名單等。要派企業針對該企業內派遣員工的類別，以及各項設立文件須詳細了解。三方皆須針對教育訓練、職業災害求償及保險等方面在契約上清楚規範，以減少責任模糊不清的問題。

當企業將正職的工作職缺，改採非典型的工作型態，舉凡人力派遣、外包、約聘等形式時，雖然獲得許多的利益，但是也爲企業帶來許多問題，如第 12-3 節人力派遣之利基與問題所述。因此，採用人力派遣的時機及應用範圍皆須深思，否則誠如荀子所言：「水能載舟，亦能覆舟。」

派遣的運用與疑慮

近幾年因為環境的變化，使企業想要更彈性地調配公司的人力資源，而派遣公司的存在也變得普遍，其成為了企業與員工之間的橋樑。派遣公司與企業在工作流程以及管理制度上必須有良好的規章規則，雙方有良好的合作將可以使派遣業務有事半功倍的效果。對於企業在運用上有許多優點，人力的運用上增加許多彈性，在成本上與員工數上也可以較容易掌控，非核心的員工也可以由派遣公司來管理，這些優點可以讓企業專注於自身核心的業務。對於員工而言，生涯規劃上也比較有彈性，因為可以透過派遣工作磨練自己的技能，或者把派遣工作作為正式工作的跳板。

目前企業對於派遣運用在非核心員工上已經相當普遍，依據行政院主計處公佈的「人力運用報告」，臺灣從事派遣人力的人數自 2016 年起已經衝破 60 萬以上，但也逐漸無法滿足企業的需求，因為人力資源專家在進行組織或流程改造時，對於職務及職位重新定義，所以不只將派遣運用在非核心員工，也將某些有專案性的工作派遣給專業人士，讓一切變得更專業化以及達到彈性運用的目的。

但我們也要思考派遣的存在，是否只是企業為了降低人事成本而發展出來的需求，因為《勞動基準法》有足夠空間讓企業聘用短期的契約人員；而且從實務經驗上來看，企業並不是透過勞動派遣僱用在一般管道難以聘請的人，而是讓原本社會上一個個穩定的工作變成不穩定的工作。近來也發現派遣人員有由低薪低技術蔓延到高薪技術人員的趨勢。目前派遣人力加上部分工時受雇人員已達總受雇人員的百分之八，而月薪低於兩萬五千元的勞工已超過 210 萬人。這些非正式僱用不只讓企業主省下勞動成本，對正職員工也會產生威脅的作用，進而抑制員工可能有的挑戰。這就是工資近年來停滯的原因，由於底層勞工薪資下降，中間階層也喪失對於薪資的議價能力。

以上顯示了派遣並沒有達到良好的運用，由於派遣制度牽涉到三方的權益，好的派遣是需要經過企業、派遣員工以及派遣公司之間充分的溝通以及完善的規劃，依標準化以及制度化的流程來實行，這樣才能減輕企業人力資源部門的負擔，才不會喪失原本想降低人事成本的目的，另外也能提供派遣員工一定的保障。

所謂「標準化」，即是設計派遣流程有一定的程序，經由此程序，企業以及派遣公司與員工之間都達成共識，並且透過標準化流程讓派遣員工盡快熟悉工作。而「制度化」則是透過一定的規章規則與派遣員工之間進行充分的溝通，經由充分溝通來減少派遣業務之間的糾紛。除了做到標準化與制度化，另外對於派遣員工的關心與關懷也很重要，派遣員工若對於工作滿意度不高而造成工作品質不佳，這產生對於企業的負面影響，也降低了運用派遣員工的優勢。由於派遣運用的普遍性，我們應該要更重視這樣的議題，也因為人力派遣牽涉到企業、派遣公司與員工三方的權益，要如何建立好的派遣制度是值得企業關注的問題。

資料來源：

1. 邱毓斌（2012），當警察都變成派遣，財訊雜誌，頁 389。
2. 陳玉芬，（2008），如何運用派遣公司的服務？經理人月刊，http://www.managertoday.com.tw/articles/view/1095，檢索日期：2018/12。
3. 陳貞樺（2017），9 成派遣業紀錄不良，42 萬名派遣工權益沒保障，報導者，https://www.twreporter.org/a/temporary-worker-rights-no-guarantee，檢索日期：2018/12。

運用派遣人力之趨勢

派遣人力為臺灣勞動市場中的重要人力運用模式，派遣人員大致分二類，一種是技術性職務，例如程式設計、系統設計之工程師；而另一種為非核心業務，像是客服人員、行政人員等。而派遣員工的工作型態可區分成經常雇用型與登錄型兩種，經常雇用型是指派遣員工與派遣公司為經常雇用的關係，派遣員工未被派出時僱用關係依然存在，登錄型為派遣員工僅在派出時與派遣公司存在勞雇關係，大家常會有疑問：派遣員工與正職員工在福利與薪資上會不會有所差別，在臺灣，薪資上還是會有些落差，最近開始關心此議題並擬訂草案，針對此不平等現象予以調整，讓派遣員工與正職員工享受相同權利。

根據人力銀行統計，臺灣派遣人員比率越來越高，其中，高達 5 成 8 的派遣工作者為女性，展現較高的求職彈性。就學歷看，5 成 3 的派遣工作者擁有大專學歷。高達 6 成 7 的派遣工作者認為，派遣經歷對自身職涯具加分作用，尤其在「提早進入職場，累積更多實務工作經驗」（22%）、「有機會接觸不同類型工作，擴展視野」（19%）及「進入知名企業工作，對履歷表有加分效果」（15%），最引起認同。許多大公司非核心部門的業務，現在都交由派遣員工接手；同一家公司任職的員工，很可能分屬不同的雇主，為何企業開始雇用派遣員工？對於企業來說，由於派遣人力的運用可以達到「控制人事成本」、「篩選員工」、「減少行政作業」、「調節季節性人力」、「替代暫時性空缺」等好處，因此可以想像人力派遣會在近來蓬勃發展。

為了因應高齡社會的來臨，企業開始逐步應用中高齡員工之人力派遣，日本許多員工從大企業退休後，選擇以派遣方式在中小企業繼續工作延續其生涯，中高齡員工在選擇派遣的原因上有些不同，並不是因為需要獲得經驗與資歷而選擇，多半為興趣與拓展視野、人脈、尋找事業第二春等原因繼續選擇工作。

但是臺灣的派遣人力產業發展環境愈來愈嚴峻，因為《派遣勞工保護法》未能通過行政院審議，目前尚無專法可以保障派遣人力，因此近年來，在一切不清楚的情況下，派遣人力的應用相當混亂，衍生出許多人力運用上的爭議。因此人力派遣的運用，確實必須進行重新檢討及改革，據此，2018 年 7 月行政院長賴清德核定中央政府各機關派遣人力將在 2 年內歸零，擬將派遣人員改為自行聘僱，主要的目的即是希望可以將目前派遣人員的派遣契約改為臨時人員的契約，以適用《勞基法》的規範。

資料來源：

1. 高珮萱（2009），員工對派遣工作的認知與其職業生涯發展的研究，國立中央大學人力資源管理研究所未出版碩士論文。
2. 關聆月（2013），日本中高齡退休者尋得事業第二春，看雜誌，第 130 期，https://www.okwork.taipei/frontsite/cmsURL/forward.do?URLId=1719862，檢索日期：2018/12。
3. 周佑政（2018），中央 7 千派遣人力 2 年歸零　行政院：呼籲地方政府跟進，聯合新聞網 https://udn.com/news/story/6656/3261310，檢索日期：2018/12。

臺灣外籍人力運用何去何從

臺灣總人口結構將面臨「巨大的結構性改變」，包括人口老化及少子化帶來衝擊，其中 15 至 64 歲工作人口總數在 2015 年達到歷史高點後，於 2014 年起以每年平均 18 萬人的速度下滑。因此行政院積極推動「擴大勞動參與、精進移民政策」的相關政策。

由於人口老化的情形日趨嚴重，失能而需要長期照顧的人口快速增加。依據衛生福利部國民長期照護需要調查指出，2016 年全國失能人口約有 77 萬，其中老人占 66%，而 2021 與 2031 年失能人口將達 87 萬與 118 萬，雖然臺灣約有 10 萬多人受過照顧服務培訓，但是只有大約 20% 的照顧服務員留任執業，而長照保險規劃也指出，照顧服務業的人力約缺 5 萬人。十年長照計畫只能覆蓋三成失能老人，有七成失能老人必須由家人照料，未能庇蔭其他 200 多萬健康、亞健康老人之長照計畫。因此 2015 年開始國內就業政策方向開始有了新的指標，立法院草擬修法將外籍勞工在臺工作年限從 12 年延長為 15 年，雖然勞動部已同意，但國內黨派的議論聲浪卻沒有停息。

支持聲浪主張是以解決高齡化後最主要的長照問題為重點，因為延長留臺年限後，外籍看護對家庭中高齡者的照護就不會中斷；反對派則是認為年限增加是治標不治本的勞動政策，不僅可能衝擊未來國內就業市場，還可能因為形成新的勞資生態而造成勞工團體的抗議。然而就分析後可以發現：延長年限是對於本來就已在臺工作的外籍勞工為對象，也都是經過現有聘僱法規來招聘的，同時在 3 年一次的續聘過程，也須重新辦理國內招募，因此留臺年限的延長與影響國內就業的因素關聯性很小。

目前《就業服務法》規定，產業外勞與社福外勞在臺工作許可期為 3 年，期限一到，雇主可再申請延長期限，但在臺累計工作不得超過 12 年。支持修法的提案是延長至 15 年，主張應該由授權主管機關制定續留標準，只要符合資格者就不受

個案討論

12 年工作期間限制，免除行政繁複的問題。且考量到法規和政策完整性，相關配套該隨著此議題一併加入討論。像是外籍勞工無法自由轉換雇主、受到剝削或遭遇人身安全。還有，家事外勞尚未納入《勞基法》保障，導致超時工作、沒加班費等也是外勞人權未受到基本保障的嚴重問題，通盤檢討我國勞動政策、試圖解決現有外勞受雇遭遇之問題才是長久之計。

勞動部長陳雄文認為在臺具有豐富工作經歷的外勞，同時也有深具技術的優勢，應將之視為補充勞動力的一環，不該拘泥於延長年限幾年的小問題，而應從人口政策、居留權議題下手。在全球競爭下，其他鄰近國家，如韓國，對於技術外勞的需求也都是很高的，目前我國勞動力已面臨顯著不足的窘況，除了提倡青年提早就業、壯年人口延後退休等措施外，若不再擬定一套人力運用的良計，臺灣的競爭力可能會日趨減弱。

臺灣立法機構為解決外籍人力涉及的多面向問題，在 2015 年 9 月初表現積極的作為，在經過激烈、歷時長久的三讀流程協商後拍案通過修法：外籍家庭看護工符合資格者，可再延長年限 2 年，所以最新規定的留臺年限為 14 年，但不包含其他類型的外籍勞工。但反觀這個新決策也存在很多限制的保守之處，大多是考量到外籍勞動力政策的輕易變動會帶來巨大的蝴蝶效應。例如，外籍人力的勞保及是否可享有國民待遇的議題，都是值得深入討論的。

參考資料：

1. 郭建志（2015）。外勞留臺 15 年　陳雄文支持，中時電子報，http://www.chinatimes.com/newspapers/20150225000078-260202，檢索日期：2018/12/25。
2. 郭建志（2015）。外勞留臺年限增至 15 年　有變數，中時電子報，http://www.chinatimes.com/newspapers/20150421000177- 260205，檢索日期：2018/12/25。
3. 楊文君（2015）。外勞政策　有待建立更好留臺環境，中央廣播電台新聞稿，http://www.ly.gov.tw/03_leg/0301_main/dispatch/dispatchView.action?id=60741&lgno=00078&stage=8，檢索日期：2018/12/25。

• 基本問題

1. 外籍勞工在臺工作為什麼容易受到不公平待遇？
2. 對於本文延長留臺年限議題，反對派的主要主張為何？

• 延伸問題

1. 什麼原因會讓你更支持延長年限或不延長？試著用本書人力資源觀念和第十章的勞工法角度來分析。
2. 外勞政策還可能有什麼影響面向？請試想產生問題並且舉例。

• 思考方向

法案的修訂和政策產生就像數學題，都是經過各個相關領域的專家考量影響因素和其中變異，試圖產出利益最大、衝突最小的結果。練習以問題為中心，影響因素組成分支，嘗試建構出留臺延長年限議題之簡單的利害分析關係圖。

自我評量

一、選擇題

(　) 1. 人力派遣興起的主要成因，何者爲非？ (A) 全球產業環境的變遷 (B) 企業策略的轉化 (C) 勞動人口的改變 (D) 科技快速發展。

(　) 2. 有關人力派遣的敘述何者爲非？ (A) 新的僱傭模式改變了傳統的勞資關係 (B) 企業得以將非核心的工作交由派遣勞工完成 (C) 人力派遣僅爲企業的需求，對派遣員工無益 (D) 企業內部致力於核心的工作上。

(　) 3. 人力派遣的聘僱關係的特性爲何？ (A) 臨時性的聘僱關係 (B) 非傳統的聘僱關係 (C) 非典型的聘僱關係 (D) 以上皆是。

(　) 4. 「派遣企業使用派遣勞工，雙方簽定勞動契約，而派遣勞工前往與派遣勞工沒有契約關係的要派企業提供勞務」，所指的是派遣人力的何項特色？ (A)「僱用」與「使用」的分離 (B) 不安定的聘僱關係 (C) 非典型的聘僱關係 (D) 非傳統的聘僱關係。

(　) 5. 「人力派遣的僱用關係同時包含了行政控制和責任外部化的特性」是指？ (A)「僱用」與「使用」的分離 (B) 不安定的聘僱關係 (C) 非典型的聘僱關係 (D) 非傳統的聘僱關係。

(　) 6. 派遣勞動涉及三角互動關係，三個角色不包含？ (A) 派遣員工 (B) 工會 (C) 派遣企業 (D) 要派企業。

(　) 7. 派遣企業與派遣員工之間的關係，何者敘述有誤？ (A) 派遣企業與派遣員工之間所簽訂的勞動契約不同於傳統的勞動契約，主要差異在於勞僱雙方的權利義務關係不同 (B) 在人力派遣的勞動契約中，勞工仍然要和要派企業簽訂勞動契約並提供勞務 (C) 派遣企業是派遣勞工的雇主 (D) 要派企業對派遣員工具有工作指揮權。

(　) 8. 勞動部在 2014 年通過《派遣勞工保護法》草案，何者敘述有誤？ (A) 派遣工應與正職員工同工同酬及待遇均等 (B) 公私部門使用派遣工不得逾總雇用人數的 3% (C) 七項職類禁用派遣工 (D) 以上皆非。

(　　) 9. 勞動部在 2014 年通過《派遣勞工保護法》草案，指出七項職類禁用派遣工作，不包含以下何項職類？ (A) 醫事 (B) 保全 (C) 業務 (D) 航空。

(　　) 10. 企業運用派遣人力的優點為？ (A) 降低人事成本 (B) 增加員工訓練、甄選及儲備上的彈性 (C) 快速反映市場的人力需求變動 (D) 以上皆是。

二、問題探討

1. 力派遣產業興起之原因為何？
2. 人力派遣的聘僱關係具有什麼特性？
3. 何謂派遣勞動之三角關係？
4. 應用人力派遣對於要派企業而言，有何優缺點？
5. 從事人力派遣工作，對於派遣員工而言，有何優缺點？
6. 請簡述派遣企業之營運模式。
7. 派遣勞工之教育訓練，可分為哪三個部分？
8. 全球人力派遣的發展對臺灣人力派遣之發展有何啓示？
9. 為何勞動派遣法制化有其必要性？
10. 專業人力派遣發展之原因為何？

參考文獻

一、中文部分

1. 天下雜誌（2005），「世界是平的-全球化第三波海嘯來襲」，第328期。（2005/08/01）
2. 成之約（1998），「淺談「派遣勞動」及其對勞資關係之影響」，就業與訓練，第十六卷，第六期，52-66頁。
3. 成之約（1999），「淺論非典型僱用關係工作型態的發展與影響」，勞工行政，第139期，10-18頁。
4. 成之約（2005），「派遣勞工績效管理」，管理雜誌，第377期，頁142-144。
5. 行政院勞工委員會（1996），臺灣地區民營事業單位僱用中高齡勞工及派遣人力調查報告，臺北，行政院勞工委員會編印。
6. 行政院勞工委員會（2007），人力需求調查，臺北，行政院勞工委員會編印。
7. 邱祈豪（2002），「我國派遣勞動法草案與日本派遣勞動法制之比較」，勞動派遣法制化研討會論文集，臺北：行政院勞工委員會，67-96頁。
8. 候彩鳳（2005），「我國派遣勞動法制化必要性之研究」，國立中山大學社會科學院高階公共政策碩士學程在職專班碩士論文。
9. 黃程貫（2002），「德國勞工派遣法與我國草案之比較，勞動派遣法制研討會論文集」，臺北：行政院勞工之委員會， 46-64頁。
10. 經建會人力規劃處（1993），人力培育服務業及人力派遣業之產業分析，臺北。
11. 焦興鎧（1999），「論勞動派遣之國際勞動基準」，勞動派遣法制研討會，臺北：中華民國勞動法學會。
12. 楊通軒（2002），「歐盟勞動派遣法制之研究」，勞動派遣法制研討會論文集，臺北：行政院勞工委員會，2-20頁。
13. 鄭津津（2002），「我國勞動派遣法草案與美國勞動派遣法制之比較」，勞動派遣法制研討會論文集，臺北：行政院勞工委員會，21-45頁。
14. 鄭津津（2004），「勞動派遣之概說與美國相關法制之簡介」，派遣勞動新趨勢座談會，pp.5-14。
15. 謝增毅（2008），美國勞務派遣的法律規制及對我國立法的啓示，中國法院網，http://www.chinacourt.org/（採用日期：2008/1/7）。
16. 行政院勞工委員會（2007），人力需求調查，臺北。

二、英文部分

1. Houseman, S. and Osawa, M. （1995）, " Part-time and temporary employment" , Japan Monthly Labor Review", Vol.118, No.10, pp.10-19.
2. Krueger, A. B. （1993）, "How Computers Have Changed the Wage Structure: Evidence from Microdata 1984-1989" , Quarterly Journal of Economics, Vol. 108, pp.33-60.
3. Melchionno R., 1999," The Changing Temporary Work Force: Managerial, Professional, and Technical Workers in Personnel Supply Services Industry" , Occupational Outlook Quarterly, Vol. 43, No.1, pp.24-32.
4. Morishima, M. （1997）, " Changes in Japanese human resource management: a demand-side story" , Japanese Institute of Labor Journal, Vol.36 No.11, pp.1-9.

三、網路資源

1. 東慧國際諮詢顧問公司，http://www.tecnos.com.tw/html/main.asp

Note

Chapter 13

高齡社會的挑戰

本章大綱

13-1　高齡社會的衝擊

13-2　漸進式退休制度

13-3　標竿國際經驗及作法

13-4　結語

名人名句

休息與工作的關係，正如眼瞼與眼睛的關係。

泰戈爾（*Rabindranath Tagore*）

要說退休，我 2007 年已經在金山退休了。這一次辦小米，對於我來說就是退休以後的很快樂的生活。有人認為退休以後會很有意思，但大部分退休的人會認為退休很無聊。所以這次把辦小米作為了自己的興趣和愛好，因此覺得現在的工作狀態很開心，做的事情也很有意思。

雷軍

本章重點在於了解高齡社會的現象，探索高齡社會的人力運用及相關問題。13-1 節說明臺灣進入高齡社會後，人力運用的轉變及老化問題對於職場就業問題的衝擊。13-2 節介紹大部分西方先進國家都因爲職場力高齡化的問題，而發展出現在職場新觀念——漸進式退休的制度。13-3 節探討標竿學習的國家，如何因應高齡社會之人力運用的經驗和做法。最後結語致力於使讀者了解目前臺灣在漸進式退休上的發展雛型和未來展望。

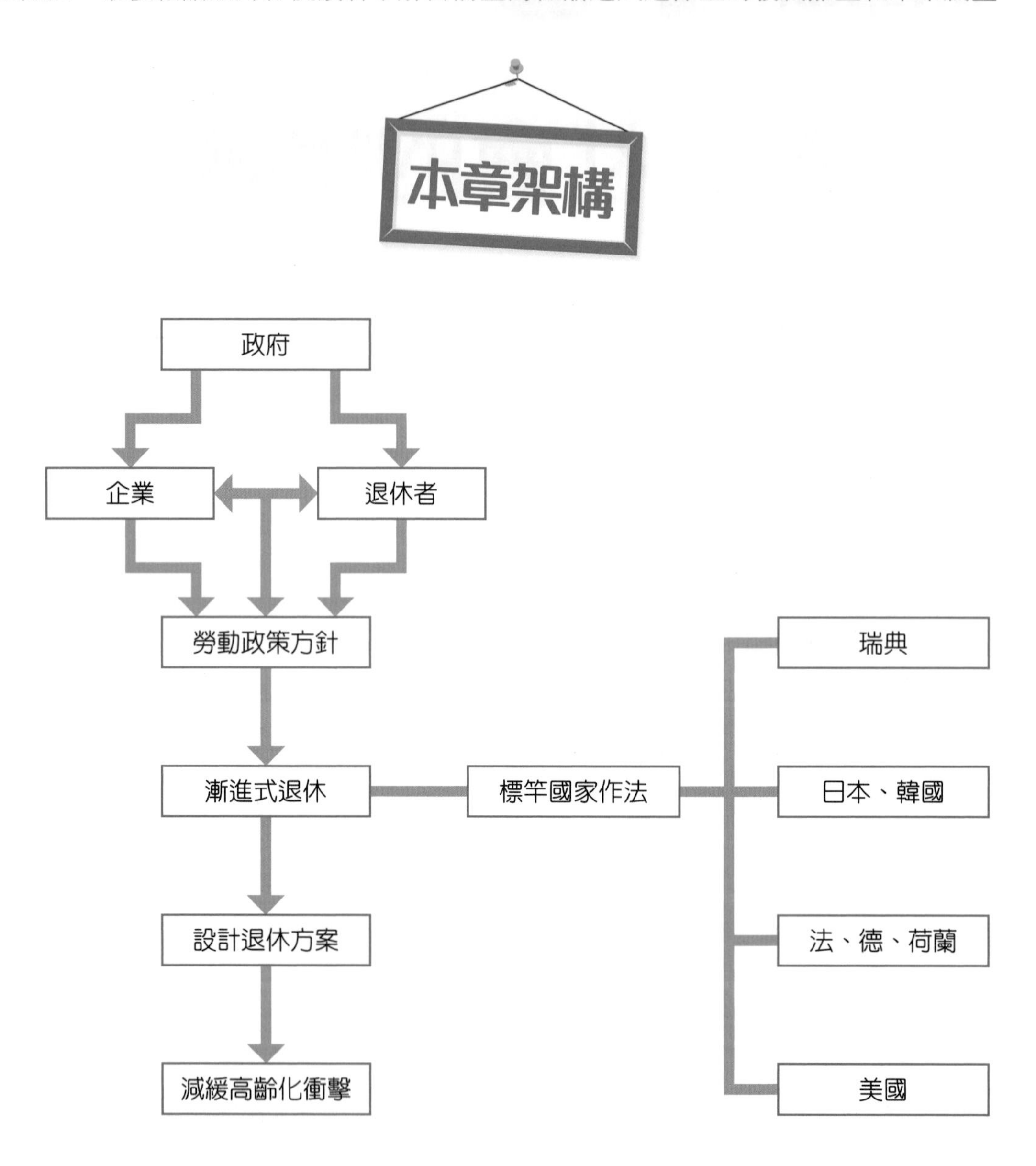

13-1 高齡社會的衝擊

臺灣在 1993 年，65 歲以上人口佔總人口比率達 7%，已正式進入聯合國所定義的「高齡化社會」。在 2018 年，65 歲以上老年人口占總人口比例已經超過 14%，正式邁入「高齡社會」，亦即 7 個人當中就有 1 個是老人（行政院主計總處，2018）。而各縣市之老化狀況，如表 13-1 所示，可知截至 2018 年 3 月底止，已經有 15 個縣市邁入高齡社會成爲高齡縣市。

依據國家發展委員會公布的「中華民國人口推估（2018 至 2065 年）」報告，預估 2026 年臺灣老年人口占比將超過 20%，成爲超高齡社會。在亞洲，我國的老年人口比率僅次於日本，但是我國由高齡社會轉爲超高齡社會之時間僅 8 年，相較於日本 11 年、美國 14 年、法國 29 年及英國 51 年，臺灣的高齡化速度更快，人口老化的問題會更加嚴重，需要更快速地展開回應策略。

表 13-1　各縣市人口老化指數　　單位：%

區域別	100 年底	101 年底	102 年底	103 年底	104 年底	105 年底	106 年底	107 年 3 月底	
								比率	排名
總計	10.89	11.15	11.53	11.99	12.51	13.20	13.86	14.05	—
新北市	8.54	8.97	9.48	10.10	10.81	11.71	12.60	12.85	16
臺北市	12.76	13.04	13.50	14.08	14.76	15.55	16.37	16.58	4
桃園市	8.37	8.58	8.90	9.31	9.67	10.22	10.79	10.96	21
臺中市	8.83	9.06	9.39	9.79	10.29	10.91	11.50	11.67	19
臺南市	11.65	11.85	12.20	12.62	13.09	13.77	14.38	14.56	13
高雄市	10.50	10.87	11.38	11.95	12.61	13.44	14.22	14.43	14
宜蘭縣	13.22	13.33	13.54	13.83	14.23	14.82	15.34	15.52	9
新竹縣	11.08	11.06	11.09	11.22	11.43	11.70	11.99	12.08	18
苗栗縣	13.43	13.54	13.69	13.90	14.28	14.80	15.41	15.58	8
彰化縣	12.21	12.47	12.81	13.21	13.64	14.21	14.78	14.95	12
南投縣	13.74	13.94	14.30	14.71	15.21	15.86	16.52	16.70	3
雲林縣	15.28	15.49	15.77	16.10	16.47	17.09	17.55	17.69	2
嘉義縣	15.79	16.04	16.43	16.84	17.28	17.90	18.46	18.61	1
屏東縣	12.79	13.10	13.54	13.96	14.49	15.20	15.83	15.99	5
臺東縣	13.16	13.47	13.71	14.02	14.42	14.97	15.56	15.71	6

區域別	100 年底	101 年底	102 年底	103 年底	104 年底	105 年底	106 年底	107 年 3 月底 比率	107 年 3 月底 排名
花蓮縣	12.68	12.94	13.21	13.56	14.07	14.70	15.33	15.49	10
澎湖縣	14.50	14.28	14.31	14.46	14.77	15.09	15.54	15.64	7
基隆市	11.19	11.55	11.99	12.55	13.20	13.96	14.81	15.04	11
新竹市	9.44	9.59	9.81	10.12	10.50	11.01	11.51	11.64	20
嘉義市	11.17	11.49	11.86	12.31	12.74	13.44	14.16	14.32	15
金門縣	11.92	11.41	11.23	11.19	11.18	11.67	12.24	12.40	17
連江縣	9.66	9.32	9.32	9.47	9.81	10.22	10.57	10.73	22

說明：

1. 桃園市於 103 年 12 月 25 日改制直轄市，惟為利比較，本表均以桃園市標示。
2. 藍色區域表示指標值 >=14。

資料來源：內政部戶政司

在國發會「中華民國人口推估（2018 至 2065 年）」的報告中，更直指臺灣在 2030 年工作人口將降至 1,515 萬人，因此我們可預見超高齡社會及人口變遷，必須及早改變現在的人力配置及運用，因應少子化及高齡社會的挑戰，包括：人口老化、退休潮、安養照顧人力培育及勞動力減少等問題。據此，政府訂定「內政部因應人口結構老化衝擊之對策」，因應上述高齡社會的挑戰，致力於「留才」及「攬才」的策略及建構安全的居住環境以支持新婚、懷孕及育有未成年子女者，因應少子化及高齡社會的衝擊。

另一方面，由於人口老化的情形日趨嚴重，失能而需要長期照顧的人口快速增加。行政院於 2015 年通過《長期照顧服務法》，並持續修法，以健全長期照顧服務體系，提供長期照顧服務，確保照顧及支持服務品質，發展普及、多元及可負擔之服務，保障接受服務者與照顧者之尊嚴及權益。據此，以期減輕照顧失能老人的負擔，並鼓勵民間企業及非營利組織，共同發展高齡相關產業，以滿足亞健康及健康老人的需求。由於開辦初期，尚有許多人力及資源未能配置妥當，因此僅能以金錢補貼作爲主要的工具，未來更需要民間法人及非營利組織的投入，整合或聯結居家照顧服務、托老所、日間照顧機構、社區關懷據點等單位的資源，以及發展創新的商業模式，諸如照顧服務合作社及長期照護管理顧問公司等模式。

臺灣高齡勞動參與率遠低於其他國家，最可能的原因是退休制度或其他相關配套措施並沒有完整地被發展。具體來說就是，雖然傳統勞動市場將 65 歲以上的人口定義爲非勞動力，但由於現代醫療技術發展的進步、養生保健的觀念普遍，再加上就業市場的結構也不再是以勞動性的職業爲主等因素，這些變遷也足以明顯證實此定義早已不再適用於整體社會。要從就業市場來減輕高齡社會所帶來的衝擊，最好的辦法為善用仍具備相當職能卻因年齡或其他高齡就業障礙而被排除在外的高齡人力。

由於人口結構的重大改變及勞動市場老齡化的趨勢，「生產性老化」的概念及作法，在近年來的人力資源管理中，已經成為重要的研究議題。所謂的「生產性老化」是指老年人參與各種活動，這些活動有助於產生商品或服務，或者是發展相關的能力。事實上，由醫療技術的進步及科技的輔助，使退休者在退休後的 10 幾年當中仍然具有生產力，而這些老年人可以選擇從事生產性老化的活動，以不同的方式對社會提供服務或做出貢獻。例如：老年人口可能基於經濟因素，選擇階段性退休或是兼職的方式，持續發揮自己的專長，以獲得有償的報酬。

13-2 漸進式退休制度

漸進式退休（Gradual retirement）是指在退休之前逐漸減少工作時間，以利在全職工作（full-time work）及完全退休（full-time retirement）之間調整生活。是由 Genevieve Reday-Mulvay 在 1996 年提出，其指出漸進式退休也稱為階段式退休、部分退休或兼職式的退休，漸進式退休可以提供人們一個轉換的期間，以順利調整全職工作到完全退休之間的過程，工作者可以運用降低工作時間的方式，逐漸淡出勞動市場，以取代立即的退休方式。漸進式退休對個人而言，提供新的生涯轉換的機會，可以順利地從工作移轉到退休（smooth transition from work to retirement）。

漸進式退休，包括：階段式退休（phased retirement）及部分退休（partial retirement）兩種。階段式退休（Phased retirement）是逐漸的退休，在相同的系統中為同一個雇主提供服務，意即在相同的工作上，只是減少工作時間。而部分退休（partial retirement）則是更換成不同雇主而要求較少需求的工作，或是轉變為自我雇用（self-employment）的情況，通常工作時間及收入同時減少。

過去針對退休行為，乃是以全職工作及完全退休作為二分法，但是隨著經濟社會的發展及中高齡人口對於退休規劃的改變，許多的中老年人不再是直接從全職工作上退休，而是採取漸進式的模式，例如在他們完全退出勞動市場之前，會先減少工作時數或者是換到另外一個全職或部份工時的工作（陳鎮洲，2008）。英國倫敦政治經濟學院養老金問題專家羅斯．奧特曼（Ros Altmann）主張人們應該放棄一次性的退休模式，而改採循序漸進和彈性的退休生活。

漸進式退休可以使有經驗、知識及技術的長者繼續貢獻所學，傳承經驗，對社會及企業貢獻更多的知識及生產力。對於個人而言，可以逐步靈活地調整家庭需求及健康狀況。對於國家政府而言，亦可望達到促進經濟成長與生產力、維持充足稅基及降低依賴人口等三大好處。

13-3 標竿國際經驗及作法

漸進式的退休模式，在許多國家逐漸成為一種趨勢，但是不同的國家對於漸進式退休的看法及作法有所不同。因為促成老化和退休的基本成因和社會條件不同，例如高齡勞參率、年齡、兼職養老年金的規範、就業市場中對年齡的歧視、企業政策變化、養老金、社會保障等有所差異，導致國家間因應發展出的政策也會隨原因和想要達成之效果而有所變化。

Reday-Mulvay（1996）觀察 OECD 國家在漸進式退休上的發展，指出以 OECD 國家的經驗看來，瑞典、法國、德國、英國、荷蘭、日本和美國，分別可以歸類出四種不同的漸進式退休模式。而這些先進國家 65 歲以上高齡人口的比率，大約上升至全人口的 15%，因此其退休政策，將可以作為其它國家擬定退休政策之參考。

一、瑞典

瑞典的高齡人口的勞動參與率較高，其成功地推動半退休計畫，鼓勵提早退休，結合兼職工作及兼職養老金，幾乎一半以上 60-65 歲的工作者，在漸進式退休的方案之中，可以獲得財務及專業團隊的支持。檢視瑞典成功的關鍵因素，在於有效推動兼職工作，並配合彈性的工作模式，使國家政府及企業雇主維持良好的關係，因此高齡勞動力可以彈性調整養老金及繼續工作的收入。因此瑞典的高齡勞動參與率一直維持在穩定的狀況（Reday-Mulvay, 1996）。在瑞典，階段式退休相對於一次性的退休更有吸引力（Kantarci、Soest , 2008）。

二、日本及韓國

日本及韓國兩國的中高齡人口就業，很多都是選擇部分工時或人力派遣的工作。在日本，有大量的工作者在 60 歲後仍然持續工作，經常超過 65 歲，大部分是在他們之前任職公司的附屬企業（subsidiary）之中持續以兼職的職位（part-time position）提供服務，他們的薪資通常低於過去的薪資，且日本並沒有太多漸進式退休的福利，但是在國家的社會保障計畫提供退休金的彈性措施，可促進高齡者的就業機會。因此，雖然日本高齡化的程度相對於歐洲及美國更嚴重，但是不損及其生產力。以日本的經驗而言，乃是以政府主導的政策及強大的國家優惠政策鼓勵人們持續爲勞動市場貢獻生產力。LG 經濟研究院以日本東京天然氣（Tokyo Gas）株式會社爲例，說明漸進式退休的作法，當員工到了五十四歲，立即運作「第二生涯（second life）支援制」，公司提出退休後的重新就業、委託上班、支援離職的資金需求等五種過程，爲員工大幅降低退休時的負擔。

韓國也急速轉變成高齡社會，因此導致企業人力運用方式及退休制度也將隨之改變，才能因應高齡社會的到來。因此，韓國近年來開始推動階段式退休，是指保障一定的工作年限，但依照任職年數而逐步減少工作量的制度，藉此調整工作的時間、內容、空間及薪資。在韓國的「薪資遞減制」（salary peak）亦屬於階段式退休制度。透過漸進式減少工作量，降低突如其來的退休所造成的精神上、經濟上的打擊，同時可以繼續運用雖然年紀大但富有經驗及人脈的熟練高級人力。據 LG 經濟研究院顯示，韓國企業成員大部分都贊同引進這種制度。由於高齡社會的來臨，韓國政府擔憂勞動力供需不平衡，以及對求才若渴的企業而言，階段式退休乃是有力的人力政策，不是基於人道立場而增加人事成本的政策，而是可以解決高齡化問題。

三、法國、德國、荷蘭

在歐洲，像是法國、德國和荷蘭，雖然公共政策鼓勵彈性及階段式（flexibility and phasing）退休，但是部分退休（partial retirement）不是很普遍的現象，主要的原因是缺少漸進式早期退休的利益（generous early retirement）。在法國，致力於使提早退休變得相對困難且昂貴，同時提供漸進式退休的財務誘因。德國雖然立法鼓勵漸進式退休，但是因爲缺乏強大及彈性的激勵制度，因此對於勞動市場的影響相當有限。荷蘭則是大約有 1/3 的員工表示，他們的最後一位雇主可能提供階段式退休的方案（Van Soest et al., 2006），關鍵的問題在於退休金的給付方式。

有學者調查西歐的專業人士（personnel executives）認爲階段式退休的障礙爲何，結果顯示：階段式退休有隱藏的額外費用、高階管理者不充分的承諾、生產問題、聯盟反對派、人的問題和反應、中低管理者的阻礙、對於員工如何利用這項優勢的宣導及培訓不足、缺少勞動力的支持。漸進式退休的實證分析指出，在歐洲有幾個部分退休協議（partial retirement arrangements），可以說明歐洲漸進式退休的狀況。特別是德國、芬蘭及瑞典等國家，其中瑞典的方案可說是成功的標竿。瑞典於 1996 年提出部份退休金計畫（partial-pension scheme），由政府及企業雇主共同推動，針對 60 歲以上的老人提供結合退休金的工作。其成功的原因之一是採用部分工時工作（part-time jobs）。在瑞典，對於員工而言，重要吸引力在於退休金計畫（pension scheme）的計算，是以退休金佔收入的百分比作爲計算，而不會影響到老年退休金（Wadensjo , 2006）。

Reday-Mulvey（2000）認爲法國及德國的計畫也很成功，並且指出在瑞典及法國的大型公司中，老員工的教育訓練具有關鍵性的角色。在歐洲，運用兼職工作及領取部分養老金的方式，對於漸進式退休有正向的幫助，特別是北歐較常看到兼職男性，而在南歐則是以自我雇用的現象較爲普遍。在荷蘭，階段性退休機會通常在公部門勝於在製造業或服務業。

四、美國

美國及英國有漸進式退休，需要法律措施的保障，以創造適當的法定社會及財政架構。在美國，大約有 18% 薪水階級的人，他們在 1931-1941 年出生，而在 1998-2000 年間參加階段式退休或部分退休的方案（Scott, 2004）。有許多工作者在 55-65 歲之間，會應用兼職的橋樑工作（bridge jobs），而橋樑工作是離開全職的生涯工作之後，但尚未進入永久的退休狀態，可以彌補離開全職工作至正式退休之間的落差（PIU, 2000）。在美國，可以在銀行、保險、高階管理者、大學及超市之中，找到一些執行成效良好的例子。退而不休在美國已經成爲愈來愈多銀髮族所選擇的生活型態，高齡專業人才選擇漸進式退休，取代以往從職場全面退出、階段性退休的趨勢，成爲近來美國退休文化中新掀起的風潮（燕珍宜，2012）。

整體來說，在美國，個人的退休決策，會考量退休金、社會福利金及健康保險三個面向的問題。在美國，退休金是屬於企業的私人計畫，必須在退休後才能申請退休金，不能分階段請領。在社會福利金方面，美國的員工可以在 62 歲至正常退休年齡之間申請提早退休，請領社會福利金，但是提早退休，則員工獲得的社會福利金將會減少。最後，在健康保險方面，由於私人企業提供的健康保險優於政府提供的健康保險，因此許多人爲了維持良好的健康保險，而持續工作。另一方面，在部分退休的狀況下，由於轉換工作後，新的雇主可能不會提供像原來雇主一樣好的健康保險，因此減少人們轉換工作的意願。綜合上述，可知美國的退休制度，對於漸進式退休而言，產生很大的限制。

13-4 結語

超高齡社會即將到來，各國政府及企業雇主認爲應重新設計職業生涯轉換到退休的機制，德國、日本、法國、義大利及英國，已經紛紛學習美國的作法，當人們領取退休金之後，需要提出退休金計畫。另一方面，企業僱主也意識到拋棄老員工可能會導致技能和專業知識無法挽回的損失。工會也開始體認服務業員工的需求與製造業不同，而且老齡化的勞動力需要不斷地培訓和調整工作的條件，才能妥善應用高齡勞動力。根據調查，他們經常需要一個全職的職業生涯和完整的退休之間的過渡調整階段，因此鼓勵漸進式退休模式。過渡期可能是 1-10 年，但是在 OECD 國家的經驗中，過渡期通常是 5 年。

幾個歐盟成員國，例如：丹麥、法國、德國、盧森堡、西班牙和義大利，已經通過立法促進漸進式退休，其中瑞典、芬蘭和奧地利，在加入之前就這樣做了。多數國家的公共政策也開始限制提前退休。但是漸進式退休的機制，如果沒有和企業政策結合，將不一定能夠產生預期的結果。因此漸進式退休的推動，必須同時結合政府政策及企業政策，並且獲得社會夥伴（social partners）的支持。

聚焦於企業爲主要考量而言，新的人才管理方式應該擴及個人在退休前後的知識移轉，企業的雇主應該及早規劃高齡專業人才的退休方案，包括設計評選指標及制度，選出核心的高齡專業人才進行知識管理及退休調適，同時擴展基礎建設及制度，使退休後的高齡專業人才具有一個可以貢獻所長的平台。另一方面，由先進國家推動漸進式退休的經驗中可知，政府在退休金、社會福利及健康保險的相關法規及制度，對於漸進式退休有關鍵的影響。因此，企業在符合政府法規下，必須考量高齡專業人才偏好、自尊及自我發展的需求，積極協助他們規劃退休前後的生涯，以發展出具有知識移轉效能的漸進式退休模式，以創造企業、政府、社會以及高齡專業人才之四贏的局面。

高齡化社會下形成的四種樂齡商機

2010 年開始，國家工業研究院（IEK）針對兩岸進行調查研究，希望藉由調查發現更多高齡者的特性，並為產業界帶來更多新思維，刺激產業尋找應對高齡社會的解決之道。現在的銀髮族群，年齡區塊大多屬於嬰兒潮世代，而已有研究發現身為嬰兒潮世代的族群，通常具有以下特性：經濟能力較高、行為和觀念上也較其他更高的年齡層有多元的思考，還有對於新穎的科技，例如網路和手機，在接受度和使用率上也都跟現代年輕人沒有太大的差距。

現今許多銀髮族獨居比例增高，沒有被以往傳統家庭價值觀中的扶養思想所侷限，在個人生活、情感方面等需求會轉而從其他管道尋求，甚至為了因應環境和互動模式的改變，使得追求科技成為尋求社會化的重要門檻。

世界衛生組織（WHO）在 2002 年提出「活躍老化」（Active Ageing）概念，就是相對於以往的「被動老化」，指高齡長者持續參與社會、經濟、文化、靈性等事務，退休老人與失能老人也能夠參與家庭、同儕及社區的活動，維持「活躍」。促進老人心理健康與社會連結的政策或計畫，會和促進老人的生理健康一樣重要。

活躍老化社會將更符合現在的高齡社會，高齡者都希望擁有自己的生活方式。在所有高齡族群中，可以進一步發現差異，IEK 在這項調查研究中就科技運用、生活獨立的接受或認同度這兩項指標，將年長者大致區分為 4 種樂齡族群，如下圖一分別為：

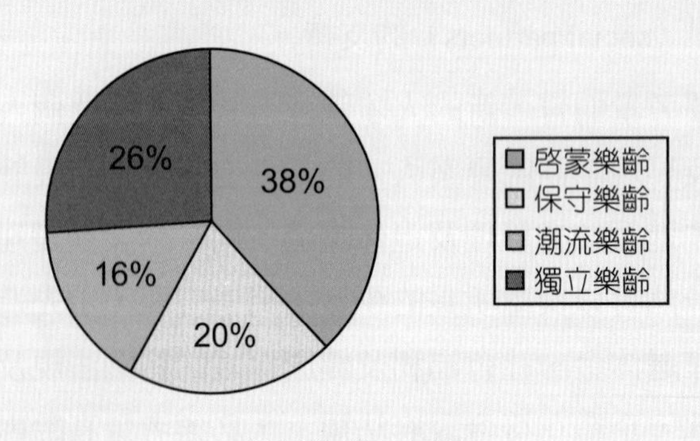

樂齡族群比例圖

「啓蒙樂齡」是較能接受及使用科技，並認為自己可獨立生活的銀髮族；「獨立樂齡」雖支持生活上的獨立，但並不會渴望使用科技；「潮流樂齡」是支持使用科技，但在生活上並不那麼獨立、需要較多協助；「保守樂齡」則是和刻板印象中的傳統銀髮族較近似，對於獨立生活與科技的支持度較低。

研究也針對各種生活方式和習慣上的統計，來對比兩岸的高齡族群的不同。例如在科技和資訊的運用上，臺灣樂齡族群透過手機上網的比例，比中國大陸來得高，尤其是啓蒙樂齡族與潮流樂齡族；在平時獲取專業健康資訊上，臺灣是以啓蒙樂齡族較積極，大陸則是潮流樂齡族。對於休閒活動的參與，兩岸樂齡族都認為「散步」是最常做的運動，但使用「健身器材」的大陸樂齡族群，明顯比臺灣的樂齡族群還多；大陸的啓蒙樂齡族群更是參與各種休閒活動的主力族群。

工研院的調查結果顯示，當前的銀髮族今非昔比，銀髮族群中甚至能夠再區分成不同的樂齡族群，而每個樂齡族群的需求也不相同了；就未來的積極做法而言，藉由了解各種樂齡族群的特色，不僅可以幫助樂齡族各種生活層面上的提升，也有助於銀髮族商機的發展。

資料來源：張舜翔（2015），高齡化社會來臨 樂齡族群特色大不同，IEK 產業情報網，https://www.itri.org.tw/chi/Content/NewsLetter/contents.aspx?SiteID=1&MmmID=5000&MSID=654507345607675717，檢索日期 :2018/12。

個案討論

日本高齡化現狀

即便在東京軟體公司擔任顧問一職，去年夏天，博美中崎毅然和職業生涯揮手道別，辭去工作。現已 55 歲的她直言：「我想陪伴我的母親，並盡我所能地協助她的生活。」

此案例可以解釋，為何日前日本首相安倍晉三提出希望女性勞動力增加的想法會遭受批評。日本政府在高齡長期照護上的措施，顯然還不足以降低日本社會對婦女必須擔負照護負擔的傳統觀念。根據《彭博社》報導，中崎的選擇只是日本社會中越來越多女性的縮影。根據日本國家統計局資料顯示，至 2012 年為止的過去五年，日本共有 486,900 人為了照顧家中長輩而退出職場或轉業，其中八成為女性。此數據足以說明雖然日本女性就業比例已經在達到六成的狀態下，但如果家中長輩邁向高齡後，婦女們往往只能放棄職業生活，因為由女性負責家庭照護的觀念已深植日本文化中。

三菱 UFJ 研究和諮詢公司（Mitsubishi UFJ Research and Consulting）分析師矢島洋子表示：「政府希望婦女在勞動市場有很好的表現，但如果這些人必須身兼照顧雙親的責任，這些人便無法工作」。因此，接下來政策必須聚焦於如何幫助這些人兼顧工作與照顧長輩，才有辦法發揮效用。

但是，日本高齡化速度過快、少子化、嚴格的移民政策以及婦女晚婚與持續就業，都是造成日本照護人力嚴重不足的原因。而日本政府也因為其財政問題，難以撥出經費去彌補長照問題，根據日本衛生部資料顯示，截至 2014 年 3 月，日本共有 52.4 萬名老人尚在排隊候補進入養老院，遠比五年前大幅增長 24%，政府目前也處於心有餘而力不足之窘境。

對於安倍的新想法，辭職回家照顧母親的中崎抱持不樂觀的態度，過去的她，是一名未婚的經理人。雖然收入頗佳，但工時非常長，始終擔心是否能找得到可靠的養老院照顧她的母親。因為今年日本政府因減少社會服務開支而削減養老院補助，導致更多老人不得不在家中接受照護。不過在民間企業方面，越來越多大型企

個案討論

業如丸紅、高盛等皆採取主動作為，希望能盡量避免女性職員離職。以丸紅為例，過去十年中該公司增加帶薪休假、無薪休假可延長為一年等措施。

丸紅企業多元管理部門總經理 Rie Konomi 表示：「照顧老人是長時間的問題，但如果辭職，不僅對企業造成負擔，個人在未來職場上也會面臨高齡就業的問題」。他強調：「我希望我們的員工能夠兼顧工作與家庭照顧，並且繼續上班，因為我們需要這些人的經驗。」

最新相關數據是來自日本總務省，到 2014 年為止的十年勞動力調查統計報告顯示，65 歲以上的勞動力人口在 10 年之間增加了 203 萬人，而且 65 歲以上的非勞動力人口也較十年前增加了 896 萬人，也就是「高齡者的高齡化」現象日益加劇。如此看來，日本想要依靠擴增勞動力來改善目前經濟低迷、促進成長的可能性太小，提高非人力為主的生產效率將是提升經濟的最佳解答。目前日本許多企業希望藉由重新調整產業結構來改變僵局，例如製造業重新規劃自動化組裝生產線、善用新的生產技術（3D 列印）和可創造多樣化產品組合的模組化組裝平台等。

日本業界正在試圖打造新的熟齡商機，例如專屬銀髮族的購物中心、網路社群、老人手機、防滑鞋、居家照護等相關商品與服務。做為一個全球人口挑戰的先鋒，日本有很多機會重燃生產力，而日本的積極所為也將成為其他走向高齡化國家的參考藍圖。

資料來源：

1. 李家如（2015），日本的高齡化哀愁，鉅亨新聞網，
http://news.cnyes.com/Content/20150601/20150601073049856919210.shtml，檢索日期：2018/12。
2. 吳慧玲（2015），日本如何打造生涯現役社會，化勞動力危機為轉機，經濟部人才快訊電子報，
http://itriexpress.blogspot.tw/2015/09/blog-post_10.html，檢索日期：2018/12。

• 基礎問題

1. 造成日本長照人力不足的原因有哪些？
2. 日本政府為何無力支持機構照護缺乏的問題？

• 延伸問題

1. 為了照護問題而退出職場的女性，可能會造成哪些問題？
2. 根據第十二章的個案發現，臺灣和日本對於外籍工作者的想法不同，導致做法可能不同，試想日本目前若也跟進引用外籍勞工的可能性為？

個案討論

• 思考方向

如果日本政府目前沒有心力能夠推動女性勞動力增加問題，若藉由與企業共同合作的機會，或許能夠改變現狀和傳統社會女性照護風氣的印象。

自我評量

一、選擇題

(　　) 1. 2015 年臺灣地區 65 歲以上人口比率將達 13%，在 2018 年 65 歲以上老年人口占總人口比例超過 14%，正式邁入什麼社會？ (A) 高齡社會 (B) 高齡化社會 (C) 長照十年 (D) 銀髮社會。

(　　) 2. 行政院於 2015 年通過的《長期照顧服務法》，相關敘述何者爲非？ (A) 鼓勵民間企業及非營利組織，共同發展高齡相關產業 (B) 服務對象僅爲失能老年人 (C) 整合或聯結居家照顧服務、托老所、日間照顧機構、社區關懷據點等單位的資源 (D) 著重發展創新的商業模式。

(　　) 3. 何者是指「退休之前逐漸減少工作時間，以利在全職工作及完全退休之間調整生活」？ (A) 退休生涯規劃 (B) 延後退休 (C) 彈性退休 (D) 漸進式退休。

(　　) 4. 哪一個國家成功推動漸進式退休的關鍵因素，有效推動兼職工作，並配合彈性的工作模式，使國家政府及企業雇主維持良好的關係？ (A) 美國 (B) 日本 (C) 瑞典 (D) 新加坡。

(　　) 5. 有關日本及韓國在推動漸進式退休的作法上，何者有誤？ (A) 中高齡人口就業，很多都是選擇部分工時或人力派遣的工作 (B) 日本有大量的工作者在 60 歲後仍然持續工作 (C) 在韓國，依照任職年數而逐步增加工作 (D) 日本提供退休金的彈性措施，促進高齡者的就業機會。

(　　) 6. 何者爲階段式退休推動的障礙？ (A) 具有隱藏的額外費用 (B) 高階管理者不充分的承諾及聯盟反對派 (C) 員工利用這項優勢的宣導及培訓不足、缺少勞動力的支持 (D) 以上皆是。

(　　) 7. 瑞典之退休協議，何者爲非？ (A) 瑞典提出部份退休金計畫，由政府及企業雇主共同推動 (B) 針對 60 歲以上的老人提供結合退休金的工作 (C) 對於員工而言，重要吸引力在於退休金計畫的計算，是以退休金佔收入的百分比作爲計算 (D) 退休協議的內容將會影響到老年退休金。

(　　) 8. 各國之退休政策敘述，何者正確？ (A) 美國的退休制度，對於漸進式退休而言，產生很大的限制 (B) 退而不休已經成為愈來愈多銀髮族所選擇的生活型態 (C) 德國立法鼓勵漸進式退休 (D) 以上皆是。

(　　) 9. 所謂「在相同的系統中為同一個雇主提供服務，在相同的工作上，只是減少工作時間」是指 (A) 部分退休 (B) 漸進式退休 (C) 階段式退休 (D) 自我雇用。

(　　) 10. 所謂「更換成不同雇主而要求較少需求的工作，或是轉變為自我雇用的情況，通常工作時間及收入同時減少」是指 (A) 部分退休 (B) 漸進式退休 (C) 階段式退休 (D) 自我雇用。

二、問題探討

1. 何謂漸進式退休？
2. 漸進式退休又可分成哪兩種？其中差別為何？
3. 目前漸進式退休的實施被視為標竿之國家共有哪幾個？
4. 國家在訂定退休政策時，可能會考量到哪些因素？

一、中文部分

1. LG 經濟研究院（2005），2010 年韓國大趨勢，麥田出版。
2. 中國民國老人狀況調查報告（2005），內政部。
3. 燕珍宜（2012），「階段性退休」 同時兼顧退休與工作的新模式，今周刊，800 期。

二、英文部分

1. Lai, T.J., Wu, H.H., Huang, C.Y., （2014）, A multifaceted platform for complementary consulting services for retired senior executives, Gerontechnology, 13,（2）, pp.229.
2. Lai, M.M., Lein, S.Y., Lau, S.H., and Lai, M.L., （2014）, Determinants of age-friendly communities, Gerontechnology, 3（2）, pp.228.
3. Kantarci, T. and Van Soest, A., （2008）, GRADUAL RETIREMENT: PREFERENCES AND LIMITATIONS, 156（2）, 113-144.
4. Reday-Mulva, G. （1996）, Study focuses on gradual retirement in oecd countries , Insurance Advocate, 106（46）, p25-26.
5. Reday-Mulvey,G. and Taylor, P. （1996）, Why working lives must be extended, People Management, 2（10）, p.24-27.
6. Latulippe, D. and Turner, J., （1997）, Gradual retirement in the OECD countries, International Labour Review, 136（4）, 581-582.

Note

附錄 A　重要名詞中英文解釋對照表

Chapter1 人力資源管理介紹

章節安排	重要名詞	英文	解釋
1.2	管理程序	Management process	管理者必須行的五項基本職能，包括：規劃、組織、任用、領導、和控制。
1.2	規劃	Planning	建立目標和標準、制定規章與程序、擬訂計畫與發展預測——有關未來可能發生的事務之預測。
1.2	組織	Organizing	分配工作、設立部門、授權部屬、建立職權與溝通的管道、協調部屬間的工作職掌。
1.2	任用	Staffing	決定適當人選、招募具有潛力的員工、遴選員工、設定工作績效標準、建立員工報酬制度、績效考核、輔導員工、員工的訓練和發展。
1.2	領導	Leading	聚集群力完成工作、提振士氣、激勵部屬。
1.2	控制	Controlling	設定標準，例如銷售配額、品質標準或產品水準、檢驗產品是否合乎標準，必要時採取補救的行動。
1.3	人力資源管理	Human resource management	執行管理工作中與員工或人事相關的部分所須具備的觀念和管理技術，也可說是企業對於人力資源的甄選、運用、考核、訓練及留任等一系列管理活動。
1.5	選才	Selecting	包括工作分析、人力規劃、人才招募及遴選面談等工作。
1.5	訓才	Training	包括各項訓練與發展等工作。
1.5	用才	Staffing	指工作指派、授權協調、工作教導、人力運用等工作。
1.5	評才	Evaluating	有績效考評、職務歷練、晉升調派、生涯規劃等工作。
1.5	留才	Compensating	涵蓋薪資福利、利免資遣、勞資關係等工作。

Chapter2 人力資源管理環境分析

章節安排	重要名詞	英文	解釋
2.1	全球化	Globalization	意謂著公司意圖將其銷售與製造等活動，擴展延伸至新的海市場。
2.2	使命	Mission	說明組織成立的理由，使組織中的人員瞭解企業的目的、營運的範圍、形象等，因此使命可作爲策略性管理的工具，用以促進組織內各階層員工的共識與期望。
2.2	功能式組織	Function organization	以專業分工的方式，在組織內區分爲幾個功能單位，通常有生產、行銷、財務、會計、人力資源等部門。
2.2	事業部組織	Divisional organization	當企業組織的產品或服務較多樣化時，爲因應不同的競爭市場，組織授權給各事業部門，並負責盈虧的責任，通常一個事業部的結構類似於功能型的結構。
2.2	策略性事業單位組織	Strategy organization	將共同策略性的事業部門組成一個單位，以改善經營策略的單位組織實施，提升綜合的效能，並對各種事業作較多的控制。
2.2	矩陣組織	Matrix organization	在形式上兼具了功能專門化和產品或專案專門化的優點；在職權、績效責任、考核和控制上採雙元的管道，亦即員工除須對直屬功能部門負責外，尙須對專案小組負責。
2.2	網路式組織	Network organization	因應整體外在環境的變化，其經營是透過合約與其他組織來執行製造、配送、行銷等工作共同連結以節省開銷、降低成本及彈性快速的回應市場變化。
2.2	政策	Policies	政策是一個公司預先建立達成目標的指引，以提供組織達成決策的方向。
2.2	組織文化	Corporate culture	組織文化是組織內共享的價値、信仰及習慣，與正式結構相互互動所產生的行爲模式，是公司的社會及心理氣候。

章節安排	重要名詞	英文	解釋
2.2	非正式組織	Informal organization	非正式組織是一系列開展的關係及組織內非正式加以描述的人員互動模式。
2.2	勞資協議	Labor-management agreement	在具有工會組織的公司裡，上層管理者通常要對勞資協議進行談判，然而整個組織的管理者都必須執行這些協議。
2.3	工會	Labor	指一群員工爲處理與其雇主之事務而聚集起來的團體，幾乎所有的員工薪資、福利、及工作情況都可能藉由工會與管理階層雙方面來共同決定，所以工會是代表員工與公司協商的第三者。

Chapter3 工作分析與工作設計

章節安排	重要名詞	英文	解釋
3.1	工作分析	Job analysis	針對某項特定性質之工作，藉實地觀察或其他方法，以獲得相關資訊，進而決定該項工作中所包括之事項，及工作人員勝任該工作所具備之技術、知識、能力與責任，並可區別本項工作與其他工作有所差異之資料。
3.1	工作豐富化	Job enrichment	工作豐富化乃是站在人性的立場考慮，徹底改變員工工作內容，其方法不僅擴展工作的廣度，同時也擴大了工作的深度，目的在讓員工對自己的工作有較大的控制權來激發員工個人的成長與發展。
3.1	工作擴大化	Job enlargement	工作擴大化是將某項工作的範圍加大，使所從事的工作任務變多，同時也產生了工作的多樣性，其目的在於消除員工工作的單調感，使員工能從工作中感受到更大的心理激勵。
3.1	工作說明書	Job description	以書面方式描述工作的活動與職責，以及工作的重要特徵，如工作的條件與安全措施等。
3.1	工作規範	Job specification	彙總從事該項工作所需的個人資格、特質、技能以及相關背景資料等。

章節安排	重要名詞	英文	解釋
3.1	面談法	Interview	與每位員工進行面談，以瞭解工作的任務與職責。
3.1	問卷法	Questionnaires	讓員工自己填寫問卷描述自己從事的工作，以獲取相關的資料。
3.1	觀察法	Observation	藉由觀察來記錄所觀察到的活動。
3.1	參與者工作日誌	Participant diary	要求員工記下每日工作日誌，或是一天當中所做的事情。也就是說，對於員工所從事的每一項活動，可以依序將活動記錄在日誌中。
3.3	工作規範	Job specification	工作規範記載著員工在執行工作上所須具備的知識、技術、能力，以及其他特徵的清單，而工作規範是工作分析的另一項成果，有時與工作說明書是爲同一份文件。
3.5	工作設計	Job design	工作設計是企業組織爲改善員工工作生活品質及提高生產力所提出一套最適當之工作內容、方法與型態的活動過程，以作爲職位說明書的依據。
3.5	工作簡單化	Job simplification	是將原本相當繁複的工作，細分爲幾個較簡單的工作項目，如此每一個技術與動作都變得簡單化，再分別由不同的人員負責。
3.5	工作標準化	Job standardization	爲訂立一個明確的規範與統一的衡量標準，類似於產品標準他採用的統一規格，將每份工作的內容、項目定義清楚，樹立嚴明的準則。
3.5	工作專業化	Job specialization	描述組織內工作被細分的程度，將工作分爲幾個步驟，每個步驟由一個人負責完成，而不是將整個工作全都交給一個人去做，也就是分工。
3.5	工作輪調	Job rotation	讓員工從一個職務或工作轉向另一個職務或工作。
3.5	彈性工作時間制	Flexible working hour system	允許員工在某段特定時間中，自行決定何時上班。

章節安排	重要名詞	英文	解釋
3.5	無疆界組織	Bundaryless organization	廣泛運用團隊與類似組織結構機制的產物，意指典型獨立組織之功能的疆界與階層已刪除（或減少）並加以延伸。
3.5	再造工程	Reengineering	重新思索企業流程並大幅度的重新設計，以期能在重要的、現代的績效衡量等方面獲得大幅度的改善，包括成本、品質、服務及速度。

Chapter4 員工招募與甄選

章節安排	重要名詞	英文	解釋
4.1	招募	Recruiting	組織爲了職務空缺而吸引求職應徵者的過程。
4.2	推薦	Referrals	公司利用其布告欄來公布尋才公告，並希望公開推薦，且對於推薦者給予獎勵。
4.2	自我推薦	Walk-ins	直接且主動的讓公司知道自己想要進入該公司服務的意願。
4.2	獵人頭公司	Headhunter	公司用來延攬高階管理人才之特殊的傭用仲介機構。
4.2	人力派遣	Temporary	在既存雇傭關係下，派遣公司將自己直接僱用之勞工提供他人，並且在他人的監督指揮下從事勞動的一種事業活動。
4.2	結構式面談	Structured interview	面談中的問題都事先經過精心設計，根據職務內容找出與績效成敗相關的要項，再據此設計問題，藉以找出合適的人選。
4.2	非結構式面談	Unstructured interview	非結構式面談是在面談前並不加以準備，所問的問題視當時面談情況而定，應徵者可以暢所欲言。
4.2	壓力式面談	Stress interview	一種特殊的面談方式，面談者在面談的過程中，故意製造一種緊張的氣氛，使應徵者感受到壓力，甚至問一些相當無禮的問題，讓應徵者感覺不自在。

章節安排	重要名詞	英文	解釋
4.2	行爲描述式	Behavior description interview	面談中的問題都包含一連串關於過去在各種情形下之表現行爲的問題。
4.2	情境式面談	Situational interview	面談中的問題都是一連串的情況，亦即應徵者描述他在每種情況下所做的反應。
4.2	個別式面談	Individual interview	採取一對一的面談，應徵者回答面談者的連續發問。
4.2	團隊式面談	Team interview	主要由三到五名，或是五名以上的面談者與應徵者面談的方式。其中可能有一個爲主持人，其他人可能只須觀察或記錄應徵者的回答。

Chapter5 員工訓練與教育

章節安排	重要名詞	英文	解釋
5.1	在職訓練	On job training	員工以實際執行工作的方法來學習，主要是在工作中由有經驗的員工或上司來帶領及輔導缺乏此項工作技能的員工，並監督其實地執行作業，以達成在工作中學習的效果。
5.1	工作外訓練	Off job training	由公司內、外的專業人員，在特定的時間及地點，對特定的員工實施訓練。
5.2	績效分析	Performance analysis	確認現職員工的績效有否有顯著偏差，並確定是否應經由訓練或其他方法來加以更正。
5.2	程式化學習	Programmed learning	程式化學習指的是向受訓者提供一套經過設計的學習工具，以經過預先設定的程序來引導學習者的學習。
5.3	模擬訓練	Simulated training	模擬訓練是一種受訓者以將來工作上所用的實務或模擬設備學習，但不在實際工作場所進行的訓練。

Chapter6 生涯發展規劃

章節安排	重要名詞	英文	解釋
6.1	生涯	Career	狹義地說是指升遷或晉升，而廣義而言是指一個人一生工作經歷中所包含的一系列活動和行為。
6.1	生涯發展	Career development	指組織用來確保人員所具備的資格和經驗能符合現在及未來工作的方法。
6.1	生涯規劃	Career planning	指個體設定了其職業生涯目標並確定其手段的一種持續的過程，係指依據員工的特質、技能、專業、經驗與表現，規劃提供一個合適的發展途徑，使員工能依其途徑達成即定的目標不斷的成長。
6.2	職業錨	Career Anchors	是職業生涯規劃時另一個必須考慮的要素。當一個人不得不做出職業選擇的時候，他無論如何都不會放棄的那種職業中至關重要的東西或價值觀就是職業錨。
6.3	心理成就模式	The psychological success model of career development	心理成就會令人滿足，因為它表示一個人現有能力的增進和模式潛能的發展，因此心理成就會幫助人們自我形象的成長、加強人們的自尊心，增進人們對工作的投入，因而導致人們追求更多、更高的目標。

Chapter7 績效評估

章節安排	重要名詞	英文	解釋
7.1	績效評估	Performance Appraisal	按照一定的標準，採用科學、有系統的方法、原理來評定和測量員工在職務上的工作行為和工作成果，檢查和評定企業員工對職位所規定的職責的履行程度，以確定其工作成績的管理方法。
7.2	直接排序法	Straight ranking method	以員工整體績效為基礎，將員工由最佳排序至最差。

章節安排	重要名詞	英文	解釋
7.4	交替排序法	Alternative ranking method	依某些屬性，在所有員工中選出此特質表現最佳者及最差者，並將二者分別置於排序表中的第一位及最後一位。再將剩下的員工中再選出次佳及次差者，分別將其置於排序表中的第二位及倒數第二位，直到排完所有員工，最後完成的排序者是在所有員工中表現中等的人。
7.4	配對比較法	Paired-comparison method	針對每一屬性，將每位員工與比較團體中的其他每一位成員相比，並在每次配對比較中記錄下績效較佳與較差者，待全部配對比較完畢後，即可根據每位員工所獲得的較佳次數，得到整體的評等。
7.4	強迫配分法	Forced distribution method	類似於「以常配分來分等」，即將限定範圍內的員工按照某一概率分布劃分到有限數量的幾種類型上的一種方法。
7.4	目標管理	Management by Objectives	目標管理乃是要求管理者與每位員工設定一個具體可衡量的目標，然後定期討論其目標的達成度。
7.4	360 度績效評估法	360 degree performance appraisal	運用多元評估者進行績效評估，包含受評者自己、上司、部評估法屬、同儕、供應商及顧客，其乃結合了績效考核與調查回饋，爲多元角度的全方位績效回饋方法。
7.4	作業基礎成本法	Activity-based costing（A.B.C）	將以往獨立的價值分析、製程分析、品質管理及成本分析等成本法作業，整合成一個完整的分析。
7.4	平衡記分卡	Balanced scorecard (B.S.C)	是一套指標，有四個層面：財務面、顧客面、內部企業流程面及學習成長面，也就是從財務的觀點、顧客的觀點、內部企業流程的觀點及學習成長的觀點，提供經理人必要決策資訊。
7.5	向上回饋	Up-ward feedback	由部屬來評估主管的績效，公司會採取此方法的目的在於幫助主管改善本身及幫助組織評估主管人員的管理領導能力。

章節安排	重要名詞	英文	解釋
7.5	自我評估	Self-appraisal	由員工自己來做評分，通常會與主管評估的方式來相結合作比較。
7.6	月暈效果	Halo effect	評估者僅以一個特質來評估員工所有表現的高低。
7.6	近因問題	Recent problems	績效評估容易受員工在考核前最近的表現影響，特別是當考核日期將近時，問題更爲顯著。
7.6	趨中傾向	Central tendency	趨中傾向意味著所有員工皆被評爲績效「中等」，這種做法主要是評估者爲避免引起爭議及部屬對主管的反彈，因此往往以平均平數來評估部屬的工作表現。
7.6	對比錯誤	Contrast error	主管評估某員工時，以別的員工爲此比較基礎，而非以此員工之績效爲考評標準。訓練評估者針對此問題之警覺，也有助於減少此錯誤之產生。

Chapter8 薪資管理

章節安排	重要名詞	英文	解釋
8.1	薪資管理	Pay management	將薪資制度合理的制定、並有系統的維持、發展的行爲。
8.3	底薪	Base salary	又稱基本給，即雇主支付員工的基本薪資，可分爲年功給、職務給、職能給三種。
8.4	薪資結構的規劃	Salary structure planning	首先進行薪資調查，蒐集有關同業或該地區產業等的薪資資料的規劃，之後加以分析整理，以便比較同業的薪資差異。再將調查的資料予以比較，作爲設訂薪資給付的標準，用以衡量企業所面臨的外在環境因素和內部實際的需要，決定薪資率，以擬定薪資政策。

章節安排	重要名詞	英文	解釋
8.4	薪資調查	Salary survey	針對同業或相近企業有關薪資標準進行調查與比較，其目的是希望能瞭解到目前同業的給付水準，以供自己參考調整之用。
8.4	工作評價	Job Evaluation	依據工作技能、責任輕重、努力程度、知識能力與工作條件等「工作內容」，決定一個工作在組織中的相對價值。
8.4	報酬因素	Compensation factor	泛指工作技能、責任輕重、努力程度、知識能力與工作條件等「工作內容」。
8.4	薪級	Pay grades	經過工作評價決定了每項工作的相對價值之後，可將類似價值的工作組成一職等，每一職等則對應一薪資等級。
8.4	單一薪率	Single or flat rate	固定薪額的等級，每一職等只有一種薪額，凡屬同職等之員工均獲同一報酬。
8.4	可變薪率	Varying rate	在每一職等內有不同的薪級；員工得依其年資、能力、考績或技術之熟練度等基礎，在同職等內支領不同薪資。

Chapter9 員工福利與獎勵制度

章節安排	重要名詞	英文	解釋
9.1	工資	Wages	以實際工作數量來計算報酬，支付對象為勞力的藍領階級，支付領域則限於生產單位。
9.1	薪水	Salary	以一段期間為基礎的報酬，此期間可以週或月或年為計，支付對象以勞心的白領階級為主，支付領域則以業務單位的行政機關或企業界為限。
9.1	薪酬／酬償	Compensation	組織給付給員工的薪資酬勞。
9.1	內在酬償	Internal compensation	包括參與決策、較大責任、成長機會等會引起員工自發性感受到被酬償的原因。
9.1	外在酬償	External compensation	包括金錢、福利、好的工作環境、座車等實體的報酬誘因。

章節安排	重要名詞	英文	解釋
9.1	整體薪酬	Total compensation	為一個企業組織提供所有可量化的薪酬及福利制度。
9.1	薪資	Salary	勞動基準法第二條規定為「勞工因工作而獲得的報酬」。
9.1	薪資管理	Pay management	將薪資制度作合理地制定，並有系統地實施、調整、統制的行為。
9.1	工作評價	Job Evaluation	以系統方式決定組織內每一個工作的相對價值，是規劃薪資結構時最重要的步驟。
9.1	獎勵制度	Reward System	企業組織內一種變動酬償制度，是設法將績效和報酬連結在一起的誘因計畫，以財務方式，對員工在正常績效水準之上的一種犒賞，期望以直接快速的方式獎勵表現優良的員工。
9.2	津貼	Perquisites; Emoluments	因特殊工作或時段所增加的給付。（福利範圍）
9.2	間接給付	Indirect pay	在底薪之外，事業單位所舉辦，適用於員工保險計畫之不工作帶薪項目及各項員工服務等。（福利範圍）
9.2	主管配給	Perquisites	特定職階所給予的員工服務或位階福利。
9.2	年終獎金	Bonus	資方善意的「犒賞」。
9.2	福利	Benefit	員工基於企業組織一員的身分而得到的獎勵，與其個人績效並無直接關係，其大多以非金錢間接報酬形式出現，為整體薪酬的可變動部分。
9.2	退休福利計畫	Defined-Benefit Plan	公司依員工退休日訂定公式，提供員工退休金的每月提撥金額。
9.2	特定提撥退休計畫	Contribution Plan	員工自己決定將薪資的一部分提撥為退休金，可延屬繳納。
9.2	勞工補償	Workers' Compensation	主要提供員工因非本身因素而導致無法工作的生活費及其他特別費用支出。

章節安排	重要名詞	英文	解釋
9.2	支持家庭之工作環境	Family Supportive Working Environment	企業協助員工分擔家庭責任內容有 (1) 資訊提供與轉介服務；(2) 親屬照顧服務；(3) 彈性工作時間表；(4) 家庭導向工作政策。
9.2	高階主管的非金錢福利	Perquisits	一般公司的高階主管所享有的特別福利，例如公司用車、特別停車位等。
9.2	彈性福利制度	Flexible benefit plans	包含多樣化福利的系統，讓員工可以將某特定數量的金額，依自己之需要分配到所選擇福利項目上。
9.3	獎金	Bonus; award; reward; prize	在底薪之上，因個人生產力績效，由績效評估或獎勵制度核計後，所頒之額外給付，屬於「特定形式的工資」。（薪資制度範圍）
9.4	紅利	Bonus	資方就盈餘部分對員工的「利益分享」。
9.4	盈餘分享計畫	Gain Sharing Plans	員工與組織根據事前依生產或利潤增加而訂定公式分享財物利得，其主要原則在於建立鼓勵員工投入有效架構與過程，並獎勵組織的全面性改進。

Chapter10 勞資關係與勞工安全衛生

章節安排	重要名詞	英文	解釋
10.1	勞資關係	Labor-Management Relation	勞資關係互動可三大部分，分別是環境部分－職業安全與健康、僱用條件部分－勞資關係與爭議、爭取協商管理部分－工會及團體協商。
10.1	員工權力	Employee rights	勞工進入企業組織工作，勞工不但應該按照工作說明書或勞動契約履行工作上的義務，也應該享有雇主對其所應盡的義務。
10.1	勞資爭議	Labor-Management Disputes	指雇主與勞工或勞工團體因勞動條件而發生權利或經濟上的衝突，一般而言，可分爲個別爭議和團體爭議兩種。

章節安排	重要名詞	英文	解釋
10.1	工會	Union	在現有經濟組織下，勞工及受僱者為維持與改善勞動條件、保全經濟利益所組成永久性團體。
10.2	勞資會議	Labor-Management convention	透過勞資雙方溝通與協調，來發揮諮商功能，再配合團體交涉的方式，簽定團體契約。
10.2	團體交涉	Organization to negotiate	由工會與雇主團體所締結書面契約，可作為雙方行為準則，或是勞資雙方契約的標準。
10.2	調解	Mediation	由勞資雙方以外第三者出面斡旋或折衝，以協助解決爭議。
10.2	自願仲裁	Voluntarily arbitration	在非國營的公用或交通事業以外勞資爭議事件，經調解無結果，由爭議當事人一方聲請而交付仲裁者；或勞資爭議事件雖未經調解程序，但由爭議當事人雙方聲請提付仲裁者。
10.2	強制介裁	Coerce arbitration	國營的公用交通事業之勞資爭議事件，經調解無結果而交付仲裁者；或主管機關鑒於某一勞資爭議事件的重大，並延長 10 日以上未獲解決，認為有交付仲裁的必要而交付仲者稱之。
10.2	工會安全	Union security	工會安全有五種形式：(1) 封閉式工廠（closes shop）(2) 工會式工廠（vnion shop）(3) 代理式工廠 （agency shop）(4) 開放式工廠（open shop）(5) 維持會員的協議（maintenance of membership agreement）。
10.2	集體談判	Collective bargaining	工人組織工會的目的，在於利用其團體的力量與雇主或雇主團體進行談判，以期獲致勞動條件改善，這種談判的過程稱之。
10.2	團體協約	Collective agreements	透過集體談判所簽訂的協議。
10.2	參與管理	Participative Management	組織內員工有權參與和其工作相關的決策，換言之，即由勞方代表及資方代表在共同利害關係領域內，一起決定企業機能的行為。

章節安排	重要名詞	英文	解釋
10.2	提案制度	Draft resolution system	員工就其工作心得或研究發現，認爲有縮短工作流程或提升效率的改善方案者，可提供管理當局參考，而企業將酌予獎勵，此亦爲員工參與制度的一種。

Chapter11 國際人力資源管理

章節安排	重要名詞	英文	解釋
11.1	國際人力資源管理	International human resource management	針對 (1) 遴選與訓練駐外或當地主管；(2) 公司上、下的激勵資源管理與員工忠誠度；(3) 評估海外經理的績效；(4) 規劃主管人員的接替問題；(5) 聘僱當地的業務人員等議題發展出相關政策與措施，以管理國際人力資源。
11.1	國際企業	International corporation	乃以本國企業爲基礎並以現有的能力進軍海外市場。
11.1	多國籍企業	Multinational corporation	藉其對各國差異性的敏銳度和回應能力，建立起強健的當地自主企業在多個國家中擁有完形象，全自主操作的分公司。
11.1	全球企業	Global corporation	藉其集中管理的全球生產據點，獲得低成本的優勢，這種得低成本的優勢，這種企業將世界市場視爲一整合體，策略和決策制定採中央集權，所以其全球化效率很高，但在當地代表程度上則較低。
11.1	跨國企業	Transnational corporation	藉由世界性的推廣和調適，利用母公司的知識和能力來反應本地的需要，乃一種知識被全球所利用的情況。
11.1	策略聯盟	Strategy association	以共同投資、特許合約等策略聯盟方式進行國際化。

章節安排	重要名詞	英文	解釋
11.1	國際策略	International strategy	移轉技術／產品至他國生產，通常以該國仍無此項技術／產品之競爭者時爲之，國際化至一定程度時，母子公司亦可互相交流其技術及產品，以達全球學習目的及回應顧客降低成本之跨國策略，國際化策略之 R&D 通常留在母國發展，僅將生產／行銷至國外，且亦以低顧客化之產品爲主。
11.1	全球策略	Global strategy	其觀點乃將世界市場視爲一體，故其策略、決策權採中央集權方式，以降低成本提升獲利能力，故其主要策略係追求低成本策略。
11.1	多國策略	Multidomestic strategy	係指企業在兩個或兩個以上國家經營，並在國外直接投資成立分公司，其主要目的希望能複製成功的經營模式至其他地區，以及逐行其企球運籌式的管理模式。
11.1	跨國策略	Transnational strategy	係一種知識被全球所利用「全球學習」，將公司的知識能力應用於反應當地需要。
11.1	全球化產品	Global products department	適用於全球生產對全球市場銷售標準化之產品。全球化產品部門架構可提供標準化產品、規模經濟、統一行銷等。
11.1	全球化地理	Global geography department	係將全球市場分成若平個區域，且將控制權授權給當地負責部門經理管理。
11.1	全球化矩陣	Global matrix	全球化矩陣適用於多國性公司，同時需要垂直和水平溝通協結構調運作的公司。運作成功必須產品標準化和當地化達到決策平衡時，且公司對分享資源的協調亦能受到高度重視。
11.1	跨國籍結構	Transnational structure	跨國籍模式可彈性分各國成爲不同種種類的中心，透過相依性可和其他相關公司部門建立聯盟，地方化子公司可將其成功的策略與創新展成全球公司的策略，利用公司文化、願景、管理風格等可完成組織統一。

章節安排	重要名詞	英文	解釋
11.1	全球運籌	Global logistics management	係將全球供應鍊（從原料至產品完成配銷）加以串聯，使其管理整體達到 Just-In-Time 的管理運作。
11.2	授權移轉	Direct currency	優點爲生產者可快速取得既有之技術，缺點則爲生產技術受制於授權公司，且生產利潤遭剝削。
11.2	技術移轉	Direct investment	係將該公司所開發創新的技術或產品，移轉給另一公司所使用。
11.2	技術授權	Licensing	提供授權廠商一段時間可使用此技術製造商品、並銷售此商品之權利，發明人自己可實施該技術。
11.2	補償薪資	Technology transfer	誘使外派人員接受海外任務所給予豐厚薪資補貼、升遷或股票股利之分享。
11.2	流動意願	Technology authorize	在客觀環境需求下所必備職場生存要件。
11.2	彈性能力	Compensate salary	對不同文化及工作情境之調適能力。
11.2	駐外人員	Mobility	從母國總公司派駐在海外子公司的人員。
11.1	民族導向	Flexibility	乃採用母國總公司的經營政策與制度，在多國籍企業中較常見。
11.1	地理導向	Expatriate	乃以全世界爲其勞力市場而發展其管理制度，在全球企業中較常見。
11.3	當地國籍員工	Parent country nationals（PCN）	在設廠的國家，僱用當地國籍的員工。
11.2	母國籍員工	Cultural shock	從母國總公司派駐在海外子公司的人員，通常稱爲駐外人員。
11.3	權力距離	Power distance	強調人之生而不平等，以職稱或其它代表事物，來顯示個人權力。
11.3	跨文化效能	Third country nationals（TCN）	跨越文化的成功能力。分別爲 (1) 處理心理壓力的能力；(2) 溝通的能力；(3) 關係建立的能力；(4) 跨文化察覺能力；(5) 文化同理心的能力。

章節安排	重要名詞	英文	解釋
11.4	國際勞工組織	International Labor Organization — ILO	1919 年，根據《凡爾賽和約》，作爲國際聯盟的附屬機構成立。1946 年 12 月 14 日，成爲聯合國的一個專門機構。總部設在瑞士日內瓦。該組織宗旨是：促進充分就業和提高生活水準；促進勞資雙方合作；擴大社會保障措施；保護工人生活與健康；主張透過勞工立法來改善勞工狀況，進而獲得世界持久和平建立社會正義。

Chapter12 人力派遣產業的發展與未來

章節安排	重要名詞	英文	解釋
12.1	臨時性聘僱	Temporary employment relation	聘僱關係時間相較於傳統勞工短，但聘僱關係，只要勞資雙方同意，時間可任意調整。
12.1	非傳統聘僱	Non-traditional employment relation	傳統勞動的聘僱關係要求勞雇雙方互有承諾，並且負擔責任，但人力派遣的雙方僅須對工作任務的品質及進度負責外，並不須對彼此承諾。
12.1	非典型聘僱	Atypical employment relation	在人力派遣的僱用關係同時包含了行政控制（Administrative control）和責任（Responsibility）外部化的特性。
12.1	不安定的聘僱	Precarious employment relation	人力派遣的關係在契約期滿後，隨時可以終止、更換與接續。
12.1	人力派遣	Temporary work	由民間企業（派遣企業）派遣員工到另一個公、民營的事、企業單位（受派遣業者）提供勞務，但被派遣員工薪資由派遣企業支付之狀況。
12.2	職業雇主組織	professional employer organizations	從事人力資源相關業務之外包服務的機構

章節安排	重要名詞	英文	解釋
12.2	人力派遣產業	Temporary help service industry	人力派遣產業屬「其他服務業」項下之「人力供應業」，包括職業介紹、人力仲介及人員派遣，但由於人力派遣主要是一種工作型態，並不局限於從事人力供應業之事業單位才經營此項業務。

Chapter13 高齡社會的挑戰

章節安排	重要名詞	英文	解釋
13.2	漸進式退休	Gradual retirement	在退休之前逐漸減少工作時間，以利在全職工作及完全退休之間調整生活轉換之步調。可以提供人們一個轉換的期間，以順利調整全職工作到完全退休之間的過程。
13.2	階段式退休	Phased retirement	是逐漸的退休，在相同的系統中爲同一個雇主提供服務，意即在相同的工作上，只是減少工作時間。
13.2	部分退休	Partial retirement	更換成不同雇主而要求較少需求的工作，或是轉變爲自我雇用的情況，通常工作時間及收入同時減少。
13.2	自我雇用	Self-employment	自我雇用者包含雇主、自營作業員、無酬家庭從業員，屬於非正式就業的一種。
13.4	社會夥伴	Social partners	政府、社會組織或是團體爲單位，爲了達到單一組織無法完成的目標，結合彼此的人力、物力或各種資源，互相尋求合作的過程。Baron-epel O, Drach-Zahavy A, Peleg H,（2003）
13.4	知識移轉	Knowledge transfer	強調知識是從不同個體、團體或組織之間的傳遞與轉換過程，藉由知識的移轉、吸收、應用、發展和創新的行爲來描述組織學習的歷程。

附錄 B 國內外知名 HR 相關網站

政府網站

機構名稱	網址	機構名稱	網址
行政院勞動部	http://www.cla.gov.tw	勞委會職訓局	http://www.evta.gov.tw
勞工保險局	http://www.bli.gov.tw	中央健保署	http://www.nhi.gov.tw
職業安全衛生所	http://www.iosh.gov.tw	行政院主計總處	http://www.dgbas.gov.tw
經濟部中小企業處	http://www.moeasmea.gov.tw	行政院人事行政總處	http://www.dgpa.gov.tw
公務人力發展中心	http://www.hrd.gov.tw	台北市政府勞動局	http://www.bola.taipei.gov.tw
高雄市勞工局	http://labor.kcg.gov.tw		

就業服務網站

機構名稱	網址	機構名稱	網址
台灣就業通	http://www.taiwanjobs.gov.tw	台北人力銀行	http://www.okwork.gov.tw
104 人力銀行	http://www.104.com.tw	1111 人力銀行	http://www.1111.com.tw
518 人力銀行	http://www.518.com.tw	大台中人力資源網	http://takejob.taichung.gov.tw
哈佛企管顧問公司	http://www.harment.com	就業情報網	http://www.career.com.tw
才庫人力資源顧問股份有限公司	http://www.360d.com.tw	Yes123 求職網	https://www.yes123.com.tw
9999 汎亞人力銀行	http://www.9999.com.tw		

人力資源顧問網站網站

機構名稱	網址	機構名稱	網址
美商惠悅企管顧問公司	http://www.watsonwyatt.com.tw	美商宏智國際顧問公司	http://www.ddiworld.com

機構名稱	網址	機構名稱	網址
亞碩企管顧問公司	http://www.asirwant.com.tw	松誼企管顧問公司	http://www.gpm.com.tw
IMC 人力資源顧問	http://www.jobnet.com.tw	Adecco 藝珂人事顧問公司	https://www.adecco.com.tw
汎亞人力資源集團	http://www.pan-asia.com.tw	卓睿企管顧問公司	http://www.smartlearning.com.tw

勞資關係暨法律網

機構名稱	網址	機構名稱	網址
莊周人力資源網	http://www.erc.com.tw	勞資雙贏企業顧問公司	http://www.win-win99.com.tw
台灣法律網	http://www.lawtw.com	台灣勞資網	http://www.twlabor.net

學術機構

機構名稱	網址	機構名稱	網址
中央大學人資所	http://www.ncu.edu.tw/~hr/new/	中山大學人資所	http://www.nsysu.edu.tw
文化大學勞工所	http://sites.pccu.edu.tw/crylhr/	中正大學勞工所	http://labor.ccu.edu.tw
政治大學勞工所	http://140.119.221.71:4080		

HR 自我學習網

機構名稱	網址	機構名稱	網址
世界企業文化網	http://wccep.com		

教育訓練網站

機構名稱	網址	機構名稱	網址
職訓局職訓網	http://www8.www.gov.tw/policy/2009career/page1-4.html	人才發展品質管理系統	http://ttqs.wda.gov.tw
亞太教育訓練網	http://www.asia-learning.com.tw	中國生產力中心	http://www.cpc.org.tw http://edu.cpc.org.tw

機構名稱	網址	機構名稱	網址
資訊工業策進會	http://www.iii.org.tw	台灣金融研訓院	http://www.tabf.org.tw
自強工業科學基金會	http://www.tcfst.org.tw	職業訓練研究發展中心	http://www.training.org.tw/
台北市勞工教育中心	http://www.lerc.taipei.org.tw	中華人才培訓中心	http://www.cmtc100.com.tw
青年創業協會	http://www.careernet.org.tw		

協會網站

機構名稱	網址	機構名稱	網址
中華人力資源管理協會	http://www.chrma.net	中華人力資源發展協會	http://hrda.myweb.hinet.net
中華民國管理科學學會	http://www.management.org.tw	中華民國企業經理協會	http://www.cpma.org.tw
中華民國中小企業協會	http://www.nasme.org.tw		

國外知名人力資源網站

機構名稱	網址	機構名稱	網址
美國訓練發展協會	http://www.astd.org	北美人力資源管理協會	http://www.shrm.org
澳洲人力資源協會	http://www.ahri.com.au	香港人力資源協會	http://www.hkihrm.org
香港職業訓練局	http://www.vtc.edu.hk	新加坡人力資源部	http://www.gov.sg
新加坡人力資源學會	http://www.shri.org.sg	英國職業訓練局	http://www.dfee.gov.uk
美國職業訓練局	http://www.doleta.gov	研發管理智庫網	http://www.e-smart.com.tw/research/research.php?class_type=3#

e-HR 軟體平台網站

機構名稱	網址	機構名稱	網址
叡揚資訊公司	http://www.gss.com.tw	博士博學習網	http://www.pospo.com.tw
遠綠資訊科技公司	http://www.doublegreen.com	偉盟系統公司	http://www.wellan.com.tw
冠全資訊公司	http://www.kcsys.com.tw/html/about.html	華茂科技公司	http://www.teammax.com.tw

高齡社會的挑戰

機構名稱	網址	機構名稱	網址
台灣長期照護專業協會	http://www.ltcpa.org.tw/	衛生福利部社會及家庭署	http://www.sfaa.gov.tw/
熟年誌 Life Plus	http://www.lifeplus.com.tw/		

Note

Note

Note

Note

Note

Note

得　分

人力資源管理
教學活動
CH3　工作分析與工作設計

班級：＿＿＿＿＿＿
學號：＿＿＿＿＿＿
姓名：＿＿＿＿＿＿

一、工作分析問卷

本教學活動主要目的是讓同學以個人的打工經驗或是學校報告的小組工作，由每個人自己填寫問卷描述自己從事的工作，了解企業如何應用問卷進行工作分析。

二、活動方式說明

1. 每位同學選擇一份工作，可以是過去的打工經驗、課程的小組報告、學校內的工讀等。
2. 依據個人選擇的工作項目，參考本章圖 3-2 之工作分析問卷，每個人自己填寫表 A 的問卷描述個人的工作內容。
3. 選擇 3 位同學上台分享。
4. 教師給予回饋及建議。

（請沿虛線撕下）

表A（每人一份）

職位名稱		部　　門	
填答者姓名		同事人數	
工作目標			
職責／工作活動說明及職權			
工作使用的設備或資源			
工作條件			
溝通關係			

得　分

人力資源管理
教學活動
CH5　員工訓練與教育

班級：＿＿＿＿＿＿
學號：＿＿＿＿＿＿
姓名：＿＿＿＿＿＿

▶一、設計訓練成果評估的實務運用

訓練課程評估的主要目的在於透過評估的結果可以了解訓練的成效，因此訓練結果的衡量非常重要，可依據訓練課程的特性及目標，進行評估，據以作爲改善學習的方法或教材、增進學習的效能、了解員工受訓後的成效及評估訓練的成本效益。

本教學活動旨在讓同學針對訓練方案評估的四個層次，包括反應（reaction）、學習（learning）、行爲（behavior）、結果（result），針對四個層次分別設計評估的內容及方法，並透過小組報告和大家分享，以確認設計內容的正確性。

▶二、活動方式說明

全班同學以每六人一組，分爲若干組，每組針對學習成效評估，設計訓練評估的方法及內容。小組當中指派一位同學上台報告，並由全班同學共同討論各組的報告內容，以強化同學對訓練成效評估的了解。

1. 教師針對四個訓練成效評估的層次進行說明。
2. 請各組各自進行討論，說明每個層次欲評估的重點項目，例如：滿意程度、態度、知識、工作行爲、貢獻等，並填入表B。
3. 請各組依據上述設計的評估重點，討論要用何種方式進行評估，例如：問卷調查、主題考試、師生問答、課程觀察、神秘客調查等，並填入表B。
4. 請說明評估的內容，例如：問卷的題目、考試的內容、師生問答的題目、課程觀察的項目、神秘客調查的情境等，並填入表B。
5. 小組發表，並由其他組同學發問。
6. 每組報告後，由老師針對上述未討論到的觀念做最後補充。
7. 請同學票選出最佳發表王，以茲鼓勵。

（請沿虛線撕下）

表B（每組一份，報告表）

組　　別				
小組成員				
訓練方案 評估層次	反應層次	學習層次	行為層次	結果層次
評估重點				
評估方法				
評估內容				

國家圖書館出版品預行編目資料

人力資源管理 － 智慧時代的新挑戰 / 周瑛琪.
顏炘怡編著. -- 六版. -- 新北市 ： 全華. 2018.12
面 ； 公分
參考書目：面
ISBN 978-986-463-984-7(平裝)
1.人力資源管理
494.3 107019551

人力資源管理－智慧時代的新挑戰(第六版)

作者 / 周瑛琪、顏炘怡
發行人 / 陳本源
執行編輯 / 陳翊淳
封面設計 / 楊昭琅
出版者 / 全華圖書股份有限公司
郵政帳號 / 0100836-1 號
印刷者 / 宏懋打字印刷股份有限公司
圖書編號 / 0804505
六版五刷 / 2024 年 03 月
定價 / 新台幣 520 元
ISBN / 978-986-463-984-7 (平裝)
全華圖書 / www.chwa.com.tw
全華網路書店 Open Tech / www.opentech.com.tw
若您對書籍內容、排版印刷有任何問題，歡迎來信指導 book@chwa.com.tw

臺北總公司(北區營業處)
地址：23671 新北市土城區忠義路 21 號
電話：(02) 2262-5666
傳真：(02) 6637-3695、6637-3696

南區營業處
地址：80769 高雄市三民區應安街 12 號
電話：(07) 381-1377
傳真：(07) 862-5562

中區營業處
地址：40256 臺中市南區樹義一巷 26 號
電話：(04) 2261-8485
傳真：(04) 3600-9806(高中職)
(04) 3601-8600(大專)

讀者回函卡

填寫日期：　/　/

姓名：＿＿＿＿　生日：西元＿＿年＿＿月＿＿日　性別：□男 □女

電話：（　）＿＿＿＿　傳真：（　）＿＿＿＿　手機：＿＿＿＿

e-mail：（必填）＿＿＿＿

註：數字零，請用 Φ 表示，數字 1 與英文 L 請另註明並書寫端正，謝謝。

通訊處：□□□□□

學歷：□博士　□碩士　□大學　□專科　□高中・職

職業：□工程師　□教師　□學生　□軍・公　□其他

學校／公司：＿＿＿＿　科系／部門：＿＿＿＿

・需求書類：

□ A. 電子 □ B. 電機 □ C. 計算機工程 □ D. 資訊 □ E. 機械 □ F. 汽車 □ I. 工管 □ J. 土木

□ K. 化工 □ L. 設計 □ M. 商管 □ N. 日文 □ O. 美容 □ P. 休閒 □ Q. 餐飲 □ B. 其他

・本次購買圖書為：＿＿＿＿　書號：＿＿＿＿

・您對本書的評價：

封面設計：□非常滿意　□滿意　□尚可　□需改善，請說明＿＿＿＿

內容表達：□非常滿意　□滿意　□尚可　□需改善，請說明＿＿＿＿

版面編排：□非常滿意　□滿意　□尚可　□需改善，請說明＿＿＿＿

印刷品質：□非常滿意　□滿意　□尚可　□需改善，請說明＿＿＿＿

書籍定價：□非常滿意　□滿意　□尚可　□需改善，請說明＿＿＿＿

整體評價：請說明＿＿＿＿

・您在何處購買本書？

□書局　□網路書店　□書展　□團購　□其他＿＿＿＿

・您購買本書的原因？（可複選）

□個人需要　□幫公司採購　□親友推薦　□老師指定之課本　□其他＿＿＿＿

・您希望全華以何種方式提供出版訊息及特惠活動？

□電子報　□ DM　□廣告（媒體名稱＿＿＿＿）

・您是否上過全華網路書店？（www.opentech.com.tw）

□是　□否　您的建議＿＿＿＿

・您希望全華出版那方面書籍？＿＿＿＿

・您希望全華加強那些服務？＿＿＿＿

～感謝您提供寶貴意見，全華將秉持服務的熱忱，出版更多好書，以饗讀者。

全華網路書店 http://www.opentech.com.tw　客服信箱 service@chwa.com.tw

2011.03 修訂

親愛的讀者：

感謝您對全華圖書的支持與愛護，雖然我們很慎重的處理每一本書，但恐仍有疏漏之處，若您發現本書有任何錯誤，請填寫於勘誤表內寄回，我們將於再版時修正，您的批評與指教是我們進步的原動力，謝謝！

全華圖書　敬上

勘 誤 表

書 號		書 名	作 者
頁 數	行 數	錯誤或不當之詞句	建議修改之詞句

我有話要說：（其它之批評與建議，如封面、編排、內容、印刷品質等・・・）